CB077984

A PRODUÇÃO DO ESPAÇO URBANO:

agentes e processos, escalas e desafios

Conselho Acadêmico
Ataliba Teixeira de Castilho
Carlos Eduardo Lins da Silva
Carlos Fico
Jaime Cordeiro
José Luiz Fiorin
Tania Regina de Luca

Proibida a reprodução total ou parcial em qualquer mídia
sem a autorização escrita da editora.
Os infratores estão sujeitos às penas da lei.

A Editora não é responsável pelo conteúdo deste livro.
Os Autores conhecem os fatos narrados, pelos quais são responsáveis,
assim como se responsabilizam pelos juízos emitidos.

Consulte nosso catálogo completo e últimos lançamentos em **www.editoracontexto.com.br**.

Ana Fani Alessandri Carlos
Marcelo Lopes de Souza
Maria Encarnação Beltrão Sposito
(organizadores)

A PRODUÇÃO DO ESPAÇO URBANO:

agentes e processos, escalas e desafios

editoracontexto

Copyright © 2011 dos Organizadores

Todos os direitos desta edição reservados à
Editora Contexto (Editora Pinsky Ltda.)

Foto e montagem de capa
Gustavo S. Vilas Boas

Diagramação
Julio Portellada

Preparação de textos
Maria Luisa Santos Abreu e Alvina Rotta

Conferência da preparação
Igor Catalão e Maria Encarnação Beltrão Sposito

Normalização bibliográfica
Igor Catalão

Revisão
Flávia Portellada

Dados Internacionais de Catalogação na Publicação (CIP)
(Câmara Brasileira do Livro, SP, Brasil)

A Produção do espaço urbano : agentes e processos, escalas e desafios / Ana Fani Alessandri Carlos, Marcelo Lopes de Souza, Maria Encarnação Beltrão Sposito (organizadores). – 1.ed., 10ª reimpressão. – São Paulo : Contexto, 2024.

Vários autores.
ISBN 978-85-7244-633-4

1. Cidades 2. Geografia urbana 3. Pesquisa urbana 4. Planejamento urbano 5. Urbanismo 6. Urbanização I. Carlos, Ana Fani Alessandri. II. Souza, Marcelo Lopes de. III. Sposito, Maria Encarnação Beltrão.

11-00929 CDD-910.91732

Índice para catálogo sistemático:
1. Espaço urbano : Cidade e urbanismo : Geografia urbana 910.91732

2024

EDITORA CONTEXTO
Diretor editorial: *Jaime Pinsky*

Rua Dr. José Elias, 520 – Alto da Lapa
05083-030 – São Paulo – SP
PABX: (11) 3832 5838
contato@editoracontexto.com.br
www.editoracontexto.com.br

Aos nossos mestres que construíram a Geografia urbana brasileira.
Com destaque, dedicamos este livro a Fanny Davidovich e Pedro Pinchas Geiger.

SUMÁRIO

INTRODUÇÃO

O livro que o leitor tem em mãos é produto das reflexões de um conjunto de autores que se dedica à pesquisa urbana no Brasil e que, há três anos, no Rio de Janeiro, decidiu se debruçar sobre o tema da "produção do espaço urbano". Foi o marco inaugural de um período de debates realizados no âmbito do **Grupo de Estudos Urbanos (GEU)**, com o objetivo de colaborar para pensar o mundo contemporâneo a partir do espaço e da Geografia.

Nascido em 2001, nos bastidores do encontro da Associação Nacional de Pós-graduação e Pesquisa em Geografia (Anpege) – realizado no Departamento de Geografia da Universidade de São Paulo (USP) –, o GEU tem por finalidade o aprofundamento do debate sobre o fenômeno urbano brasileiro como momento necessário à construção da compreensão da realidade, em seu movimento, como possibilidade de exercício constitutivo de uma Geografia Urbana. O grupo é composto por oito geógrafos (Ana Fani Alessandri Carlos, Jan Bitoun, Marcelo Lopes de Souza, Maria Encarnação Beltrão Sposito, Mauricio Abreu, Pedro de Almeida Vasconcelos, Roberto Lobato Corrêa e Silvana Maria Pintaudi) que, durante as duas últimas décadas, têm estado envolvidos com a realização dos Simpósios Nacionais de Geografia Urbana (Simpurbs), almejando colaborar para torná-los espaços de um debate denso sobre o modo como a Geografia pode colaborar para compreender a realidade brasileira a partir do recorte urbano.

Assim, a proposta de criação desse grupo de estudos surgiu da necessidade de encontrar formas, sempre renovadas, de realizar o debate acadêmico consistente, cioso do "tempo lento" da produção do conhecimento científico, o qual, em sua provisoriedade, nos propõe, sempre, novos desafios interpretativos, em função do movimento inexorável da realidade. Coloca-se em questão, com isso, o saber adquirido, como momento de sua própria superação.

Havia e há questões que emergem dos resultados de nossas pesquisas, apresentadas em eventos científicos, questões essas que mereciam e merecem ser detalhadas e aprofundadas por meio da reflexão, do debate e da crítica. E o GEU pareceu-nos o caminho possível em direção à tentativa de construir, coletivamente, um modo de pensar e contribuir para o desvendamento da cidade e do urbano no Brasil (passado, presente e futuro), a partir da análise geográfica.

A banalização do conhecimento como imposição do "tempo rápido" tem produzido um novo comportamento acadêmico esterilizante, e não raro também oportunista, que sabota a possibilidade de uma elucidação crítica da realidade. Decorre daí o preconceito em relação à reflexão teórica (como se a boa teoria não fosse, justamente, indissociável da práxis!), em cuja esteira o pensamento abstrato passa a ser visto de maneira puramente pejorativa (como se pudesse existir ciência ou filosofia sem diferentes graus de generalização e de dialética entre o geral e o particular – vale dizer, de abstração). Mas não se trata apenas de empirismo, o qual constitui um desvirtuamento da nossa imprescindível relação com o empírico. O que se vê, cada vez mais, é também uma crescente intolerância para com o "tempo lento" da produção do conhecimento. Na atual quadra da nossa história acadêmica, a "rotulação" fácil e apressada ganha terreno, em detrimento da construção de argumentos capazes de questionar raciocínios e de problematizar o já estabelecido, desconfiando de nossas próprias conclusões. Como contratendência, o GEU vem buscando se afirmar como um modesto, porém decidido "território de resistência".

Pensamos que o debate acadêmico reside na possibilidade de realização da crítica sem acusações ou "rotulações" simplistas e, fundamentalmente, sem intolerância e preconceitos – posturas que dificultam ou impedem o debate e qualquer possibilidade de troca frutífera. Ora, sem troca e sem debate não há produção de conhecimento. O desenvolvimento do pensamento geográfico envolve, constantemente, a sua crítica, bem como o questionamento da própria disciplina. Por isso mesmo, a construção do conhecimento deve se basear numa atitude questionadora diante do mundo em que vivemos, como possibilidade de entendimento do que nos parece indecifrável, bem como de superação do presente, como perspectiva de um devir que contenha o novo. À luz disso, é evidente que a imposição de um caminho único, do ponto de vista da teoria, do método e da política, equivaleria a negar a própria história e o sentido da produção do conhecimento.

As atividades do grupo, por sua vez, com muita dificuldade têm-se mantido, ao longo dos anos, na direção contrária à tendência produtivista atual – que satura a universidade, em meio a exigências e pressões burocratizantes, exercidas pelas próprias agências de fomento, que terminam por enquadrar os pesquisadores –, visando à preservação da academia como um lugar da reflexão e do debate diante das estratégias de cooptação promovidas pelas instituições que reproduzem (e se beneficiam) da burocratização e da mercantilização dos processos de produção do saber acadêmico. Essas estratégias, que não têm sido poucas, vêm, paulatinamente, degradando a universidade à condição de uma usina produtora de "saber técnico/ tecnológico", de preferência imediatamente útil para o capital e o Estado. Presa ao universo mercantil, a universidade vem, desse modo, cada vez mais, produzindo um saber que serve para municiar estratégias políticas e empresariais, ao mesmo tempo em que se cria a *aparência* de um compromisso do Estado e dos ambientes empresariais com a sociedade como um todo, sob a camuflagem de um discurso da ação voltada para o "bem comum".

A Geografia tem, nesses marcos, sofrido de modo especialmente angustiante. Experimenta-se, na Geografia brasileira de nossos dias – e diferentemente, por exemplo, da década de 1980 –, um generalizado desinteresse pela atividade teórica, a qual, muitas vezes, é tomada como sinônimo de algo distanciado da realidade (esquecendo-se que a teoria, pelo contrário, deve derivar do contato com a realidade e nos permitir, dialeticamente, intervir criticamente sobre esta). Paralelamente a isso, e de maneira entrelaçada com isso, vive-se, também e sobremaneira na Geografia, um reforço do empirismo.

Nada disso, entretanto, dá-se fora de um contexto econômico e institucional mais amplo, o qual vai moldando e (de)formando a nossa cultura acadêmica. A banalização (ou a negligência) de vários debates importantes anda de mãos dadas, como já salientamos, com o produtivismo e suas implicações – ou seja, com a substituição paulatina da verdadeira criação intelectual pela produção apressada; com o eclipse do estudo sério e da pesquisa bem construída em favor de trabalhos "impressionistas", mal embasados empiricamente e fracamente fundamentados conceitual e teoricamente; com a ignorância em relação à história ou trajetória de um determinado tema ou debate, em que não é raro encontrar textos que, simplesmente, desconsideram (até mesmo por puro e simples desconhecimento) tudo o que já foi publicado sobre tal ou qual assunto. Definitivamente, o "*fast food* acadêmico" estimulado pelo produtivismo, no qual a produção acadêmica do passado não é bem digerida e a do presente vai sendo mastigada de maneira constrangedora, pode causar séria indigestão intelectual.

Toda essa situação é uma das marcas do empobrecimento de nossa sociedade, cada vez mais definida nos limites estreitos da sociedade de consumo, em que o pesquisador é medido pela quantidade de informação que registra relativamente aos congressos de que participa, ao número de artigos que produz (não importa se assinando trabalhos que nem sequer redigiu, como tem acontecido no âmbito da exploração do trabalho de orientandos de graduação e pós-graduação), e assim segue. Obscurecida a necessidade de desvendar as contradições do mundo contemporâneo, vivemos, por isso e com isso, um momento de crise teórica *e real* (social, política e econômica). Na universidade, essa crise revela a constituição de uma nova (anti)ética, no contexto da produção de um novo ser-no-mundo, constituído na sustentação do individualismo exacerbado e agonístico.

Do que foi exposto até aqui, podemos afirmar que este livro se insere numa perspectiva bastante ampla, que é aquela da reunião e do debate de um grupo de geógrafos brasileiros com objetivos e posturas que vão na contramão do movimento hegemônico da universidade brasileira. Para além disso, porém, há uma série de preocupações e interesses temáticos, compartilhados pelos três organizadores e igualmente por outros participantes dos eventos promovidos pelo GEU, os quais destacaremos em seguida, e que contextualizam a opção pelo tema do presente livro.

•••••

Em sua existência até agora, o grupo reuniu-se periodicamente, objetivando debater as questões que embasam a pesquisa urbana. Dessas ou de algumas dessas reuniões participaram vários colegas, além dos integrantes do GEU. Tais colegas, que contribuíram enormemente para enriquecer o debate, foram Amélia Luisa Damiani, José Borzachiello da Silva, Eustógio Dantas, Leila Christina Dias, Nelba Azevedo Penna, Paulo Cesar da Costa Gomes e Sergio Manuel Merêncio Martins – aos quais somam-se outros que, além de participarem das discussões, colaboraram com textos publicados neste livro: Arlete Moysés Rodrigues, Angelo Serpa, Glória da Anunciação Alves e Márcio Piñon de Oliveira.

Agora, um pouco de história.

O GEU realizou, em outubro de 2006, na Universidade de Brasília (UnB), um *workshop* em que debatemos o tema da "diferenciação sócio-espacial". Foi uma experiência gratificante. Durante um dia, cerca de 15 pesquisadores discutiram questões de natureza teórico-metodológica, alcançando um clima de debate franco e, amiúde, denso e aprofundado – o que cada vez menos é possível no âmbito de um evento de grande porte. Alguns participantes desse encontro (Ana Fani Alessandri Carlos, Marcelo Lopes de Souza, Roberto Lobato Corrêa, Arlete Moysés Rodrigues e José Borzachiello da Silva) haviam preparado, previamente, textos para orientar os debates. Tais textos foram, posteriormente, revistos e publicados no número 6 da revista *Cidades*, em 2007. Consolidou-se, nesse momento, o desejo coletivo de promover reuniões periódicas, envolvendo os integrantes do GEU e alguns colegas convidados.

O tema que orienta a elaboração do presente livro foi decidido, como já se adiantou no primeiro parágrafo desta Introdução, no *workshop* do GEU que se realizou na Universidade Federal do Rio de Janeiro em setembro de 2007. Foi, esse, um encontro de organização, com a finalidade de preparar uma agenda de trabalho para os anos seguintes. Decidiu-se, naquela ocasião, que nos três anos subsequentes o tema geral ***A produção do espaço urbano: agentes e processos, escalas e desafios*** nortearia as atividades dos participantes da rede de pesquisadores, os quais foram, ademais, encorajados a preparar um pequeno texto, elaborado a partir de um recorte específico de sua escolha e com o qual gostariam de trabalhar, desde que vinculado ao tema geral.

Como se verá pelos capítulos, o entendimento de "produção" não se restringe a um sentido estreito, econômico-material ou economicista. Muito embora, nos marcos do capitalismo, a produção do espaço se dê sob o signo de uma sobrevalorização do econômico no próprio imaginário, é fundamental resgatar a importância e as especificidades do poder e do simbólico. E é *precisamente* o fato de, na esteira da expansão do capitalismo, a verdadeira alteridade ser destruída ou acuada e a verdadeira criação ser rebaixada a uma produção serial de mercadorias, que sugere a relevância (ou mesmo a urgência) de se compreender *criticamente* o poder e o simbólico na contemporaneidade, no momento em que a "cultura" (inclusive na sua expressão espacial!), ela própria, cada vez mais é convertida em mercadoria.

Os debates substantivos sobre o tema foram travados durante os três *workshops* seguintes, realizados em São Paulo (USP, julho de 2008), Presidente Prudente (Unesp, junho de 2009) e, novamente, em São Paulo (USP, março de 2010). O presente livro tem em sua origem nesses debates que, para além do desejo de simbolizar e consolidar, por meio de uma publicação conjunta, o prazer que sentimos na realização deles e na companhia uns dos outros, envolve o desejo de traduzir nossas ideias na perspectiva de explicitar os problemas e a complexidade das cidades e da urbanização, a partir de distintos pontos de vista. Nenhum de nós se pretende um oráculo, um depositário de qualquer "verdade objetiva" incontestável. Isso não seria apenas uma insuportável presunção: seria uma postura tola e absurda, incompatível com o espírito científico – e, mais ainda, com o espírito crítico. No entanto, pela seriedade das contribuições aqui reunidas, cremos que se trata, essa sequência de reuniões do GEU (culminando com a elaboração de um livro), de um exemplo de como as coisas podem ser feitas diferentemente, apesar de todo o canto de sereia que empurra as universidades mais e mais para a burocratização (e, não raro, para a superficialidade). O simples fato de ser, este livro, o resultado de um longo processo de debates e amadurecimento coletivo já é um sinal de que, em tudo e por tudo, não aceitamos a lógica do "*fast food* acadêmico". É um exemplo, igualmente, de que é *possível* recusá-la.

A "produção" e, consequentemente, a "reprodução do espaço", atualmente, repousa no fato de que o desempenho capitalista se expandiu. Ao se realizar, tomou o mundo, e esse é o conteúdo do processo de globalização, bem como o fio condutor que nos possibilita compreender em que termos se efetua a redefinição da cidade e da urbanização, de sua explosão, da extensão das periferias; enfim, da construção de um novo espaço. Nessa direção, pode-se questionar o papel da intervenção do Estado, com seus interesses geralmente muito contraditórios com os interesses dos grupos humanos majoritários. A construção de um projeto para a cidade – para a sociedade! – não pode nascer das pranchetas, mas passa e tem de passar, isso sim, pela intervenção dos interessados, e não pela simples consulta, usualmente travestida de "participação popular".

Diante da complexidade da sociedade urbana, pode-se pressupor que a produção do espaço constitui um *elemento central* da problemática do mundo contemporâneo, tanto do ponto de vista da realização do processo de acumulação capitalista – e, por consequência, de justificativa das ações do Estado em direção à criação dos fundamentos da reprodução – quanto do ângulo da (re)produção da vida, que se realiza em espaços-tempos delimitados reais e concretos. As práticas de resistência precisam ser pensadas com o recurso à construção de um olhar teórico visceral e dialeticamente articulado, precisamente, com a práxis, em um movimento que revele o sentido e o fundamento dos conflitos que se estabelecem hoje, em torno do espaço, como luta pelo "direito à cidade".

• • • • •

Os capítulos aqui reunidos trazem e desenvolvem abordagens que se propõem a oferecer algum esclarecimento do tema. Correspondem a onze olhares sobre a mesma temática, diversidade que emana tanto do fato de que seus recortes analíticos são múltiplos quanto da circunstância de que as perspectivas teórico-conceituais adotadas pelos autores são diversas, ainda que não necessariamente (ou nem sempre) divergentes.

O primeiro capítulo, da autoria de **Mauricio Abreu**, foi originalmente publicado no número 4 da revista *Território*, do Laboratório de Gestão do Território (Laget) da UFRJ, em 1998. Decidimos republicá-lo, com a permissão do autor, porque Mauricio Abreu, além de integrar o GEU, participou de vários encontros do grupo. Muito embora não tenha podido preparar um texto especificamente para ser debatido, "Sobre a memória das cidades" representa uma contribuição que se coaduna bastante bem com o espírito deste livro e, em larga medida, do próprio GEU: resgatar a memória, manter a perspectiva histórica e processual para pensar o espaço (a produção do espaço) e o constante "refazimento" da Geografia e das geografias. "Apegada a uma lei castradora, que a impele na direção exclusiva da interpretação do presente dos lugares, e não no caminho da interpretação dos lugares, a Geografia vem produzindo já há algum tempo valiosas análises sobre as cidades, que entretanto têm servido muito pouco para resgatar a sua memória", escreve o autor. É mais que relevante, portanto, refletir sobre a produção do espaço urbano – seus agentes e seus processos, suas escalas e seus desafios – tendo em mente essas palavras de advertência.

Roberto Lobato Corrêa realiza, no capítulo seguinte, um esforço bem-sucedido, de caráter exploratório, visando a estabelecer algumas relações entre *agentes sociais*, *escala* e *produção do espaço*. Subjacentes a esse esforço estão duas teses: a primeira considera a produção do espaço como decorrente da ação de agentes sociais concretos, com papéis não rigidamente definidos, portadores de interesses, contradições e práticas espaciais que ora são próprios a cada um, ora são comuns. A segunda diz respeito à *escala* enquanto dimensão espacial na qual a ação humana, seja ela qual for, efetivamente se realiza.

Partindo de uma abordagem de caráter também bastante amplo para situar o tema, **Ana Fani Alessandri Carlos** aborda, em seu texto, o movimento teórico que, no âmbito da constituição do pensamento geográfico brasileiro, permitiria pensar a passagem do conceito de "organização do espaço" àquele de "produção do espaço" e, nessa perspectiva, apontar os fundamentos sociais da produção do espaço. Para ela, esse movimento abre a possibilidade de se refletir sobre as relações sociais em sua dimensão espacial, momento em que a espacialidade pode ser tratada como imanente à existência constitutiva da sociedade. Tal enfoque aponta para a ideia de que a sociedade, ao se produzir, o faz num espaço determinado, como condição de sua existência e por meio dessa ação, ela também produzindo um espaço que lhe é próprio. Esse raciocínio sugere a necessidade de considerar a reprodução da sociedade, em sua totalidade, realizando-se através da produção/reprodução do espaço.

No plano do debate conceitual, **Pedro de Almeida Vasconcelos** focaliza os agentes da produção do espaço, apontando a insuficiência das grandes categorias analíticas utilizadas na Geografia Urbana como *capitalismo*, *capital* e mesmo de suas subdivisões, como *capital imobiliário*, *capital financeiro* etc., se queremos compreender a complexidade da atuação dos inúmeros agentes na transformação das cidades, particularmente nas cidades dos países periféricos. Nestas, afirma o autor, os agentes não capitalistas, como os proprietários fundiários e, sobretudo, os invasores e ocupantes de terrenos, têm uma participação fundamental na conformação das cidades, o que relativizaria a centralidade explicativa do que chamou de "as grandes categorias".

Angelo Serpa propõe uma reflexão de cunho teórico-conceitual em que aprofunda a discussão sobre os conceitos de *lugar* e *centralidade*, oferecendo uma contribuição sobre esta temática. O autor desenvolve sua linha de raciocínio na perspectiva de aproximar lugar e centralidade, no âmbito da produção do conhecimento geográfico. Parte da premissa de que esta articulação viabiliza a construção de novos parâmetros teórico-metodológicos para a compreensão dos fenômenos urbano e metropolitano, lançando também as bases para o aprimoramento de uma abordagem qualitativa. Para o autor, a aproximação dos conceitos de lugar e centralidade baseia-se em conteúdos de ordem qualitativa e simbólica, o que pode atribuir, sem dúvida, novos significados à análise dos lugares e de sua morfologia sócio-espacial nas metrópoles contemporâneas.

O capítulo de **Glória da Anunciação Alves** visa a discutir o conceito de *mobilidade*, como possibilidade de esclarecimento do processo de produção do espaço. Ela procura desvendar como a produção se estabelece enquanto movimento articulado ao processo de circulação, estabelecendo os nexos capazes de nos levar a compreender o estabelecimento dos meios e das ações que envolvem o sentido da mobilidade como elemento fundamental na compreensão dos conteúdos da produção do espaço.

Maria Encarnação Beltrão Sposito, por sua vez, aborda o tema a partir da reflexão sobre a *diferenciação socioespacial*, procurando distingui-la das *desigualdades socioespaciais*. As escalas geográficas são tomadas como referência e recurso analítico, para enfocar como diferenças e desigualdades são produzidas no período atual. O tratamento das formas de reestruturação urbana e das cidades é feito considerando-se a redefinição da centralidade urbana e a tendência de complexificação das formas de segmentação da sociedade e do espaço, que compõem a vida urbana e a cidade, enquanto fragmentação socioespacial.

Marcelo Lopes de Souza, em seu capítulo, chama a atenção para o fato de não refletirmos o suficiente sobre o que estamos dizendo ou querendo dizer quando nos utilizamos, no próprio discurso científico, de determinadas palavras. Agimos, muito frequentemente, como se o nosso vocabulário técnico, tão profundamente articulado (e até quase amalgamado) com o vocabulário do senso comum, não demandasse maiores cautelas. Fica patente a dificuldade de se enxergar a complexidade de interesses envolvida na disputa simbólica em torno de determinadas palavras, notadamente daquelas que se apresentam carregadas de forte significado político e ideológico, tais como "favela", "ocupação", "revitalização" e muitas outras. Essa complexidade, como alerta o autor, simplesmente não admite ser adequadamente apreendida por meio de uma "visão de sobrevoo", que consiste em considerar as sociedades e seus espaços exclusiva ou predominantemente "do alto" e "à distância", como é tão comum na Geografia (e no planejamento urbano).

Silvana Maria Pintaudi afirma que, em sociedades tão complexas como as que vivemos, alguns aspectos nos auxiliam a compreender a urbanização engendrada pelo capital. Refere-se, aqui, especificamente, à produção e consumo de espaços comerciais no atual momento histórico, o que em sua perspectiva analítica pressupõe entender o movimento de formas comerciais que se chocam com outras que não têm o mesmo movimento, porque pertencem a outro momento histórico – caso específico dos mercados públicos. Para a autora, o espaço que se constrói, no momento atual, poderia ser interpretado como tênue, opaco, expressões que apontam a importância de compreendê-lo no movimento da urbanização que transforma, constantemente. O espaço, antes produzido como "obra", agora é "produto" e, nesta condição, é repetido infinitas vezes, controlado, indicando um consumo induzido.

Márcio Piñon de Oliveira tem por objetivo desenvolver uma reflexão crítica sobre o conceito de cidadania, a partir da sua relação concreta com a cidade e a urbanização, recuperando o seu sentido original como nexo político-territorial ou geograficidade. Nesse contexto, o cidadão – aquele ser político genérico, juridicamente formal, voltado para si mesmo e seu interesse particular, dissociado da comunidade – pode ser identificado na realidade concreta do mundo, e analisado com base num conjunto de dimensões que inclui a dos direitos (civis, políticos e sociais) e vai além deles, chegando à dimensão do espaço. O autor enfoca a categoria "território", que se impõe como uma "condição continente" ao conteúdo político da cidadania e à organização social, cultural e econômica existente em cada espaço-tempo, demarcando o *nexo político-territorial da cidadania* nas diferentes escalas de sua realização.

Arlete Moysés Rodrigues enfatiza a importância de se considerar o meio ambiente na Geografia Urbana, chamando a atenção para a mudança da matriz discursiva sem alteração do paradigma dominante. Sua reflexão aponta para a necessidade de um novo arcabouço teórico-metodológico, com instrumentais analíticos adequados, na direção de uma Geografia crítica radical. Ela permitiria avançar para compreender a complexidade dos processos e as relações societárias (as alterações do mundo do trabalho, a financeirização da economia, a acumulação flexível), mostrando que os deslocamentos discursivos da produção e reprodução do espaço para o "consumo" e deste para o "meio ambiente" obscurecem as causas dos chamados problemas ambientais e as contradições expressas nas cidades e na vida urbana.

• • • • •

Por último, uma breve nota sobre a grafia do termo "sócio-espacial"/"socioespacial". Tem sido comum, entre revisores de língua portuguesa, uma interpretação estreita e automática das normas ortográficas em vigor quanto ao uso do hífen, segundo as quais, a exemplo de palavras como "socioeconômico" e "sociopolítico", também "socioespacial" deveria ser grafada sem hífen. Ocorre que os vocábulos "socioeconômico" e "sociopolítico", de uso mais ou menos corrente fora de um âmbito técnico especializado, se acham dicionarizados; o mesmo não ocorre com "socioespacial" (ou "sócio-espacial"). A comparação, geralmente feita pelos revisores, é a de "socioespacial" (ou "sócio-espacial") com aquelas outras duas palavras, negligenciando-se outra possibilidade, conceitualmente relevante: a da comparação não necessariamente com "socioeconômico" e "sociopolítico", *em que se perdeu a noção de composição* (o "socio", simplesmente, qualifica o "econômico" e o "político"), mas também, dependendo das circunstâncias, com palavras como "austro-húngaro" e "dólico-louro", *nas quais se mantém a noção de composição.*

Ao menos para alguns geógrafos – não há consenso a respeito –, deve ser considerada a possibilidade, por razões teórico-conceituais, de dupla grafia. "*Socioespacial*", sem hífen, se referiria *somente ao espaço social* (por exemplo, considerando-o do ângulo do resultado de sua produção em um determinado momento); em contraste, *"sócio-espacial"* diria respeito às relações sociais e ao espaço, simultaneamente (levando em conta a articulação dialética de ambos no contexto da totalidade social, mas preservando a individualidade de cada um). À luz disso, por exemplo, a representação de um estádio de futebol, por meio de uma planta, seria uma representação gráfica de uma estrutura *socioespacial* – por mais que, evidentemente, essa estrutura reflita e sirva como uma chave para interpretar determinadas relações sociais –, ao passo que os processos e práticas ali concretizados, do jogo em si ao confronte entre torcidas organizadas, seriam, em sentido forte, processos e práticas *sócio-espaciais*. Distinguir entre as duas grafias, com isso diferenciando uma da outra duas perspectivas (*complementares, e não excludentes*), só seria algo supérfluo se partíssemos do pressuposto de que a categoria *espaço social* engloba inteiramente ou se confunde completamente com a categoria *relações sociais* – o que corresponderia a um reducionismo assaz danoso.

Por essa razão, optou-se por se preservar a grafia escolhida pelo próprio autor de cada capítulo, na expectativa de que a escolha tenha sido feita com consciência das premissas e implicações envolvidas.

Ana Fani Alessandri Carlos
Marcelo Lopes de Souza
Maria Encarnação Beltrão Sposito

SOBRE A MEMÓRIA DAS CIDADES

Mauricio Abreu
Universidade Federal do Rio de Janeiro

A valorização do passado das cidades é uma característica comum às sociedades desta virada de milênio.[1] No que diz respeito a "países novos", como o Brasil, essa tendência é inédita e reflete uma mudança significativa nos valores e atitudes sociais até agora predominantes. Depois de um longo período em que só se cultuava o que era novo, período que resultou num ataque constante e sistemático às heranças vindas de tempos antigos, eis que atualmente o cotidiano urbano brasileiro vê-se invadido por discursos e projetos que pregam a restauração, a preservação ou a revalorização dos mais diversos vestígios do passado. A justificativa apresentada é invariavelmente a necessidade de preservar a "memória urbana".

Para compreender melhor essa tendência recente de busca de memória, de busca de raízes, este capítulo pretende discuti-la a partir de três grandes eixos de análise. O primeiro, de natureza geral, procura entender o que está por trás da valorização atual do passado. O segundo busca conceituar melhor o que se entende por memória das cidades. Finalmente, o terceiro eixo objetiva discutir o papel desempenhado pela Geografia no resgate dessa memória.

A valorização atual do passado

A valorização do passado, ou do que sobrou dele na paisagem ou nas "instituições de memória" (museus, arquivos, bibliotecas etc.) (Nora, 1984), dá-se hoje de forma generalizada no mundo, refletindo a emergência de uma nova relação identitária entre os homens e as mulheres do final do século XX e os conjuntos espaciais que lhes dão ancoragem no planeta, sejam eles os Estados-nações, as regiões ou os lugares.

Para dar conta dessa tendência atual, inúmeras explicações vêm sendo oferecidas pelos mais diversos autores. Algumas delas enfatizam as transformações que já vêm ocorrendo no imaginário ocidental há algumas décadas. Outras dão ênfase à velocidade eletrizante do período atual de globalização, que tem dado origem a uma busca ansiosa de referenciais identitários por parte das sociedades.

Para Le Goff (1990, p. 14), a valorização atual do passado tem muito a ver com o fim da era de otimismo ilimitado no futuro, iniciada com o Iluminismo. Com efeito, foi a partir da Ilustração que as sociedades ocidentais passaram a redirecionar a sua visão de mundo, antes orientada para a "grandeza" e a "majestade" do passado, transferindo seu foco de atenção para o "futuro", para o "progresso". Olhar com reverência para o passado passou, a partir de então, a ser visto como sinônimo de saudosismo ou como atitude tipicamente reacionária, uma associação de ideias que só tendeu a ampliar o seu escopo com o tempo. Era para o futuro, e não para o passado, que as sociedades deveriam olhar!

Os acontecimentos do século XX parecem ter minado bastante essa fé ilimitada no porvir. Apesar dos inegáveis progressos técnicos e científicos ocorridos nos últimos três séculos, os horrores das guerras, das fomes e dos holocaustos, tão comuns no passado que se queria esquecer, jamais desapareceram do horizonte, tendo inclusive atingido, nesse século, dimensões nunca antes alcançadas. Por sua vez, a capacidade, agora adquirida, de autodestruição da espécie humana, a emergência de crises ecológicas de nível planetário e o colapso do projeto de construção de uma sociedade nova e mais justa, entre outras decepções, tornaram bastante incerto aquele futuro pelo qual tanto se esperava (LE GOFF, 1990, p. 14).

Incertezas e angústias acompanham todos os momentos de transição (HARVEY, 1989). Para Lepetit e Pumain (1993, p. vi-vii), períodos de transição são momentos de perda da concordância de tempos; são períodos em que antigos tempos hegemônicos passam a coexistir e a interagir obrigatoriamente com tempos recém-chegados, tempos novos em busca de hegemonia (SANTOS, 1994, p. 45-46; ABREU, 1996). Nada estranho, portanto, que as sociedades que estejam no meio desse turbilhão reorientem suas visões de mundo, vivendo mais o presente, desconfiando daquilo que o futuro lhes reserva e revalorizando o que já construíram em tempos passados.

Duvignaud (1990) mostrou que é nos momentos de ruptura da continuidade histórica que as atenções tendem a se direcionar mais para a memória. Embora suas reflexões estivessem voltadas para o entendimento da Primeira Guerra Mundial, elas se aplicam também ao período que estamos vivendo hoje, denominado de globalização, que é sem dúvida, um momento de ruptura.

Trata-se de um importante momento de mudança, que não se compreende ainda muito bem e que vem dando margem ao aparecimento de reflexões teóricas de peso, todas elas buscando concatenar pistas que permitam decifrá-lo. Diferentes em suas análises, essas reflexões são unânimes ao apontar para o tempo como a categoria de análise fundamental para a compreensão do momento atual. Harvey (1989), por exemplo, analisa-o como um período de máxima "compressão espaço-tempo". Giddens (1989) refere-se ao "esvaziamento do tempo" que ele incorpora. Santos (1994, p. 178), por sua vez, apontou para a contemporaneidade simultânea e compulsória que ele vem exigindo de todas as sociedades. Virilio (1984) chegou mesmo a radicalizar, dizendo que estamos vivendo um período em que o espaço foi abolido, em que só o tempo existiria.

Independente das polêmicas que essas interpretações propiciaram, o que importa salientar aqui é que elas apontam para uma dialética fundamental do entendimento dos lugares nos dias de hoje. Se a instantaneidade das comunicações vem permitindo a homogeneização do espaço global, se ela está contribuindo para que todos os lugares sejam hoje bastante parecidos, se ela vem fazendo com que o lugar esteja hoje em todo lugar, como diz Santos (1994, p. 178), ela também vem dando estímulos para que cada lugar, na busca de sobrevivência e de individualidade, procure se diferenciar o mais que possível dos demais. Em outras palavras, a tendência à abolição do lugar como singularidade reforça justamente a busca dessa última.

O passado é uma das dimensões mais importantes da singularidade. Materializado na paisagem, preservado em "instituições de memória", ou ainda vivo na cultura e no cotidiano dos lugares, não é de se estranhar então que seja ele que vem dando o suporte mais sólido a essa procura de diferença. A busca da identidade dos lugares, tão alardeada nos dias de hoje, tem sido fundamentalmente uma busca de raízes, uma busca de passado. Tal procura, sem dúvida defensável em termos da preservação das tradições vitais de uma sociedade, pode, entretanto, ser perigosa quando levada a extremos. Como bem mostrou Lowenthal (1996), as sociedades podem acabar sendo "possuídas pelo passado", o que resulta, não raro, na distorção da história e em conflito social.

A busca de "memória urbana" no Brasil

O Brasil é um país de cidades novas. A maior parte de seus núcleos urbanos surgiu no século passado. Há cidades, entretanto, que já existem há bastante tempo. Coevas dos primeiros tempos da colonização, algumas delas já ultrapassaram inclusive a marca do quarto centenário. Poucas são as cidades brasileiras, entretanto, que ainda apresentam vestígios materiais consideráveis do passado.

Se hoje o Rio de Janeiro, fundado em 1565, vangloria-se de seu "corredor cultural", que preserva edificações da área central construídas na virada do século XIX para o XX, é importante lembrar que as edificações aí situadas substituíram inúmeras outras antes existentes no mesmo local. Nem mesmo o berço histórico da cidade existe mais, arrasado que foi com o Morro do Castelo em 1922. E o que falar de São Paulo, fundada em 1554? Da pauliceia colonial e imperial quase mais nada existe, e se ainda temos uma boa noção do que foi a cidade da primeira metade do século xx é porque contamos com a paisagem eternizada das fotografias e com os belíssimos trabalhos realizados pelos geógrafos paulistas por ocasião do quarto centenário da cidade (Azevedo, 1958).

Há outros exemplos. Olinda, fundada em 1537, orgulha-se de ser patrimônio cultural da humanidade, mas este título não lhe foi conferido em razão dos testemunhos que sobraram da cidade antiga, em grande parte substituída por construções em estilo eclético ou *art déco* do início do século passado. E se Salvador, criada em 1549, e Ouro Preto, fundada em 1711, podem gabar-se de manter ainda um patrimônio histórico-arquitetônico apreciável, isso se deve muito mais à longa decadência econômica pela qual passaram, que atenuou os ataques ao parque construído, do que a qualquer veleidade preservacionista local.

Em suma, não é muito comum encontrarem-se vestígios materiais do passado nas cidades brasileiras, mesmo naquelas que já existem há bastante tempo. Há, entretanto, algo novo acontecendo em todas elas. Independente de qual tenha sido o estoque de materialidades históricas que tenham conseguido salvar da destruição, as cidades do país vêm hoje engajando-se decisivamente num movimento de preservação do que sobrou de seu passado, numa indicação flagrante de que muita coisa mudou na forma como a sociedade brasileira se relaciona com as suas memórias.

O passado sempre fez parte do cotidiano de diversas sociedades contemporâneas. Na Europa, a fé no futuro apregoada pelo Iluminismo não conseguiu eliminar aquilo que Hegel chamou de "fardo da história" (apud Le Goff, 1990, p. 204) e que Marx qualificou mais tarde, ao referir-se ao processo histórico francês, de "peso paralisante do passado" (apud Le Goff, 1990, p. 220). Ou seja, o presente se desenrolou e o futuro se construiu a partir de uma sólida base material e espiritual herdada do passado. Em outras palavras, o passado acompanhou *pari passu* o processo de desenvolvimento da sociedade; ele sempre fez parte do presente e da ideia de futuro.

Este não foi o caso do Brasil. O peso material e simbólico das formas urbanas herdadas de tempos anteriores foi aí muito menos paralisante do que na Europa. Por outro lado, o projeto modernizador do século xix, tão bem analisado por Machado (1995), fundamentou-se na esperança de um futuro melhor e na rejeição do passado, na abolição dos seus vestígios e na sua superação. A vergonha do passado e a crença no futuro se fizeram sentir, por exemplo, na disseminação das ideias de "dimensão continental do país", de "espaços vazios", e de "oferta ilimitada de terras", que faziam do Brasil um "país do futuro". Olhou-se para o passado apenas para cimentar a identidade nacional, que estava então sendo forjada.

Essa fé no "país do futuro" se tornou uma ideologia avassaladora a partir da República, e isso explica porque foram tão bem-sucedidas, no século xx, as reformas urbanísticas radicais que tanto transformaram a face de diversas cidades brasileiras. Viabilizadoras desse futuro, essas reformas tiveram grande acolhida entre as elites modernizadoras do país, que jamais hesitaram em enfrentar qualquer apego a antigos valores, a antigas "usanças" urbanas, taxando sempre esse comportamento como um indicador de conservadorismo, de atraso e de subdesenvolvimento. Lemas como "São Paulo não pode parar", "cinquenta anos em cinco", "prá frente Brasil" e muitos outros, independentemente de seus vínculos político-ideológicos, ilustram bem esse movimento de valorização do novo e justificaram um sem número de intervenções realizadas sobre as paisagens herdadas do passado.

A situação hoje é diferente. O passado das cidades brasileiras está sendo revalorizado e a preservação/recuperação/restauração do que sobrou das paisagens urbanas anteriores é um objetivo que vem sendo perseguido por inúmeros agentes, destacando-se aí os governos municipais. Mesmo cidades relativamente novas já adotam a prática de preservar os vestígios mais significativos de sua história e, naquelas em que a destruição da herança urbana foi devastadora, grandes têm sido os esforços para salvar e valorizar o que restou. Essas tentativas nem sempre têm sido bem-sucedidas. O desejo de tombar toda edificação que possa ser identificada como "memória urbana" raramente tem sido acompanhado da adoção de medidas que incentivem proprietários e inquilinos a preservar os imóveis tombados, fato que tem levado, muitas vezes, ao tombamento *ipsis litteris* da edificação que se queria proteger (Santos, 1986).

Não podemos discutir aqui todas as dimensões explicativas e interpretativas dessa busca da "memória urbana" que caracteriza os dias atuais. É importante constatar, entretanto, que ela é multifacetada e que nem sempre é motivada por razões identitárias (Fowler, 1992). Desde o século XIX que se descobriu que a imagem urbana é uma mercadoria, que ela pode ser mercantilizada e pode dar grandes lucros, notadamente com o turismo (Kearns e Philo, 1993). Não foram poucos os casos de cidades europeias que, já em plena era industrial, se transformaram em (ou voltaram a ser) burgos medievais murados para melhor atrair os visitantes. Isso sem falar de "cidades" cuja herança é totalmente artificial, posto que foram criadas do nada e com o objetivo precípuo de dar lucros. É o caso de Saint Augustine, na Flórida norte-americana, verdadeiro parque de diversões que, pretensamente, reproduz a homônima seiscentista fundada pelos espanhóis.

Independente do que estaria por trás desse movimento de preservação da herança (histórica ou construída) do passado, uma coisa se nos afigura como essencial: a "memória urbana" é hoje um elemento fundamental da constituição da identidade de um lugar. Busca-se com grande afã recuperá-la. Mas o que é, afinal, a "memória urbana"?

Para que possamos entender esse termo, que aliás vem sendo erroneamente empregado nos meios técnicos ou na linguagem cotidiana, pois o que se quer denotar, ao utilizá-lo, é a *memória das cidades*, teremos que discutir primeiro o que se entende por memória e quais são suas diversas dimensões.

A memória individual

Memória, como sabemos, é uma categoria biológica/psicológica que diz respeito à capacidade de armazenagem e conservação de informações. Não é nesse sentido, entretanto, que pretendemos enfocá-la. O que nos interessa aqui é discutir a memória como um elemento essencial da identidade de um lugar.

Santos (1994, p. 36) afirmou, com bastante felicidade, que o lugar é a extensão do acontecer solidário, entendendo-se por solidariedade a obrigação de se viver junto. O lugar é então o lócus do coletivo, do intersubjetivo. Por essa razão, o que nos interessa aqui não é discutir a memória individual, por definição, subjetiva e única, mas a memória compartilhada, a memória solidária. *A memória de um lugar, a memória de uma cidade, é, portanto, uma memória coletiva.*

Não se pode, entretanto, explicar o que é a memória coletiva se não partirmos da discussão do que vem a ser a memória individual. E aqui não há como evitar a imagem da busca de referenciais da infância e da adolescência, da procura de um tempo que ficou perdido no passado, busca essa que foi magnificamente imortalizada por Marcel Proust em seu *Em busca do tempo perdido* (2004-2005).

Georges Poulet (1992) analisou a fundo a obra de Proust e chegou à conclusão que os seres proustianos, isto é, aquelas imagens que vão se materializando na mente do escritor em seu mergulho no tempo, estão na verdade ancorados tanto no tempo como no espaço.[2] Para Poulet, o que Proust realmente faz é levar ao extremo a metamorfose do tempo em espaço. Embora o título da obra indique uma busca do *tempo* perdido, uma busca em que um ser se põe à procura de seu passado, num esforço para reencontrar sua antiga existência, "desde o primeiro momento [...] a obra proustiana se afirma como uma busca não somente do tempo, mas também do espaço perdido" (Poulet, 1992, p. 17).

Para Poulet, a sensação vivida por um ser proustiano é extremamente angustiante, e a razão disso é a mobilidade dos lugares no pensamento. A angústia aparece quando se descobre quão ilusória era a única fixidez em que se acreditava: a fixidez dos lugares, a fixidez dos objetos ali situados. Nas palavras de Poulet, "o ser privado de lugar encontra-se sem universo, sem lar, sem eira nem beira. Não está, por assim dizer, em parte alguma, ou antes, está em qualquer lugar, como destroços flutuando no vazio do espaço". No entanto, quando os lugares familiares retornam e reocupam o lugar primitivo, do mesmo modo aparentemente fortuito, aquele ser perdido no espaço descobre-se em casa, e descobre ao mesmo tempo o lugar perdido (Poulet, 1992, p. 18-20).

É importante lembrar que os lugares proustianos não existem em si, já que estão invariavelmente ligados a certas presenças humanas. Não há dúvida, entretanto, que sem os lugares, os seres proustianos seriam apenas abstrações. Como diz Poulet (1992, p. 28 e 31), "são os lugares que oferecem precisão às [...] imagens; que nos fornecem o suporte necessário, graças ao qual podemos atribuir-lhes um lugar em nosso espaço mental, sonhar com eles e deles nos lembrarmos".

A análise de Poulet, ainda que literária, traz-nos importantes aportes para a discussão que vimos fazendo. Fundamental nesse sentido é a ligação inextrincável que se estabelece entre espaço e tempo no campo da memória individual. Como diz o autor, "graças à memória, o tempo não está perdido, e, se não está perdido, também o espaço não está. Ao lado do tempo reencontrado, está o espaço reencontrado" (Poulet, 1992, p. 54-55).

A memória individual pode contribuir, portanto, para a recuperação da memória das cidades. A partir dela, ou de seus registros, pode-se enveredar pelas lembranças das pessoas e atingir momentos urbanos que já passaram e formas espaciais que já desapareceram. A importância desse resgate para a identidade de um lugar é inquestionável, e é por isso que as "histórias orais" e as "memórias de velhos" vêm hoje se difundindo bastante no Brasil (Bosi, 1987; Costa, 1993; Meihy, 1996). É uma pena que essas técnicas de resgate da memória individual só agora tenham se popularizado. Quantas memórias de pessoas que viveram importantes acontecimentos de uma cidade (o impacto de uma grande reforma urbana, a demolição de um marco histórico fundacional, por exemplo) perderam-se no tempo!

Há que se ter cuidado, entretanto, com a memória individual. Ela é, por definição, subjetiva. Isso quer dizer que fazemos da nossa memória o que bem queremos. Há também um outro fato para o qual é preciso sempre atentar: o espaço da memória individual não é necessariamente um espaço euclidiano. Nele, as localizações podem ser fluidas ou deformadas, as escalas podem ser multidimensionais e a referenciação, mais topológica do que geográfica.

Se essas distorções entre o "espaço real" e o "espaço da memória" podem ser riquíssimas para um trabalho de Geografia comportamental, ou mesmo para trabalhos de Geografia humanística, elas não têm necessariamente o mesmo valor quando utilizadas para o resgate da memória das cidades. Aqui, a ancoragem tem que ser objetiva, o que não impede que seja enriquecida com uma série de lembranças subjetivas. O importante é que, quando as utilizarmos, saibamos evitar as suas armadilhas.

A memória coletiva

Maurice Halbwachs dedicou uma boa parte de sua obra à análise das diversas formas sociais da memória. Em seu estudo sobre a memória coletiva, Halbwachs (1990) também enfatizou a inseparabilidade do tempo e do espaço na memória. Segundo ele, o tempo da memória só se concretiza quando encontra a resistência de um espaço. No caso de uma memória coletiva, entretanto, a resistência desse espaço não é a mesma da memória individual.

A memória, já sabemos, tem uma dimensão individual, mas muitos dos seus referentes são sociais, e permitem que, além da memória individual, que é por definição única, tenhamos também uma memória intersubjetiva, uma memória compartilhada, uma memória coletiva. Essa memória não é a agregação pura e simples de memórias subjetivas. Para Halbwachs, a memória coletiva envolve as memórias individuais, mas não se confunde com elas. A memória coletiva evolui de acordo com suas próprias leis. Daí, "se algumas lembranças individuais penetram algumas vezes nela, mudam de figura assim que sejam recolocadas num conjunto que não é mais [aquele da] consciência pessoal" (Halbwachs, 1990, p. 53-54).

O que é, então, a memória coletiva? Para Halbwachs, ela é um conjunto de lembranças construídas socialmente e referenciadas a um grupo que transcende o indivíduo. O autor não cansa de enfatizar o caráter familiar, grupal e social da memória. Sem negar importância à memória individual, para ele a capacidade de lembrar é determinada, não pela aderência de um indivíduo a um determinado espaço, mas pela aderência do grupo do qual ele faz parte àquele mesmo espaço: um espaço em que se habitou, um espaço em que se trabalhou, um espaço em que se viveu. Um espaço, enfim, que foi compartilhado por uma coletividade por um certo tempo, seja ele a residência familiar, a vizinhança, o bairro, o local de trabalho.

Para Halbwachs (1990, p. 82), a memória coletiva é também uma corrente de pensamento contínuo, que retém do passado somente aquilo que ainda está vivo ou é capaz de viver na consciência de um grupo. Assim, o presente não se opõe ao passado, o que não quer dizer que tudo o que ocorreu no passado seja preservado. A memória compartilhada, por definição, ultrapassa sempre os limites do presente, mas não consegue mergulhar infinitamente no passado. Ela estende-se até onde pode.

Outra característica da memória coletiva é que ela está sempre se transformando. Como diz Halbwachs (1990, p. 82-84), "não é por má vontade, antipatia, repulsa ou indiferença que ela [a memória coletiva] esquece uma quantidade tão grande de acontecimentos e de antigas figuras. É porque os grupos que dela guardavam a lembrança desapareceram".

A memória coletiva está sempre se redefinindo. Quando um período deixa de interessar ao período seguinte, isso não quer dizer que o grupo se esqueceu de uma parte do passado. O que acontece é que, na realidade, o grupo já não é mais o mesmo. Quando isso ocorre, e se não se quer perder uma lembrança que não mais se sustenta por si mesma na consciência dos grupos, é comum então que essa lembrança seja eternizada, que seja registrada, transformando-se então em *memória histórica*.

Halbwachs distingue bem a memória coletiva da memória histórica. Para ele, enquanto uma lembrança subsiste, é inútil fixá-la. A memória coletiva é, portanto, uma memória viva. É apenas quando o que se quer lembrar já está muito distante no passado, quando a memória social se apaga ou se decompõe, que ela tende a se transformar em memória histórica. Nas palavras do autor:

> Quando a memória de uma sequência de acontecimentos não tem mais por suporte um grupo, aquele mesmo em que esteve engajada ou que dela suportou as consequências, que lhe assistiu ou dela recebeu um relato vivo dos primeiros atores e espectadores, quando ela se dispersa por entre alguns espíritos individuais, perdidos em novas sociedades para as quais esses fatos não interessam mais porque lhe são decididamente exteriores, então o único meio de salvar tais lembranças é fixá-las por escrito em uma narrativa seguida, uma vez que as palavras e os pensamentos morrem, mas os escritos permanecem (Halbwachs, 1990, p. 80-81).

Os ensinamentos de Halbwachs são importantes para a discussão da memória das cidades, da memória dos lugares. Primeiramente, porque enfatizam a exigência de ancoragem objetiva das memórias compartilhadas. "Não há memória coletiva que não se desenvolva num quadro espacial", afirma (Halbwachs, 1990, p. 143). Em segundo lugar, porque apontam para o dinamismo das memórias coletivas, que estão sempre se transformando. Em terceiro, porque dão destaque aos momentos de ruptura, isto é, àqueles períodos de "quebra da tradição", que são às vezes bastante curtos, mas que têm o poder de redefinir todo o quadro social das memórias de uma coletividade.

Halbwachs também nos chama a atenção para algo mais. As memórias coletivas se eternizam muito mais em registros, em documentos, do que em formas materiais inscritas na paisagem. São esses documentos que, ao transformar a memória coletiva em memória histórica, preservam a memória das cidades. São eles também que nos permitem contextualizar os testemunhos do passado que restaram na paisagem.

O resgate da memória das cidades não pode, então, se limitar à recuperação das formas materiais herdadas de outros tempos. Há que se dar conta também de tudo aquilo que não deixou marcas e que ainda está guardado nas instituições de memória. E o que existe aí não é pouco. Segundo Pierre Nora, as sociedades atuais são sociedades obcecadas em compreender-se historicamente. Vivemos há algum tempo uma síndrome arquivística que, ao contrário do que poderíamos esperar, nem sempre é do agrado dos historiadores. Segundo Nora (1984, p. 16):

> À medida mesmo em que desaparece a memória tradicional, nos sentimos obrigados a acumular religiosamente vestígios, testemunhos, documentos, imagens, discursos, sinais visíveis do que foi, como se esse dossiê cada vez mais proliferante devesse tornar-se não se sabe que prova em não se sabe que tribunal da história. O sagrado investiu-se no vestígio que é a sua negação. Impossível prever o que será necessário lembrar-se. Daí a inibição em destruir, a constituição de tudo em arquivos, a dilatação indiferenciada do campo do memorável, o inchamento hipertrófico da função de memória, ligado ao próprio sentimento de sua perda, e o reforço correlativo de todas as instituições de memória.

A cidade como lugar de memória

A cidade é uma das aderências que ligam indivíduos, famílias e grupos sociais entre si, uma dessas resistências que não permitem que suas memórias fiquem perdidas no tempo, que lhes dão ancoragem no espaço.

Mas a cidade não é um coletivo de vivências homogêneas. Para definir o que seria a memória das cidades, nossa categoria de análise não pode ser a população. O que faz com que surja uma memória grupal ou social, referida a algum lugar, é o fato de que aquele grupo ou classe social estabeleceu ali relações sociais. Essas relações, entretanto, podem ser de dominação, de cooperação ou de conflito, e variam tanto no tempo como no espaço. Consequentemente, a vivência na cidade dá origem a inúmeras memórias coletivas, que podem ser bastante distintas umas das outras, mas que têm como ponto comum a aderência à mesma cidade.

Coexistem então numa cidade, em qualquer momento do tempo, inúmeras memórias coletivas. Ao eternizarem-se em registros permanentes, essas memórias urbanas não perdem seu caráter específico, sua vinculação ao grupo ou classe que as produziu. Há algo mais a considerar. Nem todas as memórias coletivas urbanas conseguiram ser registradas. Muitas perderam-se no tempo, o que faz com que os vestígios do passado que subsistiram na paisagem ou nas instituições de memória sejam apenas fragmentos das memórias coletivas que a cidade produziu. E fragmentos muito especiais, pois estão geralmente ligados a estruturas de poder.

Como bem lembrou Le Goff (1990), as classes mais poderosas não apenas construíram objetos mais duráveis, como foram também as criadoras das próprias instituições de memória, não raro estabelecidas exatamente para guardar as lembranças que aqueles que as instituíram consideravam importantes. Por essa razão, os documentos que se encontram nessas instituições, e que são invariavelmente utilizados como fontes ou atestados de "memória urbana", são, eles também, expressões de poder. Como afirmou Foucault (1969), os documentos não são uma matéria-prima objetiva. Eles expressam também o poder da sociedade sobre a memória e sobre o futuro.

Chegamos, assim, a um impasse? Será então impossível recuperar a memória de uma cidade?

A resposta a essa pergunta é, ao mesmo tempo, sim e não. Sim, é impossível recuperar a memória de uma cidade, se isso quer dizer a *totalidade* das memórias coletivas que tiveram aquela cidade como referencial. Isto não quer dizer, entretanto, que seja impossível resgatar muitas outras memórias dessa cidade.

Essa segunda tarefa é não só viável, como necessária e urgente. É através da recuperação das memórias coletivas que sobraram do passado (estejam elas materializadas no espaço ou em documentos) e da preocupação constante em registrar as memórias coletivas que ainda estão vivas no cotidiano atual da cidade (muitas das quais certamente fadadas ao desaparecimento) que poderemos resgatar muito do passado, eternizar o presente, e garantir às gerações futuras um lastro importante para a sua identidade.

Entretanto, para realizar essas tarefas, é importante que, no momento certo, saibamos sair da seara fluida e insegura das memórias e que ingressemos nos campos mais seguros da História e da Geografia.

Memória e História

Há diferenças fundamentais entre *memória* e *História*. A memória, seja ela coletiva ou individual, é sempre seletiva: só nos lembramos daquilo que queremos nos lembrar. Por essa razão, a memória é parcial, descontínua e vulnerável a todas as utilizações e manipulações (Nora, 1984, p. xix). A História, por sua vez, busca a objetividade. Nunca conseguirá atingir a objetivação total, como nos lembra Le Goff (1990), mas chega muito mais perto dela do que a memória.

A História, como a memória, não é neutra. Ao contrário do que pensavam os historiadores positivistas do passado, o *fato histórico* não é dado: o contexto em que o pesquisador se insere influi na forma como ele o define e interpreta (Le Goff, 1990, p. 9). Sabemos também que a História pode ser manipulada, e o foi várias vezes no passado. Apesar desses problemas, é incontestável que a História detém inúmeras vantagens sobre a memória, e que deve ser a partir dela, História, que devemos penetrar no difícil campo da memória das cidades, da identidade de um lugar.

As vantagens da História sobre a memória são inúmeras. A primeira delas é que, ao contrário da memória, a História tem que buscar a verdade. Ela é uma operação intelectual e laicizante que segue um método científico e está também sendo continuamente posta à prova. Por isso, a História está sempre sendo reconstruída, reinterpretada, e é isso que permite que as falsas interpretações feitas em seu nome sejam detectadas e denunciadas. A História é registro, distanciamento, problematização, crítica e reflexão (Nora, 1984, p. xix; D'Aléssio, 1993, p. 101).

A segunda vantagem da História sobre a memória é que a primeira está sempre recuperando e reavaliando os referenciais que contextualizam a segunda. E faz isso exatamente para poder relativizar as memórias. Em outras palavras, a História está sempre pondo em xeque as memórias. Ao contrário da memória, a História precisa dar conta do que foi esquecido. A História precisa iluminar as memórias, ajudando-as a retificar suas omissões e erros. Privilegiar apenas a memória seria afundar no abismo escuro do tempo (Le Goff, 1992, p. xi-xii).

Ao tentar iluminar esse abismo, a História não consegue atingir o sonho de recuperar o passado *tal qual ele aconteceu*, um passado sem lacunas e sem falhas, "*wie es eigentlich gewesen ist*" (tal como efetivamente sucedeu), como queria Ranke. Esse sonho é impossível. Nora (1984, p. xix) lembra-nos que a História é a construção sempre problemática e incompleta do que já não mais existe. Lowenthal (1985), por sua vez, nos alerta que o passado é um país estrangeiro, um país que nunca conseguiremos conhecer plenamente. Isso não impede que tentemos nos aproximar dele, mesmo sabendo que o desembarque jamais poderá ser concretizado. Nessa viagem de aproximação, é fundamental, entretanto, que tomemos o barco da História e não o da memória. E é imprescindível que mantenhamos sempre o rumo certo para evitar que nos percamos "no abismo do tempo".

Como fazer isso?

É preciso reconhecer, antes de tudo, que qualquer vestígio do passado (seja ele uma forma arquitetônica que subsiste na paisagem, ou um documento que ainda está guardado nas instituições de memória) jamais é neutro. Contextualizar o vestígio, saber quem o produziu, quando e, se possível, com que objetivo, é, portanto, o primeiro passo a ser tomado.

Não aceitar como definitiva qualquer interpretação já dada sobre o passado é o passo seguinte. Como já visto, os seus vestígios sempre podem ser relidos e reinterpretados e é por essa razão que a História é mais confiável do que a memória. Nesse esforço de reinterpretação, é importante, entretanto, que estejamos sempre preparados para descobrir o novo e sempre precavidos contra as explicações *a priori*, contra os grandes esquemas analíticos que dizem tudo e que, ao mesmo tempo, não dizem nada.

É preciso lutar sempre contra as explicações fáceis (Baker e Gregory, 1984) e contra os pré-conceitos, pois seu poder é grande. A prática não muito incomum de enquadrar previamente o empírico que se quer analisar, de colocá-lo numa forma teórica que já vem pré-moldada, precisa ser sempre combatida. É impossível tratar do empírico sem que cheguemos a ele com uma bagagem teórica prévia. Não devemos utilizá-lo, entretanto, como se fosse uma camisa de força, pois isso seria negar a própria ciência.

Finalmente, é fundamental que não esqueçamos jamais que a História de um lugar é o resultado da ação, num determinado momento e sobre um determinado espaço, de processos que atuam em escalas que são ao mesmo tempo desiguais e combinadas. Assim, a História de um lugar não pode se ater apenas aos processos puramente locais que aí tiveram efeito. Ela precisa relacioná-los a processos mais gerais, que atuam em escalas mais amplas (regional, nacional, global) da ação humana. Isso não pode ser feito, entretanto, às expensas da compreensão das singularidades locais e da sua devida valorização.

A memória das cidades

Ao tratarmos da memória individual e da memória coletiva, vimos que elas só se estruturam plenamente quando conseguem se ancorar simultaneamente no tempo e no espaço. O mesmo ocorre com a memória de um lugar, com a memória das cidades. Para avançarmos nesse ponto, é importante, entretanto, que definamos agora o que se entende por isso.

Fala-se muito hoje em "memória urbana", mas o que se quer denominar com esse termo é, invariavelmente, o passado de uma determinada cidade. Seria mais correto, neste sentido, falar de "memória da cidade", mas isto também seria enganoso, pois a cidade não pode lembrar-se de nada. Quem lembra são as pessoas que nela vivem ou viveram. Ademais, como lembrou Pierre Nora (1984, p. xxv), tudo o que hoje chamamos de memória já é História, pois a necessidade de memória é, na realidade, uma necessidade de história.

Apesar dessas imprecisões, a verdade é que os termos "memória urbana" e "memória da cidade" vingaram e dizem respeito não à capacidade de lembrar de indivíduos ou grupos, mas *ao estoque de lembranças que estão eternizadas na paisagem ou nos registros de um determinado lugar, lembranças essas que são agora objeto de reapropriação por parte da sociedade*. Ainda que imprecisos, adotaremos também esses termos aqui. Distinguiremos, entretanto, a "memória urbana", que a nosso ver trata do estoque de lembranças do modo de vida urbano *per si*, sem obrigação de relacioná-las a uma base material particular, a um lugar específico, e à "memória da cidade", que referencia obrigatoriamente essas mesmas lembranças a uma base material precisa, a um determinado lugar. Essa distinção é importante para que discutamos por que a História, que tanto pode contribuir para o resgate da memória de uma cidade, vem contribuindo tão pouco para isso.

Já vimos anteriormente como a História tem um papel mais importante que o da memória para o resgate do passado de um lugar. Ao utilizar os vestígios que sobraram de tempos antigos, a História busca sempre ultrapassá-los, reavaliando e contextualizando os referenciais que lhe deram suporte. Consegue, com isso, iluminar o "abismo escuro do tempo", pois se distancia do mundo seletivo das memórias e das singularidades do lugar, aproximando-se, ao mesmo tempo, de referenciais mais universais.

Todavia, ao fazer isso, a História comete, não raro, um grande equívoco. Recupera o tempo, mas perde o lugar. Ficamos então com uma análise brilhante de como um processo social ocorreu numa determinada cidade num momento específico do tempo, mas raramente com o seu necessário complemento: a história daquela cidade naquele momento. E isto ocorre porque o que se recuperou na análise foi apenas a dimensão universal dos lugares. Não se conseguiu recuperar simultaneamente seu par dialético, que é a dimensão singular. Por essa razão, as conclusões referenciadas àquela cidade podem ser aplicadas, sem solução de continuidade, a muitas outras cidades. Seguindo-se a definição acima, o que foi recuperado foi a "memória urbana" e não a "memória da cidade", a "memória do lugar".

Quando isso ocorre, perde-se o gancho espacial que dá sentido à história (e à memória) dos lugares. Não se consegue recuperar aquilo que é fundamental na constituição de qualquer lembrança, de qualquer memória de cidade, que é a sua individualidade. E esta é dada não pela singularidade dos lugares, que por definição são únicos, mas pela forma como cada um deles sintetiza a relação entre o geral e o particular.

O que fazer então? Como resolver esse novo impasse? A nosso ver, só há uma saída. O resgate da memória de um lugar, da memória de uma cidade, só é possível se pudermos trabalhar ao mesmo tempo em duas frentes de investigação. Temos que aliar a base segura da análise histórica ao esteio não menos seguro que a Geografia proporciona.

Geografia e memória

Milton Santos nos adverte que devemos distinguir a História Urbana da História da Cidade. Segundo ele, não se deve confundir o urbano com a cidade. O urbano teria como referencial o abstrato, o geral, o externo. A cidade diria respeito ao particular, ao concreto, ao interno.

Em outras palavras, a história do urbano seria a história das atividades que se realizam na cidade, não numa determinada cidade, mas no ambiente urbano de modo geral. Seria, portanto, a história do emprego não agrícola, das classes urbanas, da divisão do trabalho entre cidade e campo e dentro das próprias cidades, a história, enfim, da socialização na(s) cidade(s) que nelas ocorre. A História da Cidade seria outra coisa. Seria a história dos processos sociais que se materializam de forma mais objetiva: a história dos transportes, a história da propriedade, da especulação, da habitação, do urbanismo, da centralidade. Segundo o mesmo autor, o conjunto dessas duas histórias nos daria "a teoria da urbanização, a teoria da cidade, a história das ideologias urbanas, a história das mentalidades urbanas, a história das teorias" (Santos, 1994, p. 69-70).

Essa distinção proposta por Santos nos auxilia bastante, mas não dá conta de tudo aquilo que é necessário para que tratemos da memória das cidades. Para isso, é indispensável que, além da História Urbana e da História da Cidade, fundamentais para que possamos contextualizar os processos sociais no tempo e no espaço, recuperemos também a *história daquela determinada cidade*, sendo esta mais do que a soma das duas primeiras. Ela é a síntese de como aquelas duas histórias se empiricizaram, como materialidade e como ação humana, não no espaço geográfico em geral, *mas naquele lugar*.

A história de uma determinada cidade não dispensa, portanto, a análise da dimensão única, idiográfica, do lugar. Ao contrário, se abandonarmos essa dimensão, poderemos até recuperar o urbano, mas não a cidade e, muito menos, a história (e a memória) da cidade que queremos estudar. O inverso também é verdadeiro. Se ficarmos atentos apenas às singularidades do lugar, nunca conseguiremos contextualizá-lo perante outros lugares e nos perderemos, então, não no abismo do tempo, mas nas rugosidades do espaço. Para tratar da memória de um lugar há que se trabalhar, então, na recuperação simultânea da história *no* e *do* lugar.

É necessário reconhecer, primeiramente, que cada lugar é, ao mesmo tempo em cada momento histórico, o ponto de interseção de processos sociais que se desenvolvem em diversas escalas. Alguns desses processos são puramente singulares e podem ser explicados no nível das realidades locais. Outros, entretanto, só podem ser compreendidos se ampliarmos a escala de análise para níveis hierarquicamente superiores, sejam eles a região, o Estado-nação ou mesmo o planeta. Entender como esses processos se entrecruzaram sincrônica e diacronicamente num determinado lugar é, portanto, o primeiro passo para a recuperação da memória das cidades.

O passo seguinte, importante e necessário, é fazermos essa mesma análise a partir de seu gancho espacial. Em outras palavras, não basta analisar a atuação dos processos sociais no espaço. Temos que dar conta também do espaço onde esses processos atuaram. Se ficarmos só no primeiro tipo de análise, estaremos tratando o espaço como espaço social *tout court*, ou como espaço topológico. A história e a memória de uma cidade não se constroem, entretanto, apenas nesse espaço. Elas precisam também daquele espaço concreto, em que se desenrola a vida cotidiana. Um espaço complexo, prenhe de singularidades. Um espaço onde dominam não apenas as determinações, mas também as contingências.

A Geografia tem muito a contribuir para a discussão e a recuperação da memória das cidades, da memória dos lugares. Para que essa contribuição seja efetiva, é importante, entretanto, que algumas barreiras intradisciplinares que a dificultam sejam superadas.

Como a História, a Geografia também não é neutra. Por essa razão, a definição e a interpretação daquilo que os geógrafos clássicos chamavam de *fato geográfico* também dependem do contexto em que o pesquisador se insere. A Geografia pode igualmente ser manipulada, como atestam, por exemplo, as teorias geopolíticas surgidas no período nazista. Apesar desses percalços, a Geografia, assim como a História, tem o mesmo compromisso com a verdade e segue também um método científico que, por estar sempre sendo posto à prova, permite igualmente que as falsas interpretações feitas em seu nome sejam também detectadas e denunciadas.

Há, entretanto, algo que as diferencia, que as separa e que vem limitando a contribuição de ambas, não só para o entendimento do que venha a ser a memória dos lugares, mas para a compreensão mesma dos lugares. Por uma tradição nefasta, que teve origem em Kant e se materializou no estabelecimento de limites disciplinares rígidos em fins do século XIX, Geografia e História vêm crescentemente dando as costas uma à outra.

De início, essa separação até que foi menor. Os historiadores não dispensavam o estudo dos "quadros" naturais e territoriais em que ocorreram os processos sociais que estudavam, e não foram poucos os que elegeram um recorte espacial para circunscrevê-los. Os geógrafos, por sua vez, dedicavam uma boa parcela de seus estudos regionais ao processo histórico da região analisada, buscando nele elementos que os ajudassem a singularizá-la.

É verdade que poucos foram os estudos que integraram verdadeiramente espaço e tempo. A monumental obra de Braudel (1966) sobre o Mediterrâneo e algumas obras clássicas da Geografia (Vidal de La Blache, 1903,1918) são assim exceções e não a regra. Isso, entretanto, pouco importa. Digno de nota é que a busca da integração, independente de seu grau de sucesso, fazia parte do método de ambas as disciplinas. Isto foi o que se perdeu.

As mudanças epistemológicas ocorridas na Geografia e na História por volta da Segunda Guerra Mundial, que não serão discutidas aqui, mas que ainda precisam ser melhor estudadas, acabaram com essa preocupação integradora. A História Regional braudeliana, apesar de ainda produzir trabalhos de grande valor (Mattoso, 1992), é hoje um corpo estranho no seio da disciplina. Consequentemente, tornou-se comum a produção de trabalhos históricos que analisam muito bem os processos sociais ocorridos num determinado lugar, mas pouco ou nada falam desse lugar. O lugar vira então um espaço absoluto, simples palco onde se desenrolou a trama que se queria estudar. Capengas de sua âncora espacial, esses estudos acabam contribuindo menos do que poderiam para o resgate da memória daquele lugar.

Outro processo, que não é igual, mas que vem produzindo resultados semelhantes, tem afetado também a Geografia e vem limitando igualmente sua contribuição para o resgate da memória dos lugares.

Não se pode negar que a abertura da disciplina ao materialismo histórico e dialético veio revalorizar a dimensão temporal, antes mal tratada pelos estudos clássicos ou renegada pelo neopositivismo. Ela não conseguiu, entretanto, revogar uma das leis férreas da Geografia, escrita não se sabe por quem nem quando, mas certamente não por Kant no final do século XVIII, que impõe despoticamente à disciplina o estudo do presente, legando à História o estudo do passado. Uma lei nitidamente freudiana, que só pode ser explicada pela luta travada pela Geografia para afirmar-se na divisão positivista do saber do final do século XIX e que só a autoriza a tratar do passado se for para buscar nele o entendimento do presente ou a previsão do futuro. Uma lei que, paradoxalmente, ou *pour cause*, teve na Geografia francesa, originalmente tão mais próxima da História do que outras escolas nacionais (Claval, 1984), os seus maiores guardiães.

Obrigada a tratar unicamente do presente, a contribuição que a Geografia vem dando ao resgate da memória das cidades tem sido então bastante limitada. É importante reconhecer que isso não se deve apenas à imposição de uma lei de talião. Todas as leis têm seus transgressores e, no caso da Geografia, os geógrafos históricos têm sido grandes desafiadores de alguns dos dogmas da disciplina. A Geografia inglesa tem sido particularmente fértil nessa contestação e tem oferecido importantes contribuições para a compreensão das sociedades do passado (Baker e Gregory, 1984;

Pacione, 1987; Baker e Biger, 1992; Butlin, 1993). Todavia, é forçoso admitir que, no que diz respeito à Geografia Urbana Histórica, de fundamental importância para o resgate da memória das cidades, e com as honrosas exceções de sempre (Denecke e Shaw, 1988; Pred, 1990), a disciplina ainda não conseguiu afirmar plenamente o valor da sua análise.

Os trabalhos de Geografia Histórica dedicados às cidades têm se limitado, em sua grande maioria, à reconstituição de antigas formas morfológicas, minuciosamente acompanhadas no tempo (Whitehand, 1992). Como resultado desses estudos, sem dúvida meticulosos e de grande valor, consegue-se recuperar a evolução do plano da cidade, o processo de conversão da terra rural em terra urbana, o posterior retalhamento desta em lotes cada vez menores etc. Consegue-se também exumar do esquecimento os antigos referenciais urbanos do passado, sejam eles as muralhas antigas, os caminhos e edificações desaparecidos, as antigas velhas linhas do litoral etc. Consegue-se resgatar, enfim, as antigas paisagens da cidade.

Nada há a opor quanto à importância desses estudos. Eles são verdadeiramente fundamentais. Sem a recuperação da produção material das sociedades do passado, não é possível resgatar as âncoras espaciais que deram suporte à constituição das memórias coletivas, das memórias das cidades. O que não podemos fazer é reduzir a contribuição da Geografia à recuperação das formas morfológicas. Se nos limitarmos a isso, não faremos mais do que uma "geografia da bomba de nêutrons", como bem a definiu Jeanne Kay, uma Geografia que só se ocupa das formas materiais que restaram na paisagem ou nos documentos de arquivo, que não as relaciona àqueles que as construíram.

Como bem lembrou Santos, o grande desafio que se antepõe à Geografia, quando estuda o passado, é como empiricizar o tempo. Isto porque, sem torná-lo material, não conseguimos geografizá-lo. As formas morfológicas são, sem dúvida, a expressão mais direta e concreta dessa empiricização e não é por outra razão que elas têm sido privilegiadas nas análises geográficas, mas não são as únicas formas de interesse da Geografia. As formas geográficas também se apresentam como relação a obedecer e se materializam mediante um conjunto de normas e/ou formas jurídicas e sociais (Santos, 1994, p. 68). São essas formas não espaciais que dão conteúdo às formas morfológicas. Não podemos compreender uma sem entender a outra.

Não há lei proibindo e nada impede que a Geografia estude o passado. Não há razão também para que ela se limite à recuperação das formas morfológicas que restaram. As análises complexas e abrangentes que a disciplina vem fazendo para compreender o momento atual de globalização podem também ser feitas sobre os tempos passados, bastando para isso que façamos as necessárias correções metodológicas. Se conceitos e variáveis são historicamente datados, não podendo ser trasladados impunemente através do túnel do tempo, as categorias de análise que eles operacionalizam e desagregam não o são. E são elas que orientam, em última instância, a análise geográfica.

Para estudar e interpretar os espaços do passado, o fundamental então é definir quais são os conceitos e variáveis adequados à análise do tempo que se decidiu investigar. Se o objeto de estudo é uma cidade, o ponto de partida é a recuperação do quadro referencial maior daquele lugar naquele tempo, ou seja, o seu enquadramento espaço-temporal. Em outras palavras, temos que recuperar o "tempo do lugar", isto é, "o conjunto de temporalidades próprias a cada ponto do espaço, [que] não é dado por uma técnica, tomada isoladamente, mas pelo conjunto de técnicas [amplamente definidas] existentes naquele ponto do espaço [naquele momento do tempo]" (Santos, 1994, p. 62).

Essa tarefa não é fácil. Para realizá-la a contento, precisaremos definir primeiro quais são os conceitos e variáveis que permitirão o resgate desse tempo do lugar. Trata-se de verdadeiro desafio, pois o tempo do lugar e os conceitos e variáveis que o operacionalizam estão simbioticamente ligados. A definição de um define o outro.

Sem termos a pretensão de recuperar o passado tal qual ele aconteceu, que já vimos ser um objetivo impossível de alcançar, conseguiremos, com esse esforço, adquirir as ferramentas necessárias para que possamos analisar os processos e normas sociais então atuantes e detectar as contradições lá presentes, enfim, contextualizar as formas morfológicas então produzidas pela sociedade e a relação que elas tiveram com as normas e os processos sociais que lhes deram origem. Um trabalho geográfico em nada diferente daqueles que vimos produzindo para entender o momento atual, só que agora dirigido, *mutatis mutandis*, ao entendimento do passado de um lugar.

Conclusão

A revalorização atual do passado tem gerado uma constante demanda pela memória dos lugares, em especial pela memória das cidades. O resgate dessa memória não tem sido tarefa fácil e os resultados obtidos nem sempre têm correspondido às expectativas.

Por um lado, muitas das memórias coletivas, que são as que alicerçam mais solidamente a memória dos lugares, perderam-se no tempo. Por outro, o trabalho de recuperação daquilo que ainda é possível resgatar tem privilegiado apenas o processo social ocorrido nos lugares e não os próprios lugares. Consequentemente, a memória que vem sendo resgatada das cidades tem sido invariavelmente uma memória capenga, não ancorada adequadamente no espaço, um de seus pilares fundamentais.

A Geografia, que podia certamente satisfazer essa carência, tem contribuído muito pouco para isso. Apegada a uma lei castradora, *que a impele na direção exclusiva da interpretação do presente dos lugares, e não no caminho da interpretação dos lugares*, a disciplina vem produzindo já há algum tempo valiosas análises sobre as cidades, que, entretanto, têm servido muito pouco para resgatar suas memórias.

Isso se explica, a nosso ver, por três razões principais. Em primeiro lugar, porque a memória das cidades precisa da perspectiva diacrônica, a qual tem sido invariavelmente preterida em favor de análises sincrônicas na história da disciplina. Em segundo lugar, porque quando a diacronia é incorporada (o que não é raro), poucas vezes ela serve a outro propósito que não o de acompanhar formas morfológicas desde um passado qualquer até o presente, sem relacioná-las adequadamente aos processos sociais que as criaram ou com os quais interagiram. Em terceiro, porque a sincronia, tão privilegiada na Geografia, raramente se aplica ao estudo de um momento do passado de um lugar, tarefa que é geralmente legada à História que, por sua vez, não consegue desempenhá-la a contento.

Empiricizar e interpretar o tempo de um lugar não é uma tarefa fácil. É um desafio que os geógrafos enfrentam ao fazer qualquer análise empírica, inclusive do presente. A decisão pela análise dos espaços do passado, tão válida quanto a escolha do momento atual, apenas complexifica um pouco mais a tarefa, mas não a impede nem a inviabiliza. O resgate de uma memória compreensiva das cidades, devidamente ancorada em suas amarras espaciais, é viável e está à espera da contribuição dos geógrafos.

Não basta, entretanto, resgatar o passado. A memória das cidades está sendo produzida a cada dia. Por isso, temos também que estar atentos ao presente e nos preocuparmos sempre em registrar as memórias coletivas que ainda estão vivas no cotidiano atual da cidade. Não há como impedir que muitas dessas memórias desapareçam. Muitas outras podem, entretanto, ser salvas, bastando para isso que estejamos atentos ao seu valor futuro, que consigamos deixar de pensar exclusivamente no aqui e no agora.

A síndrome arquivística que vem afetando as mais diversas instituições, e que tanto incomodou Pierre Nora há algum tempo, é, neste sentido, bem-vinda. Os avanços espetaculares ocorridos recentemente nas técnicas de conservação de informações, que permitem que milhões de dados sejam prensados e reformatados para caber em um número reduzido de disquetes de computadores e, mais recentemente ainda, em *pen-drives*, "HDs externos" e coisas tais, garantindo a guarda de inúmeras informações num mínimo de espaço. Os computadores são novos e importantes "lugares de memória". Não importa que a quantidade de informações neles guardadas seja incomensurável quando comparada com a capacidade que hoje temos para processá-las todas.

Não temos também o poder de decidir, agora, o que o futuro considerará importante resgatar deste nosso tempo. Como bem ensinou Henri Lefebvre (1975), o passado histórico é redefinido cada vez que se concretiza no presente uma possibilidade cuja realização ele permitiu. Deixemos que o presente que virá defina essas possibilidades. Isto não impede, entretanto, que ajamos agora para facilitar ou garantir sua plena realização.

Este capítulo, originalmente publicado na revista *Território*, n. 4, 1998, foi um trabalho realizado com o apoio do CNPq e da Finep.

Notas

1 As referências temporais contidas no texto publicado originalmente foram atualizadas pelos organizadores deste livro, em razão das mudanças de século e milênio.

2 Agradeço a Rosalina Costa a indicação da obra de Poulet, cujas ideias ela competentemente aplicou em sua análise da memória de antigos residentes de um bairro do Rio de Janeiro. Ver Costa (1993).

Bibliografia

ABREU, Mauricio de Almeida. Le Rio de Janeiro du début du dix-neuvième siècle et ses différentes temporalités. *Bulletin de l'Association de Géographes Français*, Paris, 73e. Année, 1996, p. 30-38.

AZEVEDO, Aroldo de (coord.). *A cidade de São Paulo*: estudos de Geografia Urbana. São Paulo: Companhia Editora Nacional, 1958, 4 vol.

BAKER, Alan R. H.; GREGORY, Derek. Some *terrae incognitae* in historical geography: an exploratory discussion. In: ________ (org.). *Explorations in historical geography*: interpretative essays. Cambridge: Cambridge University Press, 1984.

BAKER, Alan R. H.; BIGER, Gideon (org.). *Ideology and landscape in historical perspective*: essays on the meanings of some places in the past. Cambridge: Cambridge University Press, 1992.

BOSI, Ecléa. *Memória e sociedade:* lembrança de velhos. São Paulo: T. A. Queiroz/Edusp, 1987.

BRAUDEL, Fernand. *La Méditerranée et le monde méditerranéen à l'époque de Philippe II.* Paris: Armand Colin, 1966.

BUTLIN, Robin A. *Historical geography:* through the gates of space and time. Londres: Edward Arnold, 1993.

CLAVAL, Paul. The historical dimension of French geography. *Journal of Historical Geography*, v. 10, n. 3, 1984, p. 229-245.

COSTA, Rosalina Maria. *Em busca do espaço perdido*: a reconstrução das identidades espaciais do bairro da Lapa na cidade do Rio de Janeiro. 1993. Dissertação (Mestrado em Geografia) – Instituto de Geociências, Universidade Federal do Rio de Janeiro, Rio de Janeiro.

D'ALÉSSIO, Márcia Mansor. Memória: leituras de M. Halbwachs e P. Nora. *Revista Brasileira de História*, São Paulo, v. 13, n. 25/26, 1993, p. 97-103.

DENECKE, Dietrich; SHAW, Gareth (org.). *Urban historical geography*: recent progress in Britain and Germany. Cambridge: Cambridge University Press, 1988.

DUVIGNAUD, Jean. Prefácio. In: HALBWACHS, Maurice. *A memória coletiva*. São Paulo: Vértice, 1990.

FOUCAULT, Michel. *L'archéologie du savoir*. Paris: Gallimard, 1969.

FOWLER, Peter J. *The past in contemporary society*: then, now. London: Routledge, 1992.

GIDDENS, Anthony. *A constituição da sociedade*. São Paulo: Martins Fontes, 1989.

HALBWACHS, Maurice. *A memória coletiva*. São Paulo: Vértice, 1990.

HARVEY, David. *The condition of postmodernity*. Oxford: Basil Blackwell, 1989.

KEARNS, Gerry; PHILO, Chris. *Selling places*: the city as cultural capital, past and present. Oxford: Pergamon Press, 1993.

LE GOFF, Jacques. *História e memória*. Campinas: Editora da Unicamp, 1990.

________. *History and memory*. New York: Columbia University Press, 1992.

LEFEBVRE, Henri. What is the historical past? *New Left Review*, n. 90, 1975, p. 27-34.

LEPETIT, Bernard; PUMAIN, Denise (org.). *Temporalités urbaines*. Paris: Anthropos, 1993.

LOWENTHAL, David. *The past is a foreign country*. Cambridge: Cambridge University Press, 1985.

________. *Possessed by the past*: the heritage crusade and the spoils of history. New York: The Free Press, 1996.

MACHADO, Lia Osório. Origens do pensamento geográfico no Brasil: meio tropical, espaços vazios e a idéia de ordem. In: CASTRO, Iná Elias de; GOMES, Paulo Cesar da Costa; CORRÊA, Roberto Lobato (orgs.). *Geografia*: conceitos e temas. Rio de Janeiro: Bertrand Brasil, 1995, p. 309-353.

MATTOSO, Kátia M. de Queirós. *Bahia, século XIX*: uma província no Império. Rio de Janeiro: Nova Fronteira, 1992.

MEIHY, José Carlos Sebe Bom. *Manual de história oral*. São Paulo: Edições Loyola, 1996.

NORA, Pierre. Entre mémoire et histoire. In: ________ (org.). *Les lieux de mémoire*: la République. Paris: Gallimard, 1984, v. 1.

PACIONE, Michael (org.). *Historical geography*: progress and prospect. Londres: Croom Helm, 1987.

POULET, Georges. *O espaço proustiano*. Rio de Janeiro: Imago, 1992.

PRED, Allan. *Lost words and lost worlds*: modernity and the language of everyday life in late Nineteenth-century Stockholm. Cambridge: Cambridge University Press, 1990.

PROUST, Marcel. *Em busca do tempo perdido*. Sintra: Publicações Europa-América, 2004-2005, 7 vol.

________. *Em busca do tempo perdido*: do lado de Swann. Sintra: Publicações Europa-América, 2004, v. 1.

________. *Em busca do tempo perdido*: à sombra das jovens em flor. Sintra: Publicações Europa-América, 2004, v. 2.

________. *Em busca do tempo perdido*: do lado de Guermantes. Sintra: Publicações Europa-América, 2004, v. 3.

________. *Em busca do tempo perdido*: Sodoma e Gomorra. Sintra: Publicações Europa-América, 2005, v. 4.

________. *Em busca do tempo perdido*: a prisioneira. Sintra: Publicações Europa-América, 2005, v. 5.

________. *Em busca do tempo perdido*: a fugitiva. Sintra: Publicações Europa-América, 2005, v. 6.

________. *Em busca do tempo perdido*: o tempo redescoberto. Sintra: Publicações Europa-América, 2005, v. 7.

SANTOS, Carlos Nelson F. dos. Preservar não é tombar. Renovar não é pôr tudo abaixo. *Revista Projeto*, São Paulo, n. 86, 1986.

SANTOS, Milton. *Técnica, espaço, tempo*: globalização e meio técnico-científico-informacional. São Paulo: Hucitec, 1994.

VIDAL DE LA BLACHE, Paul. *Tableau de la géographie de la France*. Paris: Hachette, 1903.

________. *La France de l'Est*. 2. ed. Paris: Armand Colin, 1918.

VIRILIO, Paul. *L'espace critique*. Paris: Christian Bourgois, 1984.

WHITEHAND, Jeremy W. R. *The making of the urban landscape*. Oxford: Blackwell, 1992.

SOBRE AGENTES SOCIAIS, ESCALA E PRODUÇÃO DO ESPAÇO: UM TEXTO PARA DISCUSSÃO

Roberto Lobato Corrêa
Universidade Federal do Rio de Janeiro

Este capítulo visa estabelecer algumas relações entre agentes sociais, escala e produção do espaço. Subjacentes estão duas teses. A primeira considera a produção do espaço como decorrente da ação de agentes sociais concretos, com papéis não rigidamente definidos, portadores de interesses, contradições e práticas espaciais que ora são próprios de cada um, ora são comuns. A segunda diz respeito à escala como dimensão espacial na qual a ação humana, seja qual for, efetivamente se realiza.

O texto, de caráter exploratório e com vistas ao debate, divide-se em duas partes. Na primeira, discute-se brevemente o sentido e a importância da escala, temática que necessita de aprofundamento. Na segunda, estabelecem-se algumas conexões entre agentes sociais, suas práticas – que incluem uma escalaridade –, e a produção do espaço. Ao final, sugerem-se duas vias de investigação para a temática da produção do espaço.

Escala: alguns pontos

O conceito de escala envolve quatro acepções: escala enquanto tamanho (economias de escala); escala cartográfica (1:2.000, ou grande escala em mapa geográfico); escala espacial, ou área de abrangência de um processo ou fenômeno (local, regional, nacional, global); e escala conceitual, ou as relações entre um objeto de pesquisa, os questionamentos e teorias pertinentes e sua representação cartográfica. Sobre este polêmico tema consulte-se, entre outros, Castro (1995), Corrêa (2003), Sheppard e McMaster (2004) e Paasi (2004). Aqui, consideraremos as escalas espacial e conceitual.

A escala espacial constitui traço fundamental da ação humana, relacionada a práticas que se realizam em âmbitos espaciais mais limitados ou mais amplos, mas não dissociados entre si. Envolvem distâncias e superfícies variáveis. Âmbitos ou escalas espaciais, parafraseando Berque (1998), são marcas e matrizes da ação do homem inseridas em sua complexa espacialidade, que envolve distintos propósitos, meios e sentidos. Pode-se falar em escalaridade, parte integrante da espacialidade humana, a qual, por outro lado, é dotada de uma temporalidade, no bojo da qual se definem e se redefinem as escalas espaciais da ação humana. A globalização é, nesse sentido, entendida como o estágio superior da escalaridade humana, criada por poderosas corporações multifuncionais e multilocalizadas, cujas ações levaram à compressão espaço-temporal em níveis impensáveis há 50 anos.

O conceito de escala espacial emerge da consciência da dimensão variável, no espaço, da ação humana, e é útil para compor a inteligibilidade dessa ação. Essa inteligibilidade, contudo, está calcada na compreensão das seguintes assertivas, conforme apontam, entre outros, Castro (1995), Corrêa (2003) e McMaster e Sheppard (2004):

a) Os fenômenos, relações sociais e práticas espaciais mudam ao se alterar a escala espacial da ação humana, assim como se altera sua representação cartográfica. Uma implicação desta assertiva reside na necessidade de se construir conceitos que possibilitem a incorporação da escala em sua construção. Seriam conceitos escalarmente definidos. A noção de falácia ecológica dos sociólogos urbanos americanos das décadas de 1950 e 1960 reporta-se à transposição de resultados obtidos em uma escala para outra.
b) A base teórica que permite explicar ou compreender fenômenos, relações e práticas é alterada quando se muda a escala espacial. Isso implica a necessidade de teorias com distintos níveis de abrangência espacial. Exemplifica-se com as formulações de Todaro, de um lado, e Gaudemar, de outro, na explicação das migrações em escala nacional ou internacional. Ambas as teorias tornam-se pouco úteis quando se consideram as mudanças de domicílio no espaço intraurbano (mobilidade residencial intraurbana).
c) Não há uma escala que *a priori* seja melhor que outra. Sua escolha, para efeito de pesquisa, vincula-se aos propósitos do pesquisador, que constrói o seu objeto de investigação. Nessa construção, emerge a escala espacial apropriada, que ressaltará alguns pontos do real, minimizando ou eclipsando outros. O objeto construído é, em termos geográficos, escalarmente delineado.

A escala espacial, além de ser elemento fundamental para o geógrafo, constitui parte integrante das práticas espaciais dos agentes sociais da produção do espaço. A consciência de sua importância parece ser maior, à medida que se amplia a escala dimensional do agente social. Almeida (1982), ao estudar os promotores imobiliários na cidade do Rio de Janeiro, reporta-se à variável "escala de operações" – quantos imóveis uma dada empresa imobiliária "incorporava" simultaneamente – e à "escala espacial de atuação" – em quantos bairros uma dada empresa atuava simultaneamente. A relação entre ambas é direta e positiva.

As multifuncionais e multilocalizadas corporações globais, que emergiram do processo de concentração-centralização do capital, sobretudo após a Segunda Guerra Mundial, atuam decisivamente na (re)produção e transformação do espaço, fazendo isso em diversas escalas espaciais (local, regional, nacional, global). Mais ainda, articulam essas escalas, dando coerência ao seu "espaço de atuação" (*activity space*). Veja-se, entre outros, Corrêa (1997).

As duas escalas conceituais consideradas aqui são aquelas relativas à rede urbana e ao espaço intraurbano. Reportam-se a fenômenos e processos, assim como a representações cartográficas diferentes, mas são interdependentes, pois as ações que ocorrem em uma escala afetam a outra (Corrêa, 2003). Mais recentemente, na reunião do Simpósio Nacional de Geografia Urbana (Simpurb) em Florianópolis, em 2007, Corrêa introduz a escala intermediária da megalópole e dos eixos urbanizados, na qual a rede urbana metamorfoseia-se em espaço intraurbano, e este assume nitidamente a forma de segmento da rede urbana.

Apontemos, finalmente, que a despeito da importância dos conceitos de escala espacial e escala conceitual para a Geografia, os geógrafos negligenciaram essa temática, considerando-a como naturalmente dada e não problemática. A coletânea organizada por Sheppard e McMaster (2004) revela essa negligência (com suas exceções) e aponta a relevância dos conceitos para a compreensão das práticas espaciais visando à produção do espaço e sua leitura. Consulte-se, adicionalmente, Marston (2000), Brenner (2000), Brenner (2001), Marston e Smith (2001), que debatem a temática da escala, evidenciando sua força e a necessidade de estudos empíricos e reflexões teóricas. Se há muitas questões sem respostas, isso se transforma em convite para pesquisa. Creio ser o caso das relações entre agentes sociais, escala e produção do espaço.

Agentes da produção do espaço

A produção do espaço, seja o da rede urbana, seja o intraurbano, não é o resultado da "mão invisível do mercado", nem de um Estado hegeliano, visto como entidade supraorgânica, ou de um capital abstrato que emerge de fora das relações sociais. É consequência da ação de agentes sociais concretos, históricos, dotados de interesses, estratégias e práticas espaciais próprias, portadores de contradições e geradores de conflitos entre eles mesmos e com outros segmentos da sociedade.

As Ciências Sociais em geral, e a Geografia em específico, descobriram e tentaram sistematizar os agentes sociais da produção do espaço e suas práticas espaciais, a exemplo de Form (1971 [1954]), Capel (1972) e Bahiana (1978), este último, entre os geógrafos brasileiros, sumariando a contribuição de inúmeros autores que abordaram essa temática.

Os agentes sociais da produção do espaço estão inseridos na temporalidade e espacialidade de cada formação socioespacial capitalista. Refletem, assim, necessidades e possibilidades sociais, criadas por processos e mecanismos que muitos deles criaram. E são os agentes que materializam os processos sociais na forma de um ambiente construído, seja a rede urbana, seja o espaço intraurbano. Afirma-se que processos sociais e agentes sociais são inseparáveis, elementos fundamentais da sociedade e de seu movimento.

Quem são os agentes sociais da produção do espaço? São ainda válidas as tipologias elaboradas por Capel (1972), Bahiana (1978) e, mais tardiamente, por Corrêa (1989). Este questionamento se justifica dada a aparente dissolução de tipos que eram bem definidos em termos de suas ações (estratégicas e práticas). Questiona-se se surgiram novos agentes sociais, com novas estratégias e práticas. Questionam-se ainda as escalas de ação dos agentes sociais e as configurações espaciais (re)criadas por eles.

Vejamos alguns pontos sobre esses e outros questionamentos.

Os tipos ideais

O primeiro ponto diz respeito aos tipos ideais de agentes sociais da produção do espaço. Considera-se como tipologia, ao menos como ponto de partida, a proposição de Corrêa (1989), na qual os agentes sociais são quase sempre os mesmos de outras proposições. São eles os proprietários dos meios de produção, os proprietários fundiários, os promotores imobiliários, o Estado e os grupos sociais excluídos. A partir de sua ação, o espaço é produzido, impregnado de materialidades, como campos cultivados, estradas, represas e centros urbanos com ruas, bairros, áreas comerciais e fabris, mas também pleno de significados diversos, como aqueles associados a estética, *status*, etnicidade e sacralidade. À exceção do Estado, esses agentes são encontrados em sua forma pura ou quase pura. A literatura aponta para os proprietários de terras na periferia rural-urbana que esterilizam suas áreas agricultáveis à espera de valorização para fins de loteamento. Assinala também o caso de empresas industriais que controlam certa gleba para fins ligados à produção, como áreas de mananciais de água ou para futuras instalações: essas empresas são, como outras, essencialmente industriais e sua relação com a terra é temporária. Há ainda empresas ligadas exclusivamente à promoção imobiliária, seja como incorporadora, construtora ou ligada a vendas. Essas empresas são, via de regra, pequenas e anônimas, como é o caso dos milhares de indivíduos que fazem parte dos grupos sociais excluídos e que produzem espaço social em terras públicas e privadas. É o caso ainda de pequenos promotores imobiliários que, na favela, produzem e vendem prédios de dois ou três andares. Consulte-se, entre outros, Corrêa (1989) e Ribeiro (1996).

Qual a importância, no momento atual, desses agentes sociais na produção do espaço? Será a mesma nas diferentes áreas do espaço intraurbano e nas cidades de distintos tamanhos demográficos, atividades econômicas e localização no espaço brasileiro?

Estratégias e práticas espaciais distintas e um único agente

A literatura aponta que um mesmo agente social, por exemplo, uma empresa industrial, pode criar subsidiárias e investir na produção de imóveis ou na criação de loteamentos. A construção de bairros residenciais de expressivo *status* social e distantes do local onde a empresa industrial está instalada é prática bastante corrente, resultando na produção de espaços diferenciados na cidade.

A terra urbana deixou de ser estranha ao capital industrial que, a princípio, a considerava apenas como uma base necessária e insubstituível para a produção. Segundo Mingione (1977), a terra urbana passou a interessar ao capital industrial, constituindo, assim como a produção imobiliária, alternativa para a acumulação, deixando de ser meramente um investimento com vistas a amortecer crises cíclicas de acumulação. Consulte-se, entre outros, Strohacker (1995), que discute as estratégias das empresas de loteamento em Porto Alegre, no passado, visando valorizar suas propriedades fundiárias. Consulte-se, a respeito, Silva (1993).

Estratégias e práticas espaciais semelhantes e diferentes agentes

Inversamente, diferentes agentes sociais, cada um centrado principalmente em estratégias e práticas espaciais pertinentes às atividades que os caracterizam, como por exemplo, produção industrial ou promoção imobiliária, podem, sob certas condições, desempenhar outras estratégias e práticas espaciais diferentes daquelas que os distinguem, mas que são semelhantes entre si. A terra urbana pode ser objeto de interesse de promotores imobiliários, de empresas industriais, do Estado e de outros agentes. Práticas espaciais como a esterilização da terra, fragmentação e remembramento, assim como loteamentos descontínuos na periferia, podem ser comuns a diferentes agentes sociais. O espaço produzido refletirá essas estratégias e práticas espaciais. Veja-se, entre outros, Deler (1980), Durand-Lasserve (1980) e Cardoso (1989), esta última abordando a produção do espaço no bairro do Grajaú, na cidade do Rio de Janeiro.

Os múltiplos papéis do Estado

O Estado capitalista desempenha múltiplos papéis em relação à produção do espaço. Essa multiplicidade decorre do fato de o Estado constituir uma arena na qual diferentes interesses e conflitos se enfrentam. Segundo Samson (1980), a atuação do Estado insere-se no contexto econômico, político e social de cada momento da dinâmica socioespacial da região em que se situa. Ainda de acordo com o autor, o leque de possibilidades de ação do Estado inclui, entre outras, as seguintes:

- estabelecer o marco jurídico (leis, regras, normas, posturas) de produção e uso do espaço;

- taxar a propriedade fundiária, as edificações, o uso da terra e as atividades produtivas: diferenciais espaciais dessa taxação refletem e condicionam a diferenciação socioespacial no espaço urbano;
- produzir as condições de produção para outros agentes sociais, como vias de tráfego, sistemas de energia, água e esgotamento sanitário, assim como o próprio espaço físico da cidade, por meio de obras de drenagem, desmonte e aterramento: a cidade do Rio de Janeiro fornece exemplos contundentes dessa ação;
- controlar o mercado fundiário, tornando-se, sob certas condições, proprietário de glebas que poderão ser permutadas com outros agentes sociais;
- tornar-se promotor imobiliário, investindo na produção de imóveis residenciais em determinados locais do espaço intraurbano para determinados grupos sociais – esta ação tende, via de regra, a reforçar a diferenciação interna da cidade no que diz respeito à segregação residencial;
- tornar-se produtor industrial, interferindo assim na produção do espaço, por meio da implantação de unidades fabris, e dos impactos, em outras áreas, próximas ou longínquas, de suas instalações industriais: conjuntos habitacionais, loteamentos populares e favelas são criados, em parte, em decorrência das indústrias do Estado, cuja ação interfere na divisão econômica do espaço e na divisão social do espaço da cidade.

Essa multiplicidade de papéis também se efetiva na escala da rede urbana. Tanto nessa escala como na do espaço intraurbano estabelecem-se relações com outros agentes sociais, como empresas industriais e de consultoria, bancos, empreiteiras, universidades e proprietários de terra. Nessas relações entram em jogo mecanismos de negociação, cooptação e clientelismo, aos quais a corrupção não é estranha.

Dada a complexidade da ação do Estado, envolvendo múltiplos papéis, com pesos distintos no tempo e espaço, torna-se necessário que novos estudos sejam realizados, tanto nas esferas federal e estadual como na municipal. Estas esferas ou escalas espaciais podem implicar diferentes ações que, no entanto, não devem estar desconectadas.

Novos e velhos agentes sociais

Bancos, companhias de seguros, empreiteiras, empresas ferroviárias e de bondes, fábricas têxteis, firmas comerciais e de serviços, proprietários fundiários, grupos de previdência privada, grupos sociais excluídos, indivíduos com investimentos e ordens religiosas participam, alguns há muito tempo, em maior ou menor intensidade, do processo de produção do espaço. A ação desses agentes sociais – seja expressando tipos ideais puros ou desdobramento funcional de longa ou curta duração – está inserida no processo de produção, circulação e consumo de riquezas no interior de uma sociedade que se caracteriza por ser social e espacialmente diferenciada. A complexidade do processo de produção do espaço envolve, por exemplo, negociações entre agentes sociais tão distintos quanto as ordens religiosas e as empresas do setor da promoção imobiliária (Fridman, 1994).

Ressalta-se aqui a produção de um "espaço vernacular", efetivada por aqueles que invadem e ocupam terras públicas e privadas, produzindo favelas, ou por aqueles que, no sistema de mutirão, dão conteúdo aos loteamentos populares das periferias urbanas. No processo de produção do "espaço vernacular", entram em cena novos agentes sociais, como aqueles ligados à criminalidade e ao setor informal de produção de imóveis.

A terra urbana e a habitação são objetos de interesse generalizado, envolvendo agentes sociais com ou sem capital, formal ou informalmente organizados. Estabelece-se uma tensão, ora mais, ora menos intensa, porém permanente, em torno da terra urbana e da habitação. Se isso não constitui a contradição básica, transforma-se, contudo, em problema para uma enorme parcela da população.

O estudo das estratégias e práticas espaciais vernaculares complementa aqueles voltados à ação de poderosos grupos capitalistas nesse vital processo de (re)produção do espaço, a materialidade que é simultaneamente marca e matriz da humanidade.

Agentes sociais e escala

Inúmeros agentes sociais operam nas duas escalas conceituais aqui consideradas. Em outras palavras, uma rua, um bairro, uma cidade, uma rede urbana e seu conteúdo agrário, um país ou o espaço global constituem campos de atuação de poderosas corporações, como, entre outros, aponta Corrêa (1997). A atuação dessas corporações é decisiva para a produção do espaço, contribuindo para:

- produzir *"company towns"*, bairros no interior de uma cidade, ou ainda apropriar-se, de fato ou simbolicamente, de certos espaços públicos: algumas cidades dependem de uma única empresa, que controla a maior parte dos empregos ali existentes, a exemplo de Turim (Fiat), Eindhoven (Philips) e Seatle (Boeing);
- dar continuidade ao processo de descentralização de atividades terciárias, seja pela realocação de unidades varejistas, seja pela criação de novas unidades fora do centro: desse modo participam do processo de perda econômica e simbólica do centro, contribuindo, assim, para a redivisão econômica do espaço;
- alterar a funcionalidade dos centros da rede urbana, seja pela criação espacialmente seletiva de especializações produtivas, seja pela redução de sua capacidade produtiva, ou, ainda, pela convergência de atividades, criando economias de aglomeração e crescimento urbano;
- criar uma nova divisão territorial do trabalho, por intermédio da difusão de inovações, envolvendo novos produtos (trigo, leite, soja, café, laranja

etc.) e novos meios para a produção (máquinas, depósitos, silos, usinas de beneficiamento e transformação etc.);

- através do Estado, impregnado de interesses seus, criar infraestrutura viária e energética que lhe é benéfica, ainda que possa servir a muitos outros agentes sociais e indivíduos.

Que peso tem corporações como Nestlé, Souza Cruz, Bunge, Ermírio de Moraes, Vale, Brascan, Unilever e Mitsui na (re)configuração econômica do espaço nas duas escalas aqui consideradas? Consulte-se a respeito, entre outros, Corrêa (2006) e Silva (2003), que discutem, respectivamente, o papel da Souza Cruz e do grupo Maggi na produção do espaço.

Temas para pesquisa

A despeito do relativamente amplo conhecimento elaborado sobre as relações entre agentes sociais da produção do espaço, escala e conflitos (não considerados neste texto), há lacunas, controvérsias e inconsistências em torno delas que são simultaneamente importantes em si e submetidas a um intenso e, por vezes, contraditório dinamismo. O que segue são duas propostas gerais para pesquisa sobre essas relações. Ressalte-se que estas propostas não são excludentes e o que levará à escolha de uma ou outra deriva da problemática que construirmos a respeito da realidade. Que problemas teóricos e empíricos estão suscitando esclarecimentos? Isso significa que *a priori* não há proposta melhor que outra. A apresentada a seguir procura levar em conta a tradição da pesquisa geográfica, que está alicerçada em dois ângulos não dicotômicos de se "olhar" a realidade. Acredita-se que esses dois ângulos, que se complementam, possam estar contidos nas pesquisas sobre agentes sociais, escala e conflitos.

a) A primeira proposta está focada no estudo de uma dada área, seja ela uma rua, um bairro, uma cidade ou o segmento de uma rede urbana. Esta distinção, no entanto, nos obriga a considerar a escala espacial adequada. A produção dessa área resulta da ação de um ou de diversos agentes sociais, cujas ações (estratégias e práticas) podem se superpor ou se justapor, sendo marcadas por complementaridade ou antagonismo. As resultantes espaciais podem ser numerosas, expressas na configuração espacial, no conteúdo social e nas contradições e conflitos. O devir pode ser pensado, ao menos em relação a certo lapso de tempo, garantida a permanência das práticas espaciais e da inércia espacial. Pense-se, por exemplo, na produção de uma "*company town*", ou num bairro como o Grajaú, na cidade do Rio de Janeiro (Cardoso, 1989), ou na rede urbana e seu conteúdo agrário, do norte do Paraná, ou ainda na cidade de Brasília (Plano Piloto e núcleos em torno do Distrito Federal e em Goiás). Consulte-se, adicionalmente, Azambuja (1991), que estudou a cidade gaúcha de Ijuí.

Nessa perspectiva, consideram-se diversas manifestações de processos sociais mais amplos, da formação social da área em estudo, por intermédio de um ou mais agentes sociais em uma dada área. Na Geografia, isso corresponde metodologicamente ao método regional, não à proposição hartshorniana, mas àquela que, entre outros, foi apontada por Berry (1971), suficientemente aberta para incorporar processos e formas diversos.

b) A segunda proposta diz respeito ao estudo da ação (estratégias e práticas) de um agente social em sua espacialidade multiescalar, pressupondo a construção prévia, ou no decorrer da ação, de seu "*activity space*". Pensa-se e age-se com investimentos em uma rua, um bairro, uma cidade, um território nacional ou toda a superfície terrestre. Como variam as ações desse agente em cada área, em cada escala? Que conflitos e negociações foram efetivados para que determinados objetivos fossem alcançados? Que impactos sociais, econômicos e políticos resultaram? Os impactos na (re)organização do espaço são, nesse sentido, particularmente relevantes. Na perspectiva do agente social em estudo, que relações existem entre as diversas escalas espaciais de sua atuação? Veja-se, a respeito, Silva (1995).

Essa proposta se insere na tradição da pesquisa sistemática em Geografia, na qual um tema ou agente é analisado em sua espacialidade. As descobertas e hipóteses verificadas podem ser numerosas e contribuírem para a inteligibilidade da ação humana. Por outro lado, os resultados alimentam os estudos realizados segundo a proposição anteriormente discutida e vice-versa. Ressalta-se que, na perspectiva em tela, não se produz, sem uma sólida teoria, um estudo de caso, mas estudos exploratórios ou de verificação.

Ao se comparar dois ou mais agentes sociais, introduz-se a premissa dos estudos comparativos (que também podem ser feitos considerando-se duas ou mais áreas), assumindo também um caráter diacrônico. Mas tudo isso pressupõe outras problemáticas associadas ao método comparativo, fora das intenções deste trabalho.

Bibliografia

ALMEIDA, Roberto Schmidt de. *Atuação recente da incorporação imobiliária no município do Rio de Janeiro*. 1982. Dissertação (Mestrado em Geografia) – Instituto de Geociências, Universidade Federal do Rio de Janeiro, Rio de Janeiro.

AZAMBUJA, B. M. O desenvolvimento urbano e a promoção fundiária e imobiliária na cidade de Ijuí – RS. 1991. Dissertação (Mestrado em Geografia) – Centro de Filosofia e Ciências Humanas, Universidade Federal de Santa Catarina, Florianópolis.

BAHIANA, Luís C. C. Agentes modeladores e uso do solo urbano. *Anais da Associação dos Geógrafos Brasileiros*, Rio de Janeiro, n. 18, 1978, p. 53-62.

BERQUE, Augustin. Paisagem-marca, paisagem-matriz: elementos para uma problemática para uma Geografia Cultural. In: CORRÊA, Roberto Lobato; ROSENDAHL, Zeny (org.). *Paisagem, tempo e cultura.* Rio de Janeiro: EDUERJ, 1998.

BERRY, Brian. Análise regional. *Análise Espacial – Textos Básicos*, n. 3, IPGH, 1971.

BRENNER, Neil. The Urban Question as a Scale Question: Reflections on Henri Lefebvre Urban Theory and Politics of Scale. *International Journal of Urban and Regional Research*, v. 24, n. 2, 2000, p. 361-378.

________. The Limits to Scale? Methodological Reflections on Scalar Structuration Theory. *Progress in Human Geography*, v. 25, n. 4, 2001, p. 591-614.

CAPEL, Horacio. Agentes y estrategias en la producción del espacio urbano español. *Revista Geográfica*, n. 8, 1972, p. 19-56.

CARDOSO, Elizabeth Dezouzart. Capital imobiliário e a produção de espaços diferenciados no Rio de Janeiro: o Grajaú. *Revista Brasileira de Geografia*, Rio de Janeiro, v. 51, n. 1, jan./mar. 1989, p. 89-102.

CASTRO, Iná Elias de. O problema da escala. In: CASTRO, Iná Elias de; GOMES, Paulo Cesar da Costa; CORRÊA, Roberto Lobato (org.). *Geografia*: conceitos e temas. Rio de Janeiro: Bertrand Brasil, 1995, p. 117-140.

CORRÊA, Roberto Lobato. *O espaço urbano.* São Paulo: Ática, 1989.

________. Corporação e espaço: uma nota. In: ________. *Trajetórias geográficas.* Rio de Janeiro: Bertrand Brasil, 1997.

________. Uma nota sobre o urbano e a escala. *Território*, Rio de Janeiro, ano 7, n. 11, 12 e 13, set./out. 2003, p. 11-13.

________. Corporação e organização espacial: um estudo de caso. In: ________. *Estudos sobre a rede urbana.* Rio de Janeiro: Bertrand Brasil, 2006.

DELER, Jean-Paul. Promotion foncière et stratification résidentielle à la périphérie des métropoles de l'Amérique Andine tropicale. In: DURAND-LASSERVE, Alain (org.). *La croissance périphérique des villes du Tiers-Monde*: le rôle de la promotion foncière et immobilière. Talence: CEGET – Travaux et Documents de Géographie Tropicale, 1980.

DURAND-LASSERVE, Alain. Évolution de la promotion foncière et immobilière à Bangkok (Thaïlande), Kuala Lumpur (Malaisie) et Colombo (Sri Lanka): mécanismes et tendances. In: DURAND-LASSERVE, Alain (org.). *La croissance périphérique des villes du Tiers-Monde:* le rôle de la promotion foncière et immobilière. Talence: CEGET – Travaux et Documents de Géographie Tropicale, 1980.

FORM, William. The Place of Social Structure in the Determination of Land Use: Some Implications for a Theory of Urban Ecology. In: BOURNE, Larry S. (org.). *Internal Structure of the City.* Oxford: Oxford University Press, 1971. [Publicado originalmente em *Social Forces*, v. 32, n. 4, 1954, p. 317-321.]

FRIDMAN, Fania. A propriedade santa: o patrimônio territorial da Ordem de São Bento na cidade do Rio de Janeiro. *Revista Brasileira de Geografia*, Rio de Janeiro, v. 56, n. 1/4, jan./dez. 1994, p. 206-218.

MARSTON, Sallie. The Social Construction of Scale. *Progress in Human Geography*, v. 24, n. 2, 2000, p. 219-242.

MARSTON, Sallie; SMITH, Neil. States, Scales and Households: Limits to Scale Thinking? A Response to Brenner. *Progress in Human Geography*, v. 25, n. 4, 2001, p. 615-619.

MCMASTER, Robert; SHEPPARD, Eric. Introduction: Scale and Geographic Inquiry. In: SHEPPARD, Eric; MCMASTER, Robert (org.). *Scale and Geographic Inquiry*: Nature, Society and Methodology. Malden: Blackwell, 2004.

MINGIONE, Enzo.Theoretical Elements for a Marxist Analysis of Urban Development. In: HARLOE, Michael (org.). *Captive Cities*: Political Economy of Cities and Regions. Londres: John Wiley, 1977.

PAASI, Anssi. Place and Regions: Looking Through the Prism of Scale. *Progress in Human Geography*, v. 28, n. 4, 2004, p. 536-546.

RIBEIRO, Luiz Cesar de Queiroz. *Dos cortiços aos condomínios fechados*: as formas de produção da moradia na cidade do Rio de Janeiro. Rio de Janeiro, Civilização Brasileira, 1996.

SAMSON, A. Le Rôle et les Instruments de la Planification Urbaine Face aux Mécanismes Fonciers et Immobiliers des Villes du Tiers-Monde. In: DURAND-LASSERVE, Alain (org.). *La croissance périphérique des villes du Tiers-Monde:* le rôle de la promotion foncière et immobilière. Talence: CEGET – Travaux et Documents de Géographie Tropicale, 1980.

SHEPPARD, Eric; MCMASTER, Robert (org.). *Scale and Geographical Inquiry*: Nature, Society and Methodology. Malden: Blackwell, 2004.

SILVA, Ana Cristina Lima Barreiros da. *A produção do espaço em Porto Velho – Rondônia*: o papel de um agente múltiplo – um estudo de caso. 1993. Dissertação (Mestrado em Geografia) – Instituto de Geociências, Universidade Federal do Rio de Janeiro, Rio de Janeiro.

SILVA, Carlos Alberto Franco da. *Grupo André Maggi*: corporação e rede em área de fronteira. Cuiabá: Entrelinhas, 2003.

SILVA, Joseli Maria. *Valorização fundiária e expansão urbana recente em Guarapuava-PR*. 1995. Dissertação (Mestrado em Geografia) – Centro de Filosofia e Ciências Humanas, Universidade Federal de Santa Catarina, Florianópolis.

STROHACKER, Tânia Marques. O mercado de terras em Porto Alegre: atuação das companhias de loteamento (1890-1945). *Revista Brasileira de Geografia*, Rio de Janeiro, v. 57, n. 2, abr./jun. 1995, p. 101-123.

DA "ORGANIZAÇÃO" À "PRODUÇÃO" DO ESPAÇO NO MOVIMENTO DO PENSAMENTO GEOGRÁFICO

Ana Fani Alessandri Carlos
Universidade de São Paulo

O presente capítulo tem como pressuposto pensar as relações sociais em sua dimensão espacial, objetivando analisar a espacialidade como imanente à existência constitutiva da sociedade. Tal enfoque aponta para a ideia de que a sociedade, ao produzir-se, o faz num espaço determinado, como condição de sua existência, mas através dessa ação, ela também produz, consequentemente, um espaço que lhe é próprio e que, portanto, tem uma dimensão histórica com especificidades ao longo do tempo e nas diferentes escalas e lugares do globo. Esse raciocínio sugere ser preciso considerar a reprodução da sociedade, em sua totalidade, realizando-se através da produção/reprodução do espaço. A sociedade se apropria do mundo enquanto apropriação do espaço – tempo determinado, aquele de sua reprodução, num momento histórico definido. Nesse contexto, a reprodução continuada do espaço se realiza como aspecto fundamental da reprodução ininterrupta da vida. Nessa perspectiva, revela-se uma prática social que é e se realiza espacialmente, o que implica pensar na relação dialética sociedade/espaço (um se realizando no outro e através do outro) e as mediações entre eles. Esse caminho indica a imanência da produção do espaço no processo de constituição da sociedade.

Do ponto de vista da Geografia, essa abordagem indica o deslocamento do enfoque – tido como tradicionalmente geográfico – da localização das atividades, dos grupos humanos, no espaço, para a análise do conteúdo das relações que os constituem enquanto tal, como movimento do processo de apropriação/produção/reprodução do espaço em seus conteúdos sociais. Não se pretende, todavia, negar a importância da localização dos fenômenos no espaço, mas relativizá-la como momento necessário de superação analítica: a ideia arraigada de que a localização dos fenômenos é a finalidade e o sentido último do termo "geográfico".

O encaminhamento proposto orienta-se por dentro do pensamento geográfico, invertendo o caminho que sintetizou a compreensão do espaço em sua objetividade absoluta – a partir da ideia de palco da atividade humana – bem como o viés empirista que essa objetividade assegura à Geografia.

Nosso raciocínio, evidentemente, contempla um "modo de pensar a Geografia", o que, necessariamente, não exclui outros. É apenas um dos caminhos possíveis e situa-se no horizonte aberto pelas obras de Karl Marx e Henri Lefebvre, que Mauricio Abreu chama de abordagem "marxista-lefevriana" – abordagem esta que supera tanto uma leitura dogmática desses autores, transformando seus escritos em modelos de análise, quanto uma tentativa de "geografização" das obras por eles elaboradas. Constitui, antes, uma orientação teórico-metodológica, a partir da qual é possível construir uma "análise da realidade", prolongando o pensamento dos autores, como movimento de superação, a partir da Geografia. Essa opção permite enfrentar a limitação da disciplina como "ciência parcelar" (uma das subdivisões das ciências sociais), num caminho que propõe analisar a totalidade do processo de reprodução social como constituição de uma espacialidade específica que lhe dá conteúdo. Nessa perspectiva, a produção do espaço ganha um conteúdo social, constituindo-se historicamente.

Um primeiro passo é recorrer à Filosofia, como condição necessária para a compreensão do mundo. Nessa direção, a Geografia, como saber, contemplaria como exigência o reconhecimento da fundamentação filosófica sobre a qual se fundam as Ciências Sociais: a) *atitude crítica:* exigência da fundamentação das ideias, discursos e prática (a partir da consideração do saber estabelecido), orienta-se em direção à possibilidade de constituição de uma totalidade, ultrapassando a mera constatação das coisas e do óbvio – como superação do mundo fenomênico e das descrições, e abre o caminho teórico necessário para elucidar a dialética do mundo; b) *comportamento radical:* o que vai à raiz, exigindo o desvendamento da sociedade em que vivemos, imersa em contradições que eclodem em conflitos e revelam, hoje, a necessidade de uma crítica ao capital e às sempre renovadas "formas de realização do lucro", bem como às novas formas de alienação e submissão do indivíduo, ao plano da realização da acumulação, bem como ao empobrecimento do humano, preso ao universo das coisas orientadoras das necessidades que se encontram travestidas em desejos saciados no plano do consumo.

A radicalidade exige a construção de um projeto de "sociedade nova", fundada na produção de um conhecimento capaz de colocar no centro do debate a realização da humanidade do homem, livre das ideologias e das representações vindas do mundo das coisas, manipulado pela comunicação midiática e pelo Estado, apreendendo as possibilidades existentes num mundo em transformação e iluminando resistências e insurgências capazes de romper com a lógica institucional e o produtivismo, para pensar o mundo em sua complexidade.

O pensamento marxista reclama o deslocamento da análise do plano da ontologia, e daquele da epistemologia – prisioneiros do mundo abstrato das ideias – para aquele que articula a teoria (a produção do conhecimento como ato de compreensão do mundo) e a prática (práxis) em sua indissociabilidade. Isso é absolutamente central. Significa, em seu desdobramento, considerar também que o real, em sua essência, existe num movimento ininterrupto que articula passado-presente-futuro, dialética entre teoria e prática realizando-se num segundo movimento: aquele que implica a relação realidade-virtualidade. Daqui, duas possibilidades se abrem à análise. De um lado, uma realidade em transformação, exigindo sempre novas teorias e conceitos – um conhecimento em constituição. De outro lado, o fato de que essa realidade (em movimento) contempla um movimento intrínseco de superação (da realidade e do conhecimento sobre ela), o que nos obriga a entender a realidade concreta e o que ela contempla de possibilidade para o futuro da sociedade (como projeto de sua transformação).

Tal orientação tem origem na postura de Marx de que não se trata mais de indagar sobre a Filosofia, mas sobre o mundo que deve ser transformado, como realização da própria Filosofia, encontrando em seus interstícios os pontos de resistência em direção à sua transformação radical. Nessa perspectiva, o passado se encontra na realidade presente, que por sua vez traz como possibilidade a realização da utopia. Mas entre ambos, há a exigência do questionamento sobre o que parece "óbvio", isto é, "busquemos as relações humanas por trás das relações reificadas, iluminando as ambiguidades" (Heller, 1983, p. 16).

No plano do conhecimento, isso significa a superação, apontando o conhecimento cumulativo e dinâmico como possibilidade renovada do entendimento do mundo em movimento. Essa orientação revela a impossibilidade da constituição do conhecimento como modelo fundado em verdades absolutas, indicando a crítica como condição própria do trabalho intelectual.

A obra de Marx tem significado especial para o desenvolvimento do tema, na medida em que permite refletir sobre o sentido da noção de "produção" em sua profundidade. A produção como categoria central de análise abre a perspectiva de desvendar, antes de tudo, a vida humana – a produção como atividade/ação essencial do humano – ao mesmo tempo em que permite pensá-la em cada momento, circunscrita a um determinado grau de desenvolvimento da história da humanidade, o que significa dizer que a produção se define com características comuns, em diferentes épocas, fundada em relações reais que se desenvolvem no bojo de um movimento real e, em cada momento dessa história, em suas particularidades. Portanto, a noção de produção contempla também um duplo caráter: ela se refere ao próprio processo constitutivo do humano (enquanto ser genérico) e tem um caráter histórico. Mais do que pensar uma produção específica, o conceito em Marx é globalizante e aponta tendências contraditórias – renovação, conservação, preservação, continuidade e rupturas.[1]

Lefebvre, em vários momentos de sua longa obra, insiste na dupla determinação da noção de produção: de um lado, a produção de objetos, produtos, mercadorias (o que significa dizer que o processo de produção gera um mundo objetivo) e também a produção do espaço como condição da reprodução da vida social. Aqui, a prática sócio-espacial aponta para essa objetividade. De outro lado, a noção de produção contempla o processo de subjetivação: a produção do mundo da mercadoria, com sua linguagem e representação. Mas, ao mesmo tempo em que o homem produz o mundo objetivo (real e concreto), produz igualmente uma consciência sobre si – assim ele se produz no processo, como humano, consciência, desejos; um mundo de determinações e possibilidades capaz de metamorfosear a realidade (como possibilidade de realização do negativo).

Nesse sentido, a ideia de produção se transforma ao longo da história. A produção *lato sensu* diz respeito ao processo de produção do humano – na tradição hegeliana, aponta-se a produção do ser como ser genérico – enquanto a noção de produção *stricto sensu* refere-se, exclusivamente, ao processo de produção de objetos. Este, porém, se realiza produzindo não só a divisão técnica do trabalho dentro da empresa, a produção e a circulação, como também as relações sociais mais amplas e complexas que extrapolam as esferas da empresa tomando a sociedade como um todo. Logo, o processo de produção abrange o espectro mais amplo, aquele da produção de relações sociais, de uma cultura, de uma ideologia e de um conhecimento.

Em seus sentidos mais profundos, a produção de relações mais abrangentes, e no plano espacial, significa neste contexto o que se passa fora do âmbito específico da produção de mercadorias e do mundo do trabalho (sem, todavia, deixar de incorporá-lo), para estender-se ao plano do habitar, do lazer e da vida privada, expandindo sua exploração pela incorporação de espaços cada vez mais amplos. Assim, se o espaço é condição da realização do processo produtivo, unindo os atos de distribuição, troca e consumo de mercadorias, ele se produz como materialidade – como, por exemplo, infraestrutura viária, rede de água, luz e esgoto etc. Todavia, o espaço guarda o sentido do dinamismo das necessidades e dos desejos que marcam a reprodução da sociedade em seu sentido mais amplo, a realização da vida para além de sua sobrevivência. Os fundamentos da reprodução que, como afirmamos, contempla uma especificidade histórica, hoje se explicitam como uma produção capitalista. Desta determinação decorre um conjunto de condições para sua realização, em especial a existência de classes sociais específicas e contraditórias, enfrentando-se a partir de interesses diversos, tendo o processo de valorização como finalidade última e necessária da acumulação. Nessa direção, abre-se como possibilidade analítica o desvendamento da realidade em constituição, iluminando o plano da análise do cotidiano como lugar da reprodução contraditória da vida. Significa dizer que o processo de produção do espaço, nesta visão, não se reduz a uma produção material do mundo.

A perspectiva marxista, que permite pensar o mundo como prática – processo de transformação de si mesmo, como movimento ininterrupto – e o sujeito como a sociedade realizando-se, leva os geógrafos a rever criticamente suas ideias sobre a relação homem e meio. Também nos consentiria atualizar a utopia no mundo moderno. Mas essas concepções, ao constituírem um horizonte para analisar a prática sócio-espacial, requerem como pressuposto, um entendimento sobre o espaço como conceito teórico e como realidade concreta.

Em Lefebvre, a consideração da noção de espaço adquire importância no momento em que se depara com a necessidade de esclarecer a reprodução continuada do capital na segunda metade do século XX, como momento de superação de suas crises. Numa primeira aproximação, a "problemática do espaço" desenvolve-se nas obras do autor a partir da discussão do conceito de modo de produção, apontando para o fato de que a situação das forças produtivas, naquele momento, não se restringiria à produção de coisas, no sentido clássico do termo, mas à produção como reprodução de relações sociais, bem como à compreensão da reprodução do espaço social como necessidade do modo de produção capitalista em sua fase de realização.

A reprodução se realizaria, para o autor, no espaço concreto, como condição necessária à acumulação sob o comando do Estado, envolvendo o saber, o conhecimento, as relações sociais, as instituições gerais da sociedade, abrindo-se para a produção do espaço. A tese central de sua obra, "A produção do espaço", repousa na ideia de que:

> [...] o modo de produção organiza, produz, ao mesmo tempo que certas relações sociais, seu espaço (e seu tempo). É assim que ele se realiza, posto que o modo de produção projeta sobre o terreno estas relações, sem, todavia deixar de considerar o que reage sobre ele. Certamente, não existiria uma correspondência exata, assinalada antes entre relações sociais e as relações espaciais (ou espaço-temporais). A sociedade nova se apropria do espaço preexistente, modelado anteriormente; a organização anterior se desintegra e o modo de produção integra os resultados (Lefebvre, 1981, p. vii, tradução nossa).

Mas da constatação da importância que a produção do espaço ganha como momento da reprodução da sociedade, sob o capitalismo, Lefebvre, através do método progressivo-regressivo, descobre sua gênese e fundamento. Nesse sentido, desvenda a história do espaço. Mas não é do espaço como realidade e conceito que Lefebvre vai tratar, e sim da "produção do espaço". Isso porque, com o debate em torno da noção de produção, é possível apreender o momento a partir do qual o espaço passa a ser fundamental para a reprodução de determinado modo de produção. O central na obra é a ideia de que, num determinado momento da história, o processo de reprodução da sociedade, sob o comando do capital, realiza-se na produção do espaço. A partir deste momento, o espaço ganha, para o autor, outro significado, posto que vai aparecer como condição para a reprodução ampliada do capital, assegurada pelo Estado (que produz um espaço controlado). Em seu desenvolvimento, o capitalismo produziu, nessa argumentação, o espaço da mundialidade através de relações novas de reprodução e dominação.

Em torno da noção de "produção do espaço"

A noção de produção, na perspectiva analisada por Marx e Lefebvre, permite reconstituir o movimento do conhecimento geográfico, a partir da materialidade incontestável do espaço, para buscar os conteúdos mais profundos da realidade social em direção à descoberta dos sujeitos e suas obras. A análise do espaço coloca-se, portanto, como momento indispensável à compreensão do mundo contemporâneo.

Caminho diferente é aquele da constituição da Geografia como conhecimento, no qual a análise do espaço aparece como pressuposto, isto é, a disciplina definindo o espaço como seu campo de conhecimento e como objeto de estudo. Tal preocupação colocou "a relação homem-natureza" no centro da composição da disciplina que, ao longo de seu processo constitutivo, criou uma contradição insolúvel entre uma "Geografia Física" (em relações com a Geologia e a Meteorologia) e uma "Geografia Humana", voltada ao seu caráter social e histórico.

A Geografia Física criou especializações que aprofundaram ainda mais a fragmentação da disciplina, a ponto de muitos se definirem como geomorfólogos, pedólogos, ou climatólogos, em lugar de geógrafos. Essa postura aprofunda as fissuras do mundo além de negar o conteúdo social da Geografia. As concessões ao "fator humano" circunscrevem-no a uma "ação antrópica" sobre a natureza – expressão que, longe de permitir a compreensão do processo, o destitui de seus conteúdos sociais – trazendo, como consequência, a naturalização de fenômenos, que são, em essência, sociais. Por sua vez, a extrema especialização produziu uma maior fragmentação dos temas estudados, abrindo caminho para sua aplicação. Com isso, encobre a contradição entre o geógrafo (aquele que produz uma compreensão sobre o mundo) e o profissional de Geografia (que abdica do conhecimento em função do "saber técnico", sob o comando do empregador). Tornada ciência aplicada na universidade, a Geografia, como saber, instrumentaliza-se, submetendo-se, com facilidade, às exigências do mercado. Mas, como afirma Pierre George (1972, p. 115), a "Geografia só pode ser útil quando não é aplicada. Aplicada, passa a integrar-se numa política. Perde suas possibilidades de crítica, permanece *a quo* da decisão".

Na sua origem, a Geografia aparece como sinônimo de localização dos fenômenos no mapa. Nos primórdios da disciplina, deparamo-nos com o termo "ecúmeno", referente à parte da terra ocupada pelo homem (se quisermos, o espaço habitável); tratava-se de constatar a ação do homem sobre a terra em suas diferenciações. Pierre George, no prefácio à edição de 1994 do *Tableau de la géographie de la France*, por exemplo, associa "o geográfico", em Vidal de La Blache, à atitude de localizar "a criação humana, num lugar qualquer, num meio qualquer como o resultado de um compromisso, muitas vezes colocado em questão, entre os obstáculos da natureza, de um lado, e as escolhas e a vontade do homem, dos habitantes, de outro lado com a modelagem da paisagem rural, construção e defesa das cidades históricas plantadas em lugares de encontro ou de fortificações" (George, 1994, p. 7-8). É de La Blache, no "prefácio", a afirmação de que a história de um povo é inseparável da região que ele habita, e que "o homem foi, ao longo do tempo, o discípulo fiel ao solo. O estudo deste solo contribuirá a esclarecer o caráter, os modos, e as tendências dos habitantes" (La Blache, 1994, p. 16). Esclarece ainda que "uma individualidade geográfica" não resulta de uma simples consideração da geologia e do clima, pois não é uma coisa dada, antecipadamente, pela natureza. É preciso, a partir dessa ideia, entender que uma região é um reservatório onde dormem as energias, na qual a natureza colocou o germe, mas cujo emprego depende do homem. Nessa direção, a Geografia se constitui como uma "Geografia Humana".

No livro *O espaço geográfico* (1972), Dollfus escreve que o espaço geográfico é um espaço localizável, concreto, banal, segundo a expressão do economista Perroux. Se cada um dos pontos é um espaço, suscetível de ser localizado, o que importa é sua situação relativamente a um conjunto no qual se inscrevem as relações por ele mantidas com os diversos meios dos quais faz parte. Tal como o espaço dos matemáticos ou o dos economistas, o espaço geográfico evoluiria a partir de um conjunto de relações que se estabelecem no interior de um quadro concreto: o da superfície da terra. Para o autor, "o espaço geográfico é um espaço mutável e diferenciado cuja aparência visível é a paisagem" (p. 7).

A noção de paisagem é outro elemento definidor da Geografia. Rougerie (1971), por exemplo, define-a como "estudo da paisagem", contudo, completa:

> [...] como a Geografia também consiste em localizar fatos, em apreender diferenciações do espaço terrestre e, em comparar conjuntos desvendando seu dinamismo interno e suas relações recíprocas, podemos nos considerar no âmago desta ciência quando nos declaramos favoráveis à expressão material de tais diferenciações: a paisagem (p. 18).

Na história da disciplina, a preocupação com a localização das atividades humanas definiu o espaço como o palco da ação do homem. Desse "pecado original" parecem decorrer os problemas com a noção de cidade – compreendida ora como quadro físico, imediatamente materialidade, ora sujeito da ação ou do ato de planejar.

Na Geografia, a noção de espaço, com muita dificuldade supera sua condição de objetividade pura. Não resta dúvida de que a evolução do conceito de espaço como localização dos fenômenos, para aquele de "produção social" é um salto expressivo em direção à compreensão do mundo através da Geografia, permitindo-nos pensar na passagem de uma concepção a outra, como momentos de transformação da realidade. É assim que da simples constatação da localização das coisas no espaço passa-se à descoberta da "organização do espaço" pelos grupos humanos e, desta elaboração, para a ideia de que a sociedade produz seu próprio espaço. Portanto, há um movimento na constituição do pensamento geográfico que, ao longo de sua história, permite caminhar do conceito de localização das atividades na superfície da terra ao de organização do espaço pelo grupo humano, para pensar os conteúdos dos processos constitutivos do espaço – sua natureza e sentido.

Na construção do *pensamento geográfico* sobre o mundo moderno e, aqui nos referimos especificamente à Geografia brasileira, é possível perceber uma nítida inflexão, senão ruptura, que se estabelece nos anos 1970 (evidentemente como expressão das transformações da Geografia americana e europeia), a partir do questionamento sobre a elaboração do pensamento constituído até então pela Geografia, problematizando sua capacidade de explicar o mundo. Esse momento de crítica ao conhecimento estabelecido no âmbito da ciência permitiu construir os fundamentos da noção de "produção do espaço" sob a orientação do materialismo histórico e, com isso, favoreceu o movimento de passagem da noção de "organização do espaço" para a de "produção do espaço".

Nesse processo, o método dialético, como caminho de pesquisa capaz de orientar o entendimento da realidade, permitiu pensar o espaço como mercadoria, como consequência de sua produção, na totalidade da produção social capitalista.

No capitalismo, a produção expande-se espacial e socialmente (no sentido que penetra toda a sociedade), incorporando todas as atividades do homem e redefinindo-se sob a lógica do processo de valorização do capital – o espaço tornado mercadoria sob a lógica do capital fez com que o uso (acesso necessário à realização da vida) fosse redefinido pelo valor de troca. A produção do espaço se insere na lógica da produção capitalista que transforma toda a produção em mercadoria.

Uma nova contradição fundamenta a produção do espaço nesse período da história: essa produção, como definidora da sociedade, realiza-se socialmente – criação da totalidade da sociedade –, mas sua apropriação é privada, isto é, o acesso aos lugares de realização da vida, produzidos socialmente, realiza-se, dominantemente, pela mediação do mercado imobiliário, fazendo vigorar a lógica do valor de troca sobre o valor de uso.

A Geografia, portanto, descobre o espaço-mercadoria como momento constitutivo da realidade e como fonte de alienação. Todavia, essa potencialidade como elemento revelador da realidade tem sido negligenciada nos dias de hoje. Talvez pelo fato de que a crise do marxismo, em vez de gerar a sua crítica, criou as condições para seu abandono – atitude muito mais fácil.

Se, nos anos 1970, a pesquisa acentuou a necessidade da construção teórica, o que permitiu questionar os limites da Geografia e suas possibilidades de entender o mundo, vivemos hoje um momento de refluxo, em que o debate teórico e o marxismo aparecem envoltos numa nuvem de preconceito. Tal postura requer explicação.

A ironia do momento em que vivemos é que o abandono do debate sobre a "produção do espaço" no conjunto da produção capitalista – como momento de crise do processo de acumulação – coincide com a extensão do mundo da mercadoria, isto é, a expansão da propriedade privada do solo urbano e da terra, que transforma a cidade inteira em mercadoria vendida no mercado. Por essa intermediação, a produção da cidade ganha uma nova perspectiva e as estratégias dos empreendedores imobiliários, dos bancos e do Estado orientam suas estratégias de acumulação na produção da mercadoria-espaço. Generaliza-se, assim, a produção do espaço na determinação do "mundo da mercadoria". Trata-se, também, do momento histórico em que a expansão da mercadoria penetra profundamente a vida cotidiana, reorientando-a sob sua estratégia. É quando a propriedade privada invade-a de forma definitiva, redefinindo o lugar de cada um no espaço, numa prática sócio-espacial limitada pela norma, como maneira legítima de garantir acessos diferenciados. Portanto, trata-se do momento histórico em que a existência generalizada da propriedade privada reorienta e organiza o uso do lugar. Assim, o espaço-mercadoria se propõe para a sociedade como valor de troca, destituído de seu valor de uso e, nessa condição, subjugando o uso, que é condição e meio da realização da vida social, às necessidades da reprodução da acumulação como imposição para a reprodução social. É nesse processo que o valor de troca ganha uma amplitude profunda – o que pode ser constatado pela produção dos simulacros espaciais como decorrência de revitalizações urbanas, ou pelas exigências do desenvolvimento do turismo. Exatamente nesse momento, em que a extensão da propriedade se realiza plenamente ganhando novos contornos e produzindo novas contradições, é que a ideia de espaço-mercadoria foi abandonada pela Geografia, tornando-se "fonte de preconceitos inconcebíveis".

A nós, ao contrário, cumpre entender que o mundo da mercadoria se desenvolve sob novas formas (a reprodução do espaço como mercadoria), produz uma contradição (que vai aparecer de forma definitiva e dramática na prática sócio-espacial) entre valor de troca e valor de uso, como consequência do movimento da história que transformou o espaço em mercadoria. Esse movimento é necessário para compreender os novos conteúdos da produção do espaço bem como os novos sujeitos que interferem em sua produção.

Mais do que nunca a dimensão espacial do mundo ganha significado, e as noções de espaço e de território permanecem orientando as reflexões dos geógrafos diante das mudanças do mundo moderno. "Pode-se recordar que antes de iniciar o terceiro milênio, o geógrafo inglês Peter Gould (1996) afirmou que o século XXI seria o século espacial, de uma forte consciência do espaço-temporal [...] um tempo em que a consciência do geográfico voltará a adquirir uma presença destacada no pensamento humano" (Hiernaux e Lindón, 2006, p. 8). O que acarretará, possivelmente, como parte dos processos de ampliação das fronteiras de nossos conceitos (a explosão polissêmica), também o redescobrimento do espaço e do território nas diversas ciências sociais e nas humanidades. Por outro lado, assistimos igualmente a uma notória confusão entre o uso da palavra Geografia como uma disciplina científica, como uma forma de conhecer, e a Geografia "como o território em que ocorrem diferentes fatos e fenômenos" (Hiernaux e Lindón, 2006, p. 8). Trata-se de um momento que para muitos se caracterizaria como uma "virada espacial", assinalando a importância da compreensão do espaço – e de sua produção – no desvendamento do mundo moderno, que se reproduz como realização da virtualidade do capitalismo expandindo-se pelo planeta como estratégia de dominação das condições necessárias a sua reprodução continuada.

Penso que, do ponto de vista da Geografia, poderíamos afirmar que a noção de produção se vincula à produção do homem, às condições de vida da sociedade em sua multiplicidade de aspectos, e como é por ela determinado. Aponta ainda para o movimento da reprodução e evidencia a perspectiva de compreensão de uma totalidade mais ampla, que não se restringe apenas ao plano do econômico, abrindo-se para o entendimento da sociedade em seu movimento, o que muda os termos da análise espacial. Assim, a noção de produção está articulada, inexoravelmente, àquela de reprodução das relações sociais *lato sensu* – o que ocorre num determinado tempo e lugar, em escalas variáveis.

Desse modo, a noção de *produção* traz questões importantes: seu sentido revela os conteúdos do processo produtivo, os sujeitos produtores, os agentes da produção material do espaço, as finalidades que orientam essa produção no conjunto de determinada sociedade, bem como as formas como é apropriada. Essa produção distingue-se das outras em seu significado e apresenta novas implicações. Se ela tem por conteúdo as relações sociais, tem também uma localização no espaço. Dessa forma, há produção do espaço e produção das atividades no espaço, portanto, as atividades humanas se localizam diferencialmente no espaço, criando uma morfologia.

Mas a noção de *produção do espaço* estaria livre de ser reduzida à simples objetivação da ação da sociedade presentificada na morfologia? Como se constituiria o movimento do pensamento que vai da objetivação à subjetivação da prática sócio-espacial, e da prática à teoria?

Penso que a noção de produção/reprodução e o deslocamento do enfoque eminentemente econômico da noção de acumulação permitiriam considerar o movimento que vai da acumulação à reprodução como questão social: a) ultrapassando a compreensão do indivíduo como força de trabalho; b) superando a ambiguidade da compreensão do espaço reduzido à ideia de meio ambiente; c) pensando as lutas da sociedade como lutas pelo espaço, envolvendo apropriação contra a propriedade; d) iluminando as representações construídas sobre o espaço.

Desse modo, o ato de produzir da sociedade, no sentido de permitir sua reprodução como espécie, como ato de produção da vida em todas as suas dimensões, seria apresentado como ato de *produção do espaço*, deste que, ao mesmo tempo, é condição e meio de realização das atividades humanas em sua totalidade.

O pressuposto de uma compreensão da produção do espaço, a partir da Geografia, permite concebê-lo como *condição*, *meio* e *produto* da reprodução da sociedade, definindo-o como processo/movimento em constituição, como o da própria sociedade. Sintetizando os argumentos, é possível constatar que as relações sociais realizam-se como relações reais e práticas, isto é, como relações espaço-temporais. A produção do espaço, neste sentido, é anterior ao capitalismo e se perde numa história de longa duração iniciada no momento em que o homem deixou de ser coletor e caçador e criou condições de, através de seu trabalho, transformar efetivamente a natureza (dominando-a) em algo que é próprio do humano. Deste modo, o espaço como produção emerge da história da relação do homem com a natureza, processo no qual o homem se produz como ser genérico numa natureza apropriada e que é condição de sua produção. Nesse processo, a natureza vai assumindo inicialmente a condição da realização da vida no planeta, meio através do qual o trabalho se realiza, até assumir a condição de criação humana – como resultado da atividade que mantém os homens vivos e se reproduzindo – no movimento do processo de humanização da humanidade.

Como escrevem Marx e Engels, no livro *A ideologia alemã* (1996), a primeira condição da história é manter os homens vivos e a segunda é assegurar sua reprodução. Podemos dizer que esse processo acontece numa relação dialética sociedade-natureza em que cada elemento se transforma no outro e pelo outro, produzindo assim a vida e o espaço, ambos como criação real. O ato de produção da vida é, consequentemente, um ato de produção do espaço, além de um modo de apropriação. Nesse raciocínio, afirma-se o espaço como condição, meio e produto da reprodução social: produto resultante da história da humanidade, reproduzindo-se ao longo do tempo histórico e em cada momento da história, em função das estratégias e virtualidades contidas de cada sociedade.

Podemos pressupor que a espacialidade das relações sociais pode ser efetivamente compreendida no plano da vida cotidiana e, a partir desta, articulada e redefinida como plano da reprodução das relações sociais, vista na multiplicidade dos processos que envolvem a reprodução do espaço em seus mais variados aspectos e sentidos como prática sócio-espacial. Isso porque as relações sociais têm concretude no espaço, nos lugares onde se realiza a vida humana, envolvendo um determinado dispêndio de tempo que se revela como modo de uso do espaço, em dois planos: o individual (que se expressa, em sua plenitude, no ato de habitar) e o coletivo (a realização da sociedade), portanto, na dialética entre o público e o privado. A noção de produção, nesta perspectiva, abre-se para a noção de apropriação[2], revelando-se em atos e situações. O uso se realiza através do corpo (o próprio corpo é extensão do espaço) e de todos os sentidos humanos, e a ação humana se realiza produzindo um mundo real e concreto, delimitando e imprimindo os "rastros" da civilização.

Nessa condição, espaço e tempo aparecem através da ação humana em sua indissociabilidade, uma ação que se realiza como modo de apropriação. Assim, a fim de concretizar a existência humana, se realizaria como processo de reprodução da vida pela mediação do processo de apropriação do mundo. A relação espaço-tempo se explicita, portanto, como uma prática sócio-espacial no plano da vida cotidiana, realizando-se como um modo de apropriação (o que envolve espaço e tempo determinados), bem como construção de uma história individual como história coletiva.

Em torno dos sujeitos da produção

A noção de "produção do espaço", como vimos, importa conteúdos e determinações, obriga-nos a considerar os vários níveis da realidade como momentos diferenciados da reprodução geral da sociedade em sua complexidade. Obriga-nos a considerar o sujeito da ação: o Estado, como aquele da dominação política; o capital, com suas estratégias objetivando sua reprodução continuada (e aqui nos referimos às frações do capital, o industrial, o comercial e o financeiro e suas articulações com os demais setores da economia, como o mercado imobiliário); os sujeitos sociais que, em suas necessidades e seus desejos vinculados à realização da vida humana, têm o espaço como condição, meio e produto de sua ação. Esses níveis correspondem àqueles da prática sócio-espacial real (objetiva e subjetivamente) que ganha sentido como produtora dos lugares, encerrando em sua natureza um conteúdo social dado pelas relações sociais que se realizam num espaço-tempo determinado, como um processo de produção, apropriação, reprodução da vida, da realidade e do espaço em seus descompassos, portanto fundamentalmente, em suas contradições.

Essa prática, que envolve toda a sociedade, realiza-se no *plano do lugar* – o que não exclui outras escalas – e expõe a realização da vida humana nos atos da vida cotidiana, como um modo de apropriação que se realiza através das formas e possibilidades da apropriação e do uso dos espaços-tempos no interior da vida cotidiana. É assim que cada momento da história produz um espaço, supõe as condições de vida da sociedade em sua multiplicidade de aspectos. Pressupõe a superação do entendimento da *produção do espaço* restrito ao plano do econômico, abrindo-se para a compreensão da sociedade em seu movimento mais amplo, isto é, o que engloba e supera o mundo do trabalho e da circulação das mercadorias, apesar de considerar o momento atual como aquele em que se criam novos setores de atividade como extensão das atividades produtivas, criadores de *novos espaços*. Por outro lado, também aponta a produção do espaço em sua dimensão abstrata de mercadoria.

Essa necessidade, que aparece como condição de realização da reprodução, é produto do fato de que determinada atividade econômica só pode se realizar em determinados lugares do espaço, o que faz com que as particularidades dos lugares se reafirmem constantemente, referindo-se, portanto, à escala local (apesar de articulados cada vez mais ao global). Neste processo, também ganham contorno as estratégias do Estado visando à reprodução do capital e à produção de um espaço dominado.

Na obra, *De l'État* (1978), Lefebvre parte da hipótese, confirmada ao longo de seu trajeto de análise, que o Estado domina a sociedade inteira: em primeiro lugar, o crescimento econômico, por uma estratégia que transforma em instituição todas as organizações e todas as atividades da sociedade, constituindo-se centro de decisões e protegendo o funcionamento dos organismos sociais, na condição de colocá-los sob sua tutela; por sua vez, a equivalência conquistou tudo, dos signos aos lugares, bens, trabalhos, tempos, gostos, necessidades e o cotidiano, impondo-se ao não idêntico e ao não equivalente. Desse modo, o "estatista" fez do equivalente o seu princípio, sob o nome de lei.

Nessa situação, a natureza da intervenção do Estado garante a exploração multiforme e a igualdade na exploração mútua e recíproca, enquanto a lei garante a igualdade e, nesta, a manutenção da desigualdade. A relação economia-política impulsionada pelo Estado se concretiza espacialmente ganhando a dimensão global e encerrando a reprodução nos quadros políticos, isso porque, a partir de certo momento, o Estado assume como tarefa primordial assegurar as condições de reprodução através das relações de dominação (e o que isto implica).

Contraditoriamente, a sociedade revela outro momento, aquele dos usos do espaço (objetivando a reprodução da vida) que a prática espacial vai desvendando. Nessa direção, a contradição fundante da produção espacial (produção social/apropriação privada) desdobra-se na contradição entre a produção de um espaço orientada pelas necessidades econômicas e políticas (em suas alianças possíveis), e a reprodução do espaço como condição, meio e produto da reprodução da vida social. No primeiro caso, a reprodução do espaço se orienta pela imposição de uma racionalidade técnica assentada nas necessidades impostas pelo desenvolvimento da acumulação que produz o espaço como condição da produção, revelando as contradições que o capitalismo suscita em seu desenvolvimento. No segundo caso, a reprodução da vida prática se realiza na relação contraditória entre o uso dos lugares da realização da vida e os lugares produzidos como valor de troca; contradição esta que está na base dos conflitos em torno da reprodução do espaço.

Considerada em sua totalidade, a acumulação tende a produzir uma racionalidade homogeneizante, inerente ao processo que se realiza produzindo não só objetos/mercadorias, mas também a divisão e organização do trabalho, modelos de comportamento e valores e representações que induzem ao consumo, revelando-se norteadores da vida cotidiana. Desse modo, a vida cotidiana se apresenta tendencialmente invadida por um sistema regulador em todos os níveis, concretizada no espaço como norma – ditos interditos – que formaliza e fixa as relações sociais reduzindo-as a formas abstratas, autonomizando as esferas da vida e, como consequência, dissipando a consciência espacial.

Desse modo, pode-se afirmar que além de objetos, o sentido da noção de produção revela um processo real, amplo e profundo como um conjunto de relações, modelos de comportamento e sistema de valores, formalizando e fixando as relações entre os membros da sociedade, e, nesse processo, produzindo um espaço em sua dimensão prática. Aqui os sujeitos entram em conflito em torno da reprodução do espaço no conjunto da sociedade, na cidade.

Em torno dos momentos da produção do espaço

Em sua dimensão de prática sócio-espacial, a produção do espaço revela a realização da vida cotidiana, o modo como se produz o espaço da vida nos modos de apropriação-uso que a sociedade faz do espaço como momento da sua produção (*lato sensu*):

a) partindo do pressuposto de que o espaço geográfico se define como processo apoiado no movimento triádico que constitui o espaço como "produto, condição e meio" da reprodução da sociedade, revela-se um movimento que ocorre nesse processo como momento de uma totalidade mais ampla da reprodução da sociedade, o que requer pensar nas tendências postas no mundo atual – a mundialidade da sociedade constituindo-se urbana. Também se aponta o difícil caminho da consideração, ainda não esgotada, da relação sujeito/objeto no plano do conhecimento. No nosso caso, a sociedade definindo-se como sujeito e o espaço como objeto[3].

Considerando que a produção do espaço traz como consequência sua reprodução, deparamo-nos com a necessidade de pensar o movimento da história que a explicite e, nesse sentido, a reprodução ganha *status* de categoria central de análise decorrente da necessidade de compreensão do movimento constante em direção à realização da sociedade (o que não significa só linearidade, mas fundamentalmente, simultaneidade; relação dialética entre o tempo cíclico e o tempo linear; entre continuidade e descontinuidade; a ruptura e a crise), obrigando-nos a pensar os termos da reprodução da sociedade hoje (sob a égide da reprodução capitalista) em suas possibilidades e limites definidos. Neste conteúdo, sujeito e objeto vão se revelando.

b) o espaço geográfico revela-se em suas dimensões:
   - *material* – que se refere à dimensão física, espaço-tempo da vida real como prática sócio-espacial concreta. O espaço, em sua dimensão objetiva – em uma concretude material, real – pode ser interpretado como momento constitutivo da práxis. No plano material, depreende-se a morfologia como forma/estrutura/função, como produto direto das relações de produção, mas também de propriedade. Por sua vez, a morfologia compõe, com a paisagem e o lugar, uma tríade. Neste plano, o espaço é localização e suporte das relações sociais (de produção e de propriedade), condição e meio da realização concreta da produção/distribuição/troca e consumo – fluxos e fixos – materialidade e movimento. Em sua objetividade, aponta uma realidade objetiva envolvida pela norma que organiza e orienta a vida, além de ser diretamente o vivido, o corpo, os sentidos, a palavra;
   - *concreta* – objetividade não absoluta, ele revela-se na dialética com a subjetividade – a sociedade produzindo e reproduzindo-se e tomando consciência de sua própria produção. Aqui nos defrontamos com o plano

da realidade que é, sobretudo, o movimento da reprodução das relações sociais em suas contradições, acompanhada pela reprodução da cotidianeidade que incorpora os valores de uma sociedade, uma cultura de massa, um tipo redefinido de lazer (programado como momentos da reprodução das relações sociais sob a orientação da expansão inexorável do mundo da mercadoria como momento de incorporação do espaço). É aqui que se coloca o debate sobre o sujeito que produz e o sentido dessa produção (estratégias e projetos), evolvendo a imaginação e o sonho, um projeto de mudança, como momento necessário para a superação da racionalidade funcional (a função de espaço instrumental) que é acompanhada da falsa consciência desse processo. Significa também considerar que a noção de **produção do espaço** está contida numa totalidade possível em direção à produção do espaço mundial e à constituição da sociedade urbana, como momento de constituição do projeto de uma outra sociedade, portanto, realidade e possibilidade;

- *abstrata* – aqui nos encontramos com o plano conceitual, no qual o conhecimento e a análise descobrem categorias novas: apropriação, uso, valor de uso-valor de troca, cotidiano, o sensível e o corpo. Revelam-se também os movimentos/momentos de passagem: 1) da produção à reprodução; 2) das contradições no espaço às contradições do espaço; 3) do consumo no espaço para o consumo do espaço; 4) da prioridade da venda dos terrenos urbanos na cidade para a venda da cidade.

Da produção do espaço à reprodução da cidade

Trata-se, agora, de construir o movimento que sinaliza a passagem[4] da "produção do espaço" à "produção da cidade". O caminho não segue a busca de um modelo orientador do pensamento, antes um desafio: pensar o mundo e nossa condição no mundo através do entendimento do espaço, e como a Geografia produz um conhecimento sobre a cidade e o urbano, revelador dos conteúdos do mundo moderno.

À Geografia está posto o desafio de pensar a cidade em sua perspectiva espacial, isto é, a necessidade da produção de um conhecimento que dê conta da construção de uma teoria da prática sócio-espacial urbana para desvendar a realidade urbana em sua totalidade e as possibilidades que se desenham no horizonte para a vida cotidiana na cidade. Significa pensar o processo de reprodução do espaço urbano em suas várias dimensões. É nessa perspectiva que se coloca como fundamental pensar o sentido do conceito de *reprodução social do espaço urbano*, capaz de iluminar a armadilha da redução do sentido da cidade àquele de condição da reprodução do poder ou do capital, esvaziado de seu sentido humano e das contradições que despontam como lutas pelo espaço. É assim que a problemática urbana se refere ao homem e à sociedade, colocando a *apropriação do espaço* em primeiro plano (Carlos, 2001, p. 61).

Nessa perspectiva, o homem se coloca no centro da discussão do espaço na condição de sujeito. A sociedade produz o espaço e, ao fazê-lo, revela uma profunda contradição, como já assinalada acima, entre um processo de produção, que é socializado, e a apropriação do espaço, que é privada. Portanto, o espaço se produz, produzindo os conflitos latentes de uma sociedade fundada na desigualdade (uma sociedade hierarquizada em classes). O processo de produção do espaço fundamentado nas relações de trabalho entre sociedade e natureza implica o entendimento de várias relações: sociais, políticas, ideológicas, jurídicas, culturais – compondo os níveis da realidade – e envolve um modo de produzir, pensar e sentir, enfim, um modo de vida.

O espaço produzido pela sociedade implica desconsiderá-lo como existência real independente da sociedade. Já a reprodução do espaço recria, constantemente, as condições gerais a partir das quais se realiza o processo de reprodução do capital, do poder e de vida humana. A reprodução do espaço enquanto produto social é produto histórico e, ao mesmo tempo, realidade presente e imediata. Esta se realiza no cotidiano social e aparece como forma de ocupação e/ou utilização de determinado lugar, num momento específico – revelando a dimensão do lugar como espaço-tempo da prática sócio-espacial.

O ponto de partida para pensar o tema é a análise da metrópole paulistana, o que exige, hoje, no plano teórico, a consideração de elementos importantes. Se o processo de mundialização ilumina a constituição da sociedade urbana e nos coloca diante de novos parâmetros teóricos para o entendimento da análise da metrópole, é preciso detectar o conjunto das novas contradições (Carlos, 1999) que decorrem de novo estágio da reprodução – momento em que a hegemonia do capital industrial é superada por aquela do capital financeiro, redefinindo os conteúdos da urbanização. Em primeiro lugar, devemos considerar o fato de que o processo de mundialização, que se reafirma no momento atual, longe de apagar a escala do lugar coloca-nos diante do fato de que o processo mundial ganha concretude no lugar onde a tendência de constituição de um espaço homogêneo – do poder – entra em contradição com o espaço fragmentado dos empreendedores imobiliários que hoje têm suas estratégias redefinidas pelas novas atividades produtivas. Por sua vez, em função do aumento das possibilidades de comunicação entre espaços e pessoas – produzindo novas relações – estabelece-se o conflito gerando a diluição das antigas relações de sociabilidade na metrópole e as possibilidades da instauração de novas.

A extensão do capitalismo realizou a generalização do espaço como propriedade privada, criando a contradição entre o espaço produzido enquanto valor de uso e o espaço produzido enquanto valor de troca, com a separação radical entre espaço público e privado e aprofundamento da segregação, bem como a relação entre o Estado que domina o espaço, produzindo-o enquanto homogêneo, e o modo de apropriação que se quer diferencial.

Essas contradições nos levam a questionar as estratégias espaciais impostas pelo poder público com suas prioridades. No atual momento histórico, o processo de reprodução espacial, no qual a antiga possibilidade de ocupar áreas como lugares de expansão da mancha urbana (com o parcelamento de antigas chácaras ou fazendas, como o caso de muitos bairros na metrópole), depara-se com a escassez, revela que a existência da propriedade privada do solo urbano – condição da reprodução da cidade sob a égide do capitalismo – passa a ser um limite à expansão econômica capitalista. Aqui estamos diante da passagem da condição do espaço *abundante* ao desenvolvimento das atividades econômicas, para sua atual condição de *raridade*. Isto é, diante das necessidades impostas pela reprodução do capital, o espaço produzido socialmente – e tornado mercadoria, no processo histórico – é apropriado privativamente, criando limites à sua própria reprodução (em função da produção de sua própria escassez). Nesse momento, o espaço, produto da reprodução da sociedade, entra em contradição com as necessidades do desenvolvimento do próprio capital: a "raridade" como resultante do processo de produção do espaço sob o capitalismo gera uma contradição que é inerente a esse desenvolvimento.

Portanto, é indiscutível que a realidade atual revela profundas metamorfoses apontando a necessidade de desvendamento do conteúdo e do sentido dessas transformações provenientes da realização do capitalismo no plano mundial. Momento da reprodução da sociedade, saída da história da industrialização que, com o desenvolvimento das comunicações e do mundo da mercadoria como generalização do valor de troca, permitiu a expansão da informação, como necessária à expansão da acumulação e, com isso, redefiniu as relações entre os lugares, bem como a divisão do trabalho no seio da sociedade.

Harvey (2005, p. 142) afirma, por exemplo, que a Geografia, por um tempo, foi uma

> [...] enteada muito desprezada por toda a teoria social dando prioridade às questões temporais e à história e não ao espaço e a Geografia e quando tratavam do espaço e da Geografia, tendiam a considerá-lo de modo não problemático, enquanto contexto ou sítio estável da ação histórica [...] a maneira pela qual, primeiramente, as relações espaciais e as configurações geográficas produzem passa, na maioria dos casos, despercebida ou ignorada.

Diante dessa constatação "*nossa tarefa* é elaborar uma teoria geral das relações espaciais e do desenvolvimento geográfico sob o capitalismo que possa, entre outros casos, explicar" a importância e a evolução das questões do Estado – o desenvolvimento geográfico desigual, as desigualdades inter-regionais –, do imperialismo, do progresso, das formas de urbanização etc.

> "Só assim poderíamos entender como as configurações territoriais e as alianças de classe são formadas e reformadas, como os territórios ganham e perdem poder econômico, político e militar, como o poder do Estado pode ser uma barreira para a acumulação livre do capital" (p. 144-145).

Em sua análise, todavia, Harvey considera que a reprodução exigiria a extensão dos limites espaciais, o que contribuiria para construir uma nova teoria para o imperialismo, criando a teoria do "ajuste espacial" para suprir as necessidades da acumulação. Penso que, antes de analisar a crise da acumulação, tal qual faz o autor, se torna importante considerar a natureza dos produtos produzidos pelo capital, que se colocam como condição de sua reprodução – refiro-me, aqui, por exemplo, à produção da natureza como mercadoria que, na cidade, pode ser exemplificada pelas estratégias de venda dos condomínios fechados.

No caso da metrópole de São Paulo, a passagem da hegemonia do capital industrial ao capital financeiro, como movimento geral da reprodução da totalidade do capital nas últimas décadas, realizou-se produzindo *lugares* na metrópole, bem como expandindo-se também para outros espaços. Tal fato coloca limites à análise realizada por Harvey, pois o processo de reprodução do espaço como momento da reprodução da sociedade mundial sob a égide do capital requer explicação em várias escalas espaciais – o que significaria redefinir os conteúdos da urbanização além daqueles do imperialismo.

No caso da pesquisa urbana, esse processo se realiza reproduzindo continuamente a cidade, que assume, neste momento histórico, a forma da metrópole, o que requer a noção de cidade como *universal*, ganhando uma nova amplitude e revelando-se em sua historicidade. Assim, do mesmo modo que, em cada momento da história, se produz um espaço, este revela, por sua vez, uma cidade e suas possibilidades.

A análise do processo de produção do espaço urbano requer, portanto, a justaposição de vários níveis da realidade como momentos diferenciados da reprodução geral da sociedade, isto é, o da dominação política, o da acumulação do capital e o da realização da vida humana. Desse modo, se o espaço corresponde a uma realidade global, revelando-se no plano do abstrato, e diz respeito ao plano do conhecimento, sua produção é social e esta expressa a prática sócio-espacial. A materialização do processo é dada pela concretização das relações sociais produtoras dos lugares, ou seja, a dimensão da produção/reprodução do espaço, passível de ser vista, percebida, sentida, vivida. Nesse sentido, o espaço contempla uma dupla dimensão, de um lado, a materialidade objetiva, e, de outro, um conteúdo social dado pelas relações sociais que se realizam num espaço-tempo determinado, aquele da sua reprodução da sociedade. Desloca-se o enfoque da localização das atividades no espaço, para a análise do conteúdo da prática sócio-espacial como movimento de produção/apropriação/reprodução da sociedade em suas contradições e virtualidades – que escapa à realidade presentificada.

É assim que à transformação do espaço se alia a necessidade da compreensão desse movimento/momento da realidade pela Geografia, posto que o dinamismo no qual está assentado o processo de conhecimento implica profundas mudanças no pensamento geográfico. Assim, a transformação do espaço exige a transformação da Geografia como processo de superação, uma vez que o *novo* emerge do constituído e a Geografia é um saber em constituição, realizando-se através de uma postura que deve ser crítica. Portanto, pode-se afirmar que existe, ao longo da constituição do conhecimento geográfico, um movimento permanente de superação e de busca de novos caminhos teórico-metodológicos, com a necessidade de se criarem novas categorias de análise, o que pressupõe que a elaboração de noções e conceitos apareça articulada à prática social como uma totalidade que se define dinamicamente e nos permite pensar os rumos da sociedade. O que não se faz sem crise.

Se a sociedade constrói um mundo objetivo, na prática sócio-espacial esse mundo se revela em suas contradições, num movimento que tem sua base no processo de reprodução das relações sociais (que se realiza enquanto relação espaço-temporal).

A análise geográfica do mundo é, portanto, aquela que caminha no desvendamento dos processos constitutivos do espaço social, revelando plenamente os sujeitos e suas ações e enfocando a reprodução do espaço como momento de superação da crise de acumulação.

A análise envolve, de modo articulado, três níveis escalares: no plano do espaço mundial, aponta a virtualidade do seu processo de reprodução contínuo; no plano do lugar, expõe a realização da vida humana nos atos do cotidiano, enquanto modo de apropriação que se realiza pelo uso, através do corpo, superando a objetividade contida no processo; no plano da metrópole, ilumina a perspectiva do entendimento da cidade como obra humana, produzida ao longo da história, revelando-se, hoje, como mediação necessária entre os outros dois níveis. A articulação/justaposição desses três níveis ganha conteúdo através da noção de reprodução da sociedade.

Desafios

O trabalho de pesquisa coloca-nos sempre renovados desafios. O primeiro refere-se ao fato de que a Geografia descobre outras dimensões da análise da realidade, *problematizando* a noção de "espaço palco das atividades dos homens", bem como supera noções generalizantes, como aquela de "população". Com isso, abre-se para pensar o movimento contraditório do mundo, bem como o papel ativo dos movimentos sociais, em sua negatividade. A compreensão dos conteúdos da "produção do espaço urbano" pode aparecer como condição necessária para iluminar os conflitos que residem no seio da sociedade. O segundo desafio diz respeito ao pensamento produzido pelas ciências sociais (e também pela Filosofia) que se revela como *a-espacial*, colocando para a Geografia a necessidade de elucidar o papel do espaço e da espacialidade da sociedade como elemento indispensável à compreensão do mundo moderno. O terceiro refere-se ao processo de humanização – o homem, ser genérico, transforma-se quando modifica a natureza e dela se apropria, transformando-a em natureza social, quando altera seus sentidos (naturais), tornando-os necessidades humanas complexas. Aqui, o "humano genérico" ganha o sentido específico de "sociedade", uma sociedade historicamente determinada que luta contra fatores de empobrecimento da vida; contra os desejos que emergem de uma vida alienada, percebida como estranhamento. A produção/reprodução do espaço permite desvendar essa "situação", na medida em que for capaz de buscar o fundamento da produção do "espaço urbano" como produção alienada, percebida como estranhamento, analisada como caótica. Assim,

> "dos prazeres há de nascer a audácia, e o riso que ignora as ordens, as leis ou a moderação [...] a aparente liberação dos prazeres na realidade exprime sua proletarização real [...]. Da baixa tendencial dos prazeres emerge o desejo de uma vida verdadeira" (Vaneigem, 1995, p. 170).

Este capítulo foi debatido, em sua versão preliminar, no *workshop* do Grupo de Estudos Urbanos (GEU) realizado em julho de 2008, na Universidade de São Paulo.

Notas

1 Esse é o movimento delineado por Marx nos *Grundrisse*, em que a noção de "produção" é analisada em sua universalidade.

2 O *conceito de apropriação* é um dos mais importantes que nos chegou de séculos de reflexão filosófica. "A ação dos grupos humanos tem sobre o meio material duas modalidades, dois atributos: a dominação e a apropriação. A dominação sobre a natureza material, resultado de operações técnicas, arrasa esta natureza permitindo às sociedades substituí-las por seus produtos. A apropriação não arrasa, mas transforma a natureza – o corpo e a vida biológica, o tempo e o espaço dados – em bens humanos. A apropriação é a meta, o sentido e finalidade da vida social" (Lefebvre, 1978, p. 164, tradução nossa).

3 O objeto para Marx é a manifestação da potência do ser – nessa condição guarda um sentido de subjetividade na medida em que o sujeito em atividade se objetiva – o sentido do homem requer um objeto.

4 Advertência: quando uso a expressão "passagem" indico movimento de passagem do processo que não elimina o anterior, mas surge dele – ganha realidade através dele como forma outra de realização.

Bibliografia

Bensaïd, Daniel. *Cambiar el mundo*. Madrid: Catarata-Viento Sur, 2004.

Carlos, Ana Fani Alessandri. *A (re)produção do espaço urbano*. São Paulo: Edusp, 1996.

________. São Paulo: a anti-cidade? In: Souza, Maria Adélia Aparecida de; Lins, Sônia Correia; Santos, Maria do Pilar Costa; Santos, Murilo da Costa (orgs.). *Metrópole e globalização*: conhecendo a cidade de São Paulo. São Paulo: Cedesp, 1999, p. 80-89.

________. *Espaço-tempo na metrópole*: a fragmentação da vida cotidiana. São Paulo: Contexto, 2001.

________. São Paulo: del capital industrial al capital financeiro. In: De Mattos, Carlos; Figueroa, Oscar; Giménez i Capdevila, Rafael; Orellana, Arturo; Yánez Warner, Gloria (eds.). *Gobernanza, competitividad y redes*: la gestión en las ciudades del siglo XXI. Santiago: Pontificia Univerdidad Católica de Chile/Eure-Libros, 2005, p. 93-126.

________. *O lugar no/do mundo*. São Paulo: Labur Edições, 2007a. Disponível em: <http://www.fflch.usp.br/dg/gesp>. Acesso em: 15 out. 2010.

________. *O espaço urbano*: novos escritos sobre a cidade. São Paulo: Labur Edições, 2007b. Disponível em: <http://www.fflch.usp.br/dg/gesp>. Acesso em: 15 out. 2010.

Chauí, Marilena. *Convite à filosofia*. São Paulo: Ática, 2006.

Damiani, Amélia Luisa; Carlos, Ana Fani Alessandri; Seabra, Odette Carvalho de Lima (orgs.). *O espaço no fim de século*: a nova raridade. São Paulo: Contexto, 1999.

DOLLFUS, Olivier. *O espaço geográfico*. São Paulo: Difel, 1972.

GEORGE, Pierre. *Sociologia e geografia*. Rio de janeiro: Forense, 1966.

________. *Os métodos em geografia*. São Paulo: Difel, 1972.

________. *A ação do homem*. São Paulo: Difel, 1980.

________. Préface. In: LA BLACHE, Paul Vidal de. *Tableau de la géographie de la France*. Paris: La table Ronde, 1994, p. 7-14.

HARVEY, David. *Los límites del capitalismo y la teoria marxista*. México: Fondo de Cultura Econômica, 1990.

________. *Espaços de esperança*. São Paulo: Loyola, 2004a.

________. *El nuevo imperialismo*. Madrid: AKAL, 2004b.

________. *A produção capitalista do espaço*. São Paulo: Annablume, 2005.

HELLER, Agnes. *A filosofia radical*. São Paulo: Brasiliense, 1983.

HIERNAUX, Daniel; LINDÓN, Alicia (dir.). *Tratado de geografía humana*. Barcelona/México: Anthropos Editorial/ Universidad Autónoma Metropolitana, 2006.

HOLLOWAY, John. *Mudar o mundo sem tomar o poder*. São Paulo: Viramundo, 2003.

LA BLACHE, Paul Vidal de. *Tableau de la géographie de la France*. Paris: La table Ronde, 1994.

LEFEBVRE, Henri. *Le droit à la ville*. Paris: Anthopos, 1968.

________. *La révolution urbaine*. Paris: Gallimard, 1970.

________. *La survie du capitalisme*: la re-production des rapports de production. Paris: Anthropos, 1973.

________. *De lo rural a lo urbano*. 4. ed. Barcelona: Península, 1978.

________. *La production de l'espace*. 2. ed. Paris: Anthropos, 1981.

________. *Le retour de la dialectique*: douze mots clefs pour le monde. Paris: Médissor/Éd. sociales, 1986.

________. *De l'État*: les contradictions de l'État moderne. Paris: Union Générale d'Éditions, 1978, v. 4.

LOWY, Michel; FREI BETO. Valores de uma nova civilização. In: LOUREIRO, Isabel; LEITE, José Correia; CEVASCO, Maria Elisa (orgs.). *O espírito de Porto Alegre*. São Paulo: Paz e Terra, 2002, p. 201-210.

MARX, Karl. *Grundrisse*: chapitre du capital. Paris: Anthropos, 1968, v. 2.

________. *El capital*. México: Siglo Veinteuno, 1984, tomo 2, v. 4.

MARX, Karl; ENGELS, Friedrich. *A ideologia alemã*. 10. ed. São Paulo: Hucitec, 1996.

NOVAES, Adauto (org.). *O silêncio dos intelectuais*. São Paulo: Cia das Letras, 2006.

PACQUOT, Thierry. *"Homo Urbanus"*. Paris: Essai/Éditions du Félin, 1990.

ROUGERIE, Gabriel. *Geografia das paisagens*. São Paulo: Difel, 1971.

VANEIGEM, Raoul. *As heresias*. Lisboa: Antígona, 1995.

A UTILIZAÇÃO DOS AGENTES SOCIAIS NOS ESTUDOS DE GEOGRAFIA URBANA: AVANÇO OU RECUO?

Pedro de Almeida Vasconcelos
Universidade Federal da Bahia
Universidade Católica de Salvador

Neste capítulo, procuro questionar se as grandes categorias utilizadas na geografia urbana, como capitalismo, o capital, ou mesmo suas subdivisões em capital imobiliário, capital financeiro etc. são suficientes para compreender a complexidade da atuação dos inúmeros agentes na transformação das cidades, particularmente nas cidades dos países periféricos. Nesses países, os agentes não capitalistas como os proprietários fundiários e, sobretudo, os invasores e ocupantes de terrenos, têm uma participação fundamental na conformação das cidades.

Uma primeira discussão deve ser efetuada na tentativa de diferenciar "agente" de "ator". Em três textos, foi encontrada essa discussão. O sociólogo Yves Grafmeyer procurou diferenciar "ator" e "agente" no seu livro *Sociologia Urbana*. Para ele, a noção de ator seria utilizada "para os casos em que a pessoa está envolvida em relações de papéis com um ou vários protagonistas. Utilizamos o termo agente para os outros casos" (1995, p. 117-118). Ele dá como exemplo o promotor imobiliário, que seria um agente quando manda construir um imóvel, mas quando negocia com os representantes da municipalidade, ele passaria a ser considerado como um ator. Grafmeyer (1995, p. 118) também considerava que os agentes podem ser tanto uma pessoa física como uma entidade coletiva.

Na Geografia, no dicionário *Les Mots de la Géographie*, editado por Brunet, Ferras e Théry (1993), "ator" aparece como "celui qui agit" e os principais atores do espaço geográfico seriam: o indivíduo, o grupo, as empresas, a coletividade local e o Estado. No conjunto, eles formariam um sistema de atores (p. 17). Quanto ao "agente", seria (1) "Qui agit et, ainsi, cause: la pluie, le vent, les cours d'eau sont des agents d'érosion";[1] (2) "Qui transmet une action",[2] neste caso são atores fracos, intermediários e subalternos, como os agentes da polícia, de negócios etc. (p. 21). Além da sua utilização na Geografia Física, fica subentendida uma preferência pelo uso dos atores. O geógrafo Jacques Lévy foi responsável pelo verbete "agente" no dicionário que editou junto com Lussault em 2003[3]. Ele considera que o agente é um indivíduo ou um coletivo capaz de ações voluntárias ou de iniciativas próprias. Porém, Lévy também limita a noção: "il est le réalisateur concret de l'action mais non son décideur, moins encore son concepteur"[4]. Ele dá como exemplo de agente o motorista de ônibus e de ator o indivíduo que escolhe o local de sua residência. Lévy levanta os seguintes autores que preferem utilizar os agentes, negando o ator individual: Marx, Bourdieu, Durkheim e Lévi-Strauss (p. 47) enquanto outros autores dariam mais destaque à autonomia dos indivíduos, como Weber, Simmel, Elias, Giddens, Berger e Luckman (p. 48).[5]

Apesar dos limites apontados sobre a noção de agente, prefiro sua utilização à da noção de ator, tendo em vista que esta última remete a papéis de representação, tanto na vida corrente como nas artes (teatro, cinema).

Breve exame da literatura

Um exame não exaustivo da literatura é interessante para o entendimento da utilização dessas noções, tanto na Sociologia como na História, de maneira mais sucinta e de forma um pouco mais aprofundada na Geografia. Algumas citações serão mantidas na língua original do texto, visando, em casos específicos, à maior precisão.

Sociologia

Os estudos sobre os agentes sociais na cidade são originários da Sociologia. Max Weber, no clássico *Economia e Sociedade*, publicado após sua morte, em 1921, considera a sociologia como "uma ciência que pretende compreender interpretativamente a ação social...". Para ele, ação "social" significa "uma ação que, quanto a seu sentido visado pelo agente ou os agentes, se referente ao comportamento de outros, orientando por este em seu curso" (2000, p. 3). Como exemplo do uso da noção de agentes, ele afirma:

> Para outros fins de conhecimento (por exemplo, jurídicos) ou para finalidades práticas, por outro lado, pode ser conveniente e mesmo inevitável tratar de determinadas formações sociais ("Estado", "cooperativa", "sociedade por ações", "fundação") como se fossem indivíduos (por exemplo, como detentores de direitos e deveres ou como agentes em ações juridicamente relevantes) (Weber, 2000, p. 9).

Diante da dimensão da literatura sociológica, é preferível se limitar aos textos sobre cidades ou sobre a sociedade urbana.

Um dos primeiros autores a tratar da questão teria sido William Form, que escreveu seu artigo em 1954 sobre os grupos e organizações que agem no mercado urbano. Os grupos e organizações identificados seriam os seguintes: (1) o imobiliário (os negócios imobiliários e da construção); (2) as grandes empresas (as grandes indústrias, os negócios e infraestruturas); (3) os residentes (os proprietários industriais e outros pequenos consumidores); e (4) o governo (governo local). Form, porém, não utilizou a noção de agentes ou atores.

O sociólogo e filósofo Henri Lefebvre trouxe uma enorme contribuição aos estudos urbanos, sobretudo na utilização da noção de produção do espaço. Ele comentou que o capitalismo se compõe de muitos elementos: o capital fundiário, o capital comercial, o capital financeiro (1986, p. 17). Ele também distinguiu que os que "font l'espace" (os camponeses e os artesãos) não são "ceux qui le gèrent" (os padres, guerreiros, escribas, príncipes) (p. 60). Por outro lado, no seu famoso livro de 1968, *Le droit à la ville*, ele faz uma rápida menção ao papel dos agentes nas cidades: "Si l'on considère la ville comme oeuvre de certains 'agents' historiques et sociaux [...]"(1972, p. 56). Lefebvre, portanto, preferiu a utilização de diferentes tipos de capital ao uso da noção de atores ou agentes.

Um sociólogo pioneiro no exame do papel do ator social foi Alain Touraine. No seu livro *Production de la société*, de 1973, ele inicia afirmando que a sociedade se reconhece como uma rede de ações e relações (p. 7). Ele afirma que "la société n'est pas seulement reproduction et adaptation; elle est aussi création, production d'elle même"[6] (p. 10) e a Sociologia e a análise das relações sociais seriam sinônimos (p. 15). Ele destaca o sujeito histórico como o conjunto das orientações culturais e dos conflitos sociais, pelo qual uma sociedade se constitui como agente da historicidade (p. 39). Passa a discutir os atores: a sociedade "n'est pas un acteur; [...] Valeurs et normes appartiennent aux acteurs qui agissent dans le champ d'historicité, aux classes sociales"[7] (p. 75). Ele também comenta a classe dirigente e dominante de um lado e a classe dominada e contestadora do outro (p. 147). Para ele, as relações de classe constituem um "champ des acteurs historiques"[8] (p. 163). Uma classe dominada seria um ator da sociedade presente, mas seria falso representar as classes como atores sociais concretos (p. 166-167).

A seguir, Touraine define um movimento social como uma ação coletiva orientada em direção ao controle ou à transformação do sistema de ação histórica (p. 169). Para ele, o Estado seria um agente social complexo, cuja ação se estende sobre o campo da historicidade, sobre as instituições e sobre a organização social (p. 255). Ele não poderia ser reduzido ao papel de agente de uma força social e política (p. 259). Propõe também a noção de "agence", que seria, ao mesmo tempo, uma organização, um sistema institucional e um ator nas relações de classe (p. 249). Uma "agence" seria diretamente um ator de classe (p. 308). Retoma a questão dos movimentos sociais como a ação conflituosa de agentes das classes sociais, lutando pelo controle do sistema de ação histórica (p. 347). Comenta ainda que o princípio da identidade fosse à definição do ator por ele próprio (p. 361). Ele concluiu que "le plus grand mouvement social des sociétés industrielles, le mouvement ouvrier [...]" (p. 518).

Para ele, finalmente, o campo sociológico será sempre dividido em duas partes: (1) o estudo dos conjuntos sociais (organizações, coletividades..., nações, cidades e vilas, escolas etc.) e o estudo dos atores sociais (indivíduos, grupos, movimentos sociais, grupos de pressão).

Touraine, que já tratava da "sociedade pós-industrial" nesse livro, comenta os movimentos sociais e, sobretudo, é um dos pioneiros na definição dos atores sociais.

O sociólogo Manuel Castells, no seu estudo sobre Dunkerque, intitulado de *Monopolville*, realizado em conjunto com Godard (1974), procurou aplicar o modelo teórico apresentado no seu famoso estudo *La question urbaine* de 1972. De fato, no estudo dessa cidade, os autores fizeram a diferença entre os interesses do grande capital industrial, das pequenas e médias empresas e dos trabalhadores industriais. Por outro lado, eles ainda diferenciaram o capital portuário, o serviço público e as atividades "terciárias". Quando trataram da luta de classes, fizeram a diferença entre as lutas operárias, as da pequena burguesia e as dos agricultores. Quanto ao setor governamental, eles separaram o aparelho do Estado dos aparelhos políticos locais. Finalmente, quando discutiram os movimentos sociais, restringiram os mesmos às lutas sobre habitação, os equipamentos e os transportes. Não se trata, portanto, de "agentes" nem de "atores", mas na visão marxista-estruturalista há um maior desdobramento entre os diferentes segmentos do capital e de classes, embora a análise realizada extrapole as questões especificamente urbanas.

Desse período, destaca-se Christian Topalov pela opção pelo uso da noção de "agente" no seu clássico *Les promoteurs immobiliers* de 1974. O autor se propõe a contribuir à análise da produção capitalista da habitação na França, conforme o subtítulo do referido livro.

No prefácio, escrito pelo autor dois anos depois da realização do estudo[9], após considerar a crítica de outros pesquisadores, ele buscou "une expression théorique plus adéquate" através da reformulação de três noções: a noção de "ator", a de "sistema" e a de "dimensões e variáveis". Quanto à primeira, a noção de ator, foi "systématiquement remplacée par le terme d'agent dans la présente rédaction"[10].Topalov (1974) define então o "agente", utilizando a linguagem marxista, como "le support d'une articulation de rapports sociaux, et qu'on étudie ses pratiques comme des effets du fonctionnement et des transformations de ces rapports"[11]. O método de explicação utilizado consiste em "mettre directement en relation des places constituées par des rapports sociaux déterminés [...] avec des conditions externes objectives afin de rendre compte des pratiques réelles des agentes qui occupent ces places" (p. 6).

O promotor imobiliário é definido pelo autor como "un agent social qui assure la gestion d'un capital immobilier de circulation dans sa phase de transformation en marchandise logement"[12] (p. 15). O promotor é o gerente ou administrador da sociedade de construção e executor ou vendedor da mesma. Ele aparece como mestre de obra, ou seja, como prestador de serviços, sendo juridicamente distinto dos financiadores da operação (p. 58). As funções dos promotores seriam as de promoção, de estudo técnico, de construção e de comercialização. Uma das principais contribuições do autor é a construção de uma tipologia dos promotores privados profissionais, formada por: (1) os agentes-promotores (coordenadores e prestadores de serviços e com o domínio da função de comercialização); (2) os empresários-promotores (filiais de uma empresa de construção e com domínio da função de construção); (3) os *"builders"* (organizações integradas que exercem a totalidade das funções e com função de construção dominante); (4) os técnicos-promotores (organizações de promoção com a função de estudo técnico dominante); (5) os financeiros-promotores (filiais de grupos bancários dotados de capitais próprios importantes); (6) as filiais bancárias coordenadoras (prestadores de serviços com função de financiamento dominante); e (7) os "*outsiders*" coordenadores (prestadores de serviços com ausência de função dominante e que utilizam capitais de origens diversas) (p. 139-140).

O promotor é também caracterizado por Topalov (1974) como agente, presente simultaneamente sobre vários mercados: o da habitação, o de terrenos e o de capitais (p. 143). O autor acrescenta ainda que o "mercado fundiário" aparece como o lugar de um processo que compreende três grupos de agentes: (1) os proprietários fundiários (que detêm o solo); (2) o poder público (cuja atividade de planejamento e regulamentação define os usos possíveis do solo); e (3) os promotores (administradores do capital imobiliário de circulação que agem para transformar o solo em mercadoria) (p. 200).

Nas conclusões, o autor destaca a compatibilidade entre o marxismo e a utilização da noção de "agentes":

> Le matérialisme historique fournit les concepts nécessaires à cette rupture: les agents sociaux sont, en effet, analysés comme les supports de rapports sociaux parmi lesquels les rapports de production sont dominants, rapports dont les lois de développement et l'articulation apparaissent "concrètement" sous la forme de la pratique d' "acteurs"[13] (Topalov, 1974, p. 273-274).

O autor continua precisando os conceitos utilizados: cada processo de reprodução do capital requereria a realização de um certo número de funções. Cada função seria uma relação social, e essas relações sociais teriam por suporte os agentes concretos, isto é, eles "sont définis par leur place dans les rapports de production, circulation et distribution"[14] (p. 274). O autor conclui que a análise do movimento do "sistema de lugares" que permitiria "étudier la transformation des agents et certaines caractéristiques essentielles des produits, y compris du point de vue de leur valeur d'usage"[15] (p. 309).

O longo exame da contribuição de Topalov foi considerado necessário na medida em que a mesma aparece como uma das mais importantes defesas do uso dos "agentes sociais" na análise urbana, e ainda mais sendo originário de um autor que, na época, era um dos representantes do marxismo estruturalista, que teve grande influência nos estudos realizados no Brasil.

O sociólogo Pierre Bourdieu é talvez o autor mais importante que utiliza a noção de "agente" na disciplina. Em vários de seus textos, encontram-se menções a essa noção. Quando comenta as relações com a história, em artigo de 1980, *La mort saisit le vif*, ele critica a Filosofia da História, que designaria instituições ou entidades coletivas (como o Estado, a burguesia, o patronato, a Igreja, a família, a justiça, a Escola), como sujeitos históricos, capazes de realizar os seus próprios fins. O autor dá como exemplo principal a noção de "aparelho" ou "dispositivo". Critica também "as grandes figuras alegóricas da dominação", que seriam "personificações míticas" (a classe operária, o proletariado, os trabalhadores, as lutas) (1989, p. 75). Critica ainda a redução dos agentes ao "papel de executantes, vítimas ou cúmplices, de uma política inscrita na Essência dos aparelhos" (p. 77). Critica também as ações, que são apresentadas como cerimônias, "por meio [das] quais os agentes – que nem por isso são actores desempenhando papéis – entram na pele da personagem social que deles se espera [...]" (p. 87).

Em outro texto de 1984 republicado no seu livro de 1989, sobre o espaço social e a gênese das "classes", Bourdieu inicia afirmando que "a construção de uma teoria do espaço social implica uma série de rupturas com a teoria marxista", incluindo a questão de privilegiar as substâncias, os grupos reais, em detrimento das relações; uma ruptura com o economicismo; e uma ruptura com o objetivismo, que levaria a ignorar as lutas simbólicas (2001, p. 133). Nesse texto, o autor afirma que os agentes "detêm um poder à proporção do seu capital", ou seja, "em proporção ao reconhecimento que recebem de um grupo" (p. 145). Quando trata da luta simbólica pelo monopólio da nomeação legítima como imposição oficial, afirma que os agentes "investem o capital simbólico que adquiriram nas lutas anteriores e sobretudo todo o poder que detêm sobre as taxinomias instituídas, como os títulos" (p. 146). Comenta, a seguir, que "os que ocupam as posições dominadas no espaço social estão também em posições dominadas no campo de produção simbólica", e esses seriam os agentes mais desprovidos dos meios de produção econômicos e culturais, criticando, também a oposição entre os proprietários dos meios de produção e os vendedores de força de trabalho, o que demonstraria "as insuficiências da teoria marxista das classes" e "sua incapacidade de explicar o conjunto das diferenças objetivamente provadas [...]", reduzindo o mundo social ao campo econômico (p. 152).

Bourdieu, que também foi criticado por um certo "economicismo"[16], além da defesa da utilização da noção de "agente", vai mais longe no ataque às teorias marxistas, o que extrapola os objetivos deste texto.

Castells optou pela utilização dos atores no seu famoso livro *The City and the Grassroots*, de 1983, uma das obras mais importantes sobre os movimentos sociais urbanos, destacando, inicialmente, que "social actors produce cities and urban meaning" (p. xx). Uma das questões colocadas é "How actors produce and reproduce cities through their conflicts, dominations, alliances, and compromises?"[17] (p. xvii). Para responder a essa questão, ele pondera que as relações de classe seriam importantes para entender os conflitos urbanos, mas existiriam outras fontes de mudanças sociais como o papel autônomo do Estado, as relações de gênero, os movimentos étnicos e nacionais e os movimentos dos cidadãos (p. xviii). De fato, ele considera a análise das classes como uma abordagem insuficiente para entender as mudanças urbanas ao longo da história (p. 4). Para ele, os novos atores históricos estariam desafiando o papel determinante da produção baseada nas relações de classe sobre as outras dimensões fundamentais da estrutura social (p. 311). Ele reconhece sua dívida teórica com Alain Touraine, mas não vê nenhuma razão para o movimento social ser baseado nas relações de classe (p. 301).

Os movimentos sociais urbanos não estariam relacionados diretamente com as relações de produção, mas às relações de consumo, comunicação e poder. Ele destaca três temas principais dos movimentos de protestos urbanos: as demandas de consumo coletivo; a defesa da identidade cultural; e a mobilização política (p. xviii). Em um quadro elaborado, o autor coloca como "atores históricos": (a) a burguesia; (2) a tecnocracia; e (3) o Estado. Como "atores urbanos" ele indica: (1) o consumo coletivo e os sindicatos; (2) a comunidade; e (3) os cidadãos. Como metas dos movimentos urbanos ele relaciona: (1) a cidade como valor de uso; (2) a identidade cultural, a autonomia e a comunicação; e (3) a autogestão com base territorial (p. 321).

Podemos concluir a contribuição de Castells nessa obra com a afirmação dele de que "[t]he actors of the urban movements are the urban movement themselves"[18] (p. 320).

No seu livro *Le retour de l'acteur* (1984), Alain Touraine confirma sua ênfase no ator e no sujeito. Ele se propõe a "remplacer une représentation de la vie sociale fondée sur les notions de société, d'évolution et de rôle, par une autre où les notions d'historicité, de mouvement social et de sujet occuperont la même place centrale"[19] (p. 13). Ele lembra que o livro poderia se chamar "Le retour du sujet", pois "le sujet est le nom de l'acteur quand celui-ci se situe au niveau de l'historicité, de la production des grandes orientations normatives de la vie sociale"[20] (p. 15). Touraine coloca que a noção de sociedade deve ser eliminada da análise da vida social, substituída por outra em que o centro passa para a ideia de "ação social" (p. 31). Ele se propõe combinar as ideias de Marx (de dominação) e as de Weber (de orientação pelos valores), através da definição do "movimento social": os atores seriam opostos pelas relações de dominação e conflito, mas teriam as mesmas orientações culturais e lutariam pela gestão social dessa cultura (p. 33). Comenta também que os atores podem se tornar atores no sentido estrito do termo, quando atuam em papéis sociais (p. 63). Touraine critica o uso de classes sociais, pois "ce terme risque de créer plus de confusion que de clarté", fazendo uma distinção que nas sociedades industriais o conflito não oporia os capitalistas e os proletários, mas sim os industriais e os trabalhadores (p. 100). Ele faz ainda uma diferença entre "classe" que seria definida como uma situação e "movimento social" que seria uma ação (p. 151). O autor conclui no posfácio que "seul le rapport au sujet permet aujourd'hui de passer d'une culture transformée à la formation d'acteurs capables de l'animer de leurs croyances et de leurs conflits"[21] (p. 340).

Embora Touraine utilize a noção de "agente", como no caso do Estado que seria "agent de guerre, de paix, de transformation historique" (p. 55), esse sociólogo se destaca como um dos maiores defensores da noção de "ator", e em sua defesa questiona noções estabelecidas nas ciências sociais como as de "sociedade", "classes sociais", entre outras.

Um dos maiores interesses da teoria da estruturação de Anthony Giddens, publicada em 1984, é a de propor a incorporação do espaço-tempo na teoria social (1989, p. xvii). Ele propôs a descentralização do sujeito (p. xviii). Para a teoria da estruturação o "domínio básico do estudo das ciências sociais [...] [são] as práticas sociais ordenadas no espaço e no tempo" (p. 2). Para Giddens, agência é a capacidade das pessoas para realizar as coisas e "diz respeito a eventos dos quais o indivíduo é o perpetrador", ao tempo que cita a definição de "agente" do *Oxford English Dictionary* "como alguém que exerce poder ou produz um efeito" (p. 7). Giddens entende agente ou ator como sinônimos, ou seja, "o sujeito humano total, localizado no tempo-espaço corpóreo do organismo vivo" (p. 41). Em outra parte, ele faz a diferença entre atores (agentes) e atores (artistas) (p. 101). No capítulo final, Giddens retoma os conceitos básicos e afirma que "todos os seres humanos são agentes cognoscitivos" (p. 229). O autor entende por controle "a capacidade que alguns atores, grupos ou tipos de atores têm de influenciar as circunstâncias da ação de outras" (p. 231).

No glossário de terminologia da teoria da estruturação, em anexo ao livro, vários termos selecionados são vinculados aos atores, como por exemplo, o de consciência prática: "o que os atores sabem (creem) acerca das condições sociais, incluindo especialmente as de sua própria ação [...]" (p. 302). Giddens, portanto, equivale agente a ator e propõe também o conceito de agência, além de dar destaque às noções de espaço e tempo.

Em entrevista de março de 1985 publicada no livro *Coisas ditas*, de 1987, Pierre Bourdieu lembrou que, através do *habitus*, do senso prático e da estratégia "são reintroduzidos o agente, a ação e a prática [...]" (2004, p. 80). Ele afirmou também que a noção de estratégia "é o instrumento de uma ruptura com o ponto de vista objetivista e com a ação sem agente que o estruturalismo propõe" (p. 81).

Em outra entrevista, datada de abril do mesmo ano, ele comentou o interesse de reintroduzir os agentes "que Lévi-Strauss e os estruturalistas, especialmente Althusser, tendiam a abolir", e destacou "falo de agentes e não em sujeitos", pois, para ele, os agentes sociais não são autônomos regulados como relógios (p. 21). Ele continuou lembrando a capacidade "criadora, ativa e inventiva" de um agente ativo, diferente do sujeito transcendental da tradição idealista (p. 25). Através da construção da noção de *habitus*, significaria construir o agente social "na sua verdade de operador prático de construção de objetos" (p. 26).

Bourdieu, portanto, ao criticar os estruturalistas, coloca-se certamente como o maior defensor da utilização da noção de agentes nas ciências sociais.

Eder Sader no seu livro *Quando novos personagens entraram em cena* (1988), resultado da sua tese de doutoramento em sociologia, teve como objeto as novas características dos movimentos sociais na década de 1970 (p. 18). Ele comentou os movimentos sociais como novos padrões de ação coletiva e como a emergência de novos sujeitos políticos. Os novos movimentos revalorizariam o cotidiano das classes populares (p. 17). Sader já comentava a crise das Ciências Sociais pela perda do poder explicativo dos modelos globais (p. 43).

Ele discutiu a noção de sujeito, como uma noção ambígua, pois "num enunciado ela pressupõe a soberania do ator, num outro sua sujeição" (p. 50). Os agentes dos movimentos sociais estariam preocupados na elaboração de identidades coletivas, como forma de exercício de suas autonomias (p. 50-51). Sader afirmou que utilizava indiferenciadamente as noções de ator e de agente, por serem portadoras de uma tradição sociológica que definiria o primado do sistema social. O ator social seria aquele que representa um papel, e designava o portador de papéis definidos no nível da estrutura social (p. 54-55). Citou Touraine, que teria retomado a noção de ator, já pensado como elemento dotado de autonomia, adicionando que "nada impediria o mesmo com a noção de agente" (p. 55). Quando tratou das comunidades de base, ele comentou "um certo populismo teórico com que se pretende valorizar o saber popular" (p. 160), uma rara crítica às ideias do período.

Sader deu o exemplo de quatro movimentos sociais na Grande São Paulo: (1) o Clube das Mães da periferia sul de São Paulo, quando comentou a ajuda dos agentes pastorais e dos estudantes (p. 214); (2) a Oposição Metalúrgica de São Paulo, quando destacou os agentes da Igreja (p. 241); (3) o Movimento de Saúde da periferia leste de São Paulo, quando detectou dois agentes cuja intervenção teria sido decisiva: a Igreja Católica e um grupo de médicos sanitaristas (p. 261); e (4) o Sindicato dos Metalúrgicos de São Bernardo: os operários especializados teriam sido, quase sempre, os atores das paralisações (p. 292).

Nas considerações finais, Sader lembrou que os movimentos sociais não substituem os partidos nem podem cancelar as formas de representação política (p. 313).

O livro resultante da tese de Luiz Cesar de Queiroz Ribeiro, defendida em 1991, é um exemplo da utilização dos "agentes" na sociologia brasileira. Já na apresentação, Lícia Valladares destaca que "[o] leitor vai sendo gradativamente apresentado aos diversos "agentes modeladores do espaço urbano" (1997, p. 21). De fato, o autor começa denominando os "atores da produção do espaço construído" e considera o pequeno especulador como um "ator social urbano" (p. 31). Quando define a tese do livro, ele destaca os "agentes econômicos" e discrimina os agentes que constituem o mercado imobiliário: (1) o proprietário da terra, (2) o incorporador (3) o construtor, (4) o financiador e (5) o investidor imobiliário (p. 40-41). Em seguida utiliza os "agentes capitalistas" (p. 49) e "agente social" (p. 84 e 89). Por outro lado, cita pesquisa realizada pelo Instituto de Desenvolvimento do Estado da Guanabara (IDEG), datada de 1971, que já classificava os seguintes agentes: agentes promotores, agentes financeiros, agentes instrumentais e agentes incorporadores (p. 92-93). O item mais interessante, porém, é o que trata da relação entre o incorporador e os outros agentes, dois dos quais seriam fundamentais para o sistema de incorporação imobiliária, segundo ele: o proprietário fundiário e o construtor, quando define o incorporador, como "um agente suporte do capital comercial necessário à produção e circulação da moradia, com particularidade de dirigir o processo de produção" (p. 97-98). No final do item, o autor apresenta um gráfico sintetizando as posições dos "agentes presentes na produção e circulação de moradia", ou seja, o proprietário, o incorporador, o construtor e o financiador (p. 101). Quando analisa o mercado fundiário induzido pela produção de moradias, destaca três grupos de agentes: os proprietários fundiários, o Estado e os incorporadores (p. 120) e, quando examina as formas de produção, ele destaca três agentes: o proprietário fundiário, o capitalista e o usuário. Na introdução, o autor tinha mencionado seu estágio na França e afirmou que Topalov é "manifestamente inspirador intelectual deste trabalho" (p. 34), o que confirma a preferência pelo uso dos agentes na sua análise.

História

Entre os historiadores, é de interesse o texto "A História leva os atores a sério?", de 1995, de Bernard Lepetit, precocemente falecido. O autor começa analisando dois dicionários, um de Sociologia[22] e outro de História, não tendo encontrado no segundo nem os verbetes "ato" nem "ação". Lembrando que "fato" pode ser considerado como produto de uma ação, embora não apareça como verbete, consta no mesmo dicionário o de "história factual" (2001, p. 228). Ele comenta que os historiadores estariam explicando sem apelar para os atores, citando inclusive Labrousse, com a provocativa afirmação dele de que "as revoluções se fazem apesar dos revolucionários" (p. 231). O tempo seria "portador de explicação" e seria esquecido o autor, citando, inclusive, Braudel (p. 231). Critica também a corrente historiográfica das "mentalidades", quando cita o *Dictionnaire des sciences historiques*, que "privilegia o coletivo em vez do individual, os processos culturais impessoais em vez da cultura dos atores e das obras, o psicológico em vez do intelectual, o automático em vez do refletido" (p. 233). A partir do exemplo de Alain Cottereau, Lepetit destaca a importância dos atores sociais, e que "a sociedade volta a ser o objeto privilegiado da história", que não seria definida mais como "uma das dimensões particulares das relações de produção ou das representações do mundo", mas como "produto da interação, como uma categoria da prática social" (p. 239).

Outro historiador, Gérard Noiriel, no seu livro sobre a "crise" na História, de 1996, traz um subcapítulo, *Vers une 'théorie de l'action'*, quando discute a crise dos "paradigmas". De fato, o texto é, sobretudo, uma crítica a Bernard Lepetit, a sua promoção ao modelo "interacionista" (Noiriel, 2005, p. 190) e o seu pensamento abstrato, que não atingiria a maioria dos historiadores ordinários, voltados aos levantamentos empíricos, o que estaria levando a uma divisão de trabalho entre os que "continuent à mener des recherches empiriques sans se préoccuper de 'théorie' et ceux qui se consacrent, à plein temps, à la réflexion 'épistémologique' s'érigeant ainsi [...] en juges des recherches réalisées par leurs collègues"[23] (p. 195). Finalmente, o autor cita Seignobos, que já afirmava que o "Estado" e a "Igreja" só existiriam pelos seus agentes e criticava Simiand por "reificar" as categorias sociais (p. 196). As críticas expressas pelo historiador poderiam, certamente, ser aplicadas na Geografia, em razão do *status* elevado da discussão teórica na nossa disciplina.

Geografia

O geógrafo Jean Bastié, em sua tese de doutorado publicada em 1964, estudou um segmento da periferia sul de Paris. Embora não utilizando ainda a noção de "agentes" ou de "atores", em três importantes capítulos de sua tese, o autor destacou, em primeiro lugar, a propriedade fundiária e a situação da agricultura. Em seguida, analisou os loteamentos, destacando o papel das grandes propriedades imobiliárias que ocupavam grandes superfícies, enquanto os pequenos terrenos estavam sob o controle dos gabinetes imobiliários locais, tabeliões e pequenos loteadores (p. 243). Finalmente, ele examinou os grandes conjuntos habitacionais, com destaque para os grandes promotores, sobretudo as sociedades de H. L. M. (*Habitations à loyer moderé*), sem fins lucrativos. O poder público foi analisado tanto no seu papel de controle dos loteamentos, como na promoção dos grandes conjuntos.

Um geógrafo pouco conhecido, Christian Beringuier, apresentou o texto "Planos de urbanismo e prática política" em um colóquio com anais publicados em 1972. Nesse texto, ele destacou a "oposición entre intereses privados, rivalidad entre grupos y categorías profesionales", tendo diferenciado três tipos de conflitos: (1) entre os proprietários de terrenos (agricultores ou não e os profissionais da construção, ou seja, os promotores, os agentes imobiliários etc.); (2) entre os proprietários de prédios com interesses divergentes e (3) entre os proprietários do solo e certos profissionais, artesãos e comerciantes (1976, p. 372). Quando detalhou os conflitos entre os proprietários do solo e os profissionais do setor imobiliário, ele lembrou que, em muitas municipalidades suburbanas, a prefeitura estava controlada pelos primeiros (p. 373), chegando a indicar um município suburbano de Toulouse "(T...)", em que o grupo que controlava a prefeitura tentava atrair parte da urbanização em direção aos terrenos de sua propriedade através do Plano de Urbanismo (p. 376). Ele comentou também os antagonismos entre os proprietários do solo e a pequena burguesia, formada, neste caso, por comerciantes e artesões. Apesar de ainda não utilizar as noções de "agente" ou de "ator", Beringuier antecipa a discussão sobre os diferentes agentes e já destaca os conflitos e interesses divergentes dos mesmos.

No ano seguinte, em 1973, o geógrafo britânico David Harvey trouxe uma importante contribuição no seu livro *Social Justice and the City*. O autor utilizou a denominação de "atores do mercado da moradia", destacando que "cada grupo tem um modo distinto de determinar o valor de uso e o valor de troca" (1980, p. 139). Harvey restringiu, portanto, a utilização da noção à questão habitacional. Os atores foram distribuídos em seis categorias; (1) os usuários da moradia; (2) os corretores de imóveis; (3) os proprietários (que alugam e que são rentistas); (4) os incorporadores e a indústria da construção da moradia; (5) as instituições financeiras; e (6) as instituições governamentais. Ele acrescentou: "o que é valor de uso para um é valor de troca para outro" (p. 141) e ainda considerou a existência de "classes de proprietários" e de "classes de consumidores", além das categorias mencionadas (p. 146), concluindo sobre "a diversidade de atores operando em um sistema de uso do solo" (p. 150).

Na Geografia, um dos primeiros autores a introduzir a noção de agentes sociais foi o geógrafo espanhol Horácio Capel no seu longo artigo de 1974, no qual ele já utiliza a denominação de "agentes da produção do espaço", que seriam responsáveis por diferentes estratégias. Os agentes seriam os seguintes: (1) os proprietários dos meios de produção (ou as grandes empresas industriais e de serviços); (2) os proprietários do solo, com destaque para os pequenos proprietários; (3) os promotores imobiliários e as empresas de construção; e (4) os organismos públicos (ou o Estado como agente da produção do espaço).

No seu livro de 1975, o autor desenvolveu mais esta classificação: (1) as grandes empresas industriais e de serviços; (2) os proprietários do solo, divididos em grandes proprietários (que realizariam parcelamentos legais e ilegais nas periferias urbanas); (3) os promotores e as empresas construtoras, que seguiriam a "lógica do capital"; e (4) o Estado, que é ao mesmo tempo produtor e árbitro.[24]

Harold Carter publicou seu livro introdutório sobre a Geografia Histórica Urbana em 1983. Embora o livro não tenha como base os agentes ou atores, no capítulo sobre a estrutura da expansão urbana, o autor trata dos subúrbios, do cinturão periférico (*fringe belt*) e das propriedades fundiárias privadas (*private estates*) a partir dos estudos existentes. Quando examina os subúrbios, ele destaca o papel do promotor (*developer*) e do comerciante construtor (*building trade*), assim como as limitações institucionais. Em seguida, comenta o papel do desenvolvimento fundiário como uma característica do sistema capitalista, com a venda de terras aos promotores ou a locação aos construtores para períodos de 40 a 99 anos ou mais. Em alguns casos, como em Birminghan, os proprietários atuaram como promotores (1987, p. 137).

Em 1986, o geógrafo francês Alain Durand-Lasserve publicou os resultados dos estudos efetuados por uma rede de pesquisadores coordenada por ele. A tese proposta no livro é a de que "les filières populaires 'informelles' d'accès au sol et la production du logement constituent la réponse la mieux adaptée à la situation socio-économique de la majorité des citadins du Tiers-Monde"[25]. Essas cadeias eram dependentes da evolução de outras cadeias controladas pelos capitalistas e pelo aparelho do Estado (p. 7). Foi apresentada uma diversidade de atores: (1) o Estado; (2) as autoridades locais; (3) os organismos públicos e para-públicos; (4) as instituições financeiras; (5) os organismos intermediários (*relais*) de financiamento; (6) os detentores de capitais; (7) os proprietários fundiários das zonas urbanas e suburbanas; (8) os escritórios de estudo; (9) os loteadores, topógrafos e especialistas fundiários; (10) os promotores imobiliários; (11) as empresas de obras públicas; (12) as indústrias de material de construção; (13) as ONGS; e (14) os movimentos associativos e cooperativas (p. 35).

Foram destacados três "atores-chave": (1) os proprietários fundiários, que seriam "afastados" pelos especuladores fundiários e intermediários; (2) os loteadores ou promotores fundiários, ou seja, o "agent qui assure la transformation d'un espace non constructible en terrain constructible et procède à la vente [...] [et] à la location du terrain ainsi transformé"[26] (p. 55); e (3) os produtores e promotores fundiários. O capital de promoção: seria "le capital immobilier de circulation qui permet la conversion rapide du capital de l'industrie du bâtiment de la forme marchandise à forme logement au cours même de la période de production"[27] (p. 73), que deveriam ser considerados junto com o poder público. Um dos maiores interesses desse estudo é o de estar voltado à realidade das cidades do Terceiro Mundo. A tipologia apresentada dos atores é das mais detalhadas, incluindo os movimentos associativos.

Em 1989, os geógrafos franceses Guy Burgel e Guy Jalabert, participaram do colóquio *La maîtrise de la ville*, cujos anais foram publicados em 1994. Guy Burgel, no seu texto, "Les acteurs de la création urbaine", comenta o "ato urbano", como "um drama limitado pelo número de personagens", cujas "figuras comuns da comédia urbana" seriam: (1) o proprietário fundiário, que especula sobre a retenção ou a mobilização dos terrenos; (2) o planejador (*aménageur*), que projeta e viabiliza; (3) o político (*l'elu*), que programa e que gera; (4) o promotor que constrói; e (5) o habitante que escolhe ou se submete (1994, p. 350). Burgel, portanto, utiliza a noção de "ator" na forma mais próxima da teatralidade urbana.

Guy Jalabert propôs-se a analisar o papel e o lugar dos atores sociais no controle da cidade a partir do estudo do domínio fundiário e imobiliário (1994, p. 351). Ele inicia criticando Topalov, por considerar que os atores não decidem, que seguiriam as "determinações estruturais" (p. 352). Analisando a aglomeração de Toulouse, ele fez o levantamento de 15 estabelecimentos ligados ao financiamento da habitação, 28 organismos administrativos ou para-administrativos e associativos, 36 promotores filiados à Câmara Sindical regional e 19 construtores de casas individuais. Jalabert afirmou que se deveriam considerar ainda os promotores "ocasionais", os construtores "não autorizados" (cerca de 125), os agentes imobiliários, os mercadores de bens, os loteadores, os proprietários fundiários, os tabeliães, os topógrafos, os arquitetos e as sociedades civis imobiliárias, sem contar os atores nacionais (p. 356). O autor comentou também as redes locais: as relações entre os promotores, os tabeliães, os banqueiros, as instâncias administrativas e a inserção do promotor nas instâncias profissionais. Ele conclui com a crítica aos arquitetos e ao projeto da cidade nova *Le Mirail*, de autoria de Candilis mencionando que, na época, os terrenos desse bairro teriam os valores mais baixos e que nenhum promotor pretenderia construir nas suas proximidades (p. 359).

O livro *The Making of the Urban Landscape*, de J. W. R. Whitehand, publicado em 1992[28], é certamente o que mais dá ênfase ao uso dos agentes na Geografia. O autor considera que o livro era uma continuidade do *The Changing Face of Cities*, de 1987[29], e que poderia ter tido o título de *The Makers of the Urban Landscape*, devido aos agentes responsáveis pela criação das paisagens urbanas. Para ele, os agentes mais importantes seriam os proprietários, os promotores, os construtores e os arquitetos (1992, p. vii). De fato, o autor montou um programa de pesquisa sobre os "agentes da paisagem urbana" (p. xiii). Na introdução, ele destaca três abordagens da morfologia urbana: a tradição morfogenética; as paisagens urbanas como meio de interpretar as sociedades que as criaram; e os agentes de mudança – pessoas e organizações responsáveis pelo desenvolvimento urbano (p. 2). O autor propôs diferenciar os papéis dos agentes: (1) de um lado, as atividades corporativas e públicas e, do outro, as atividades individuais e privadas; (2) o grau de concentração das tomadas de decisão; (3) os papéis dos agentes de mudança classificados segundo as funções que exercem – proprietários, arquitetos, construtores, planejadores etc. (p. 5). No capítulo sobre os centros comerciais, Whitehand destaca, na análise cronológica realizada, o papel dos proprietários e dos arquitetos, incluindo as mudanças e permanências de estilos arquitetônicos. Nesse capítulo, o autor discrimina o papel dos *initiators* (tomadores de decisão de construir), dos proprietários, dos promotores especuladores, dos arquitetos e dos consultores, dos construtores e dos engenheiros civis. No capítulo sobre áreas públicas e institucionais, os agentes de mudança seriam, sobretudo, os governos local e central. Um exame é realizado sobre os agentes de mudança em Birminghan, com destaque para o governo local, assim como para as famílias importantes. No capítulo sobre as áreas residenciais na região do Sudeste da Inglaterra, o autor destaca os numerosos contatos realizados por um proprietário para receber permissão para implantar um projeto perto de Amershan. Na longa conclusão, o autor compara os resultados dos três tipos de áreas funcionais investigadas; ele elabora conclusões sobre os agentes, processos e atividades responsáveis pelo desenvolvimento da paisagem urbana e as implicações dos resultados do Estado para o planejamento (p. 197). São de interesse algumas conclusões: houve um aumento, no longo prazo, do papel exercido pelas firmas não locais, e, sobretudo, que o conflito é endêmico na maior parte do processo de desenvolvimento: no século XIX, os maiores conflitos eram entre os indivíduos e organizações. Com a ampliação da legislação, no pós-guerra, as autoridades locais passaram para o centro dos conflitos, mas existem também conflitos entre forças de preservação e forças de mudanças (p. 198). Finalmente, o autor afirma que houve um aumento do conhecimento do processo e das atividades responsáveis pelas mudanças na paisagem urbana e na parte exercida pelos vários agentes de mudança (p. 200).

Em 2001, Whitehand publicou um capítulo em um manual sobre os estudos urbanos, no qual ele retoma as ideias desenvolvidas no seu livro de 1992. Ele utilizou os agentes sociais na abordagem da Geografia Histórica, quando trata dos *agents of residential development*. Whitehand comenta as ações dos (1) proprietários, das (2) firmas construtoras, (3) dos promotores (*developers*), dos (4) promotores-construtores, (5) das autoridades locais e do Governo, como nos *agents of city-centre change*, em que ele adiciona o papel das (6) companhias de seguro e dos (7) fundos de pensão.

O geógrafo Michael Pacione realizou o estudo sobre a cidade de Glasgow (1995). No prefácio, o autor informa que, nos cinco primeiros capítulos, ele utilizou a abordagem cronológica para examinar os principais agentes, processos e padrões que marcaram o desenvolvimento da cidade desde suas origens até o século XIX e os cinco capítulos da segunda parte são voltados para as principais questões ligadas ao desenvolvimento sócio-espacial da cidade no século XX (p. xv-xvi). Quando o autor trata da expansão urbana no século XIX, ele destaca o papel dos proprietários da terra e dos construtores-especuladores, assim como da variedade de agentes engajados na produção de habitações em série (*tenements*), ou seja, sociedades construtoras, construtores-especuladores e construtores profissionais (p. xx). As autoridades municipais se destacam tanto pela construção de milhares de residências, como pela demolição de outras milhares. Quanto à pressão para o crescimento periférico da cidade, ele comenta o papel dos planejadores, dos promotores e dos construtores (p. 212).[30]

A geógrafa portuguesa Teresa Barata Salgueiro, no seu livro *Lisboa, periferia e centralidades* (2001),[31] apresenta um capítulo intitulado "Poderes e agentes da produção do espaço". Ela inicia comentando a produção do ambiente produzido e destaca (1) o Estado como um "ator privilegiado"; e os outros agentes relevantes seriam: (2) os proprietários do solo; (3) os promotores; (4) os construtores; (5) os financiadores; (6) os mediadores; e (7) os utilizadores. Ela ainda menciona três tipos de promotores-construtores: o Estado e as autarquias; as empresas imobiliárias e os pequenos e médios promotores (p. 69).

Outro geógrafo pouco conhecido, também falecido precocemente, François Tomas (2003), discutiu as estratégias sócio-espaciais dos "atores sociais", levantando as questões: "comment les stratégies d'acteurs sociaux produisent-elles des formes urbaines, les différencient-elles, les font-elles évoluer?" (p. 126), quando do exame do caso da Cidade do México. Para ele, os atores principais seriam (1) os proprietários (que também eram vendedores), (2) os promotores privados (que eram compradores para construir imóveis para venda ou aluguel), (3) e as empresas. Em seguida, ele adicionou (4) as associações de defesa dos inquilinos e (5) a municipalidade[32].

Na Geografia brasileira, um dos primeiros artigos que abordam o assunto é o de Luís Cavalcanti da Cunha Bahiana, com o título de "Agentes modeladores e uso do solo urbano" (1978), no qual o geógrafo do IBGE faz o balanço da literatura incluindo os textos de Form, datado de 1954, Capel, de 1972, Harvey, de 1975 e Clichevsky, de 1975. Este último a partir do estudo do mercado de terras na área metropolitana de Buenos Aires e o de Jordi Borja, datado de 1975, com o exame dos movimentos sociais urbanos.

Em 1989, Maria Adélia de Souza tratou da questão da verticalização das cidades na sua tese que foi publicada em 1994. Um capítulo tem o título de "Os agentes da verticalização: os incorporadores imobiliários". Os agentes produtores do espaço urbano seriam, pelo menos, de três tipos: os incorporadores, os construtores e os vendedores. Lembra que o mesmo agente poderia assumir os três tipos ou um, ou dois deles, quando cita Topalov (SOUZA, 1994, p. 189). Em seguida, ela comenta os principais "agentes da verticalização": (1) o incorporador (que compra o terreno, realiza a aprovação da planta, registra a incorporação, desmembra o terreno em frações ideais e cria o solo); (2) o comprador (agente indispensável para que haja o mercado); (3) o produtor (que é o construtor); e (4) o Estado. Apesar do seu interesse na verticalização, com destaque para a cidade de São Paulo, a autora também faz a opção pelo uso dos agentes na análise urbana.

No capítulo "Dimensões de análise das redes geográficas", do seu livro *Trajetórias Geográficas* (1997) nosso colega Roberto Lobato Corrêa[33] apresentou um quadro interessante em que divide a análise das redes geográficas em três dimensões: organizacional, temporal e espacial. Na dimensão organizacional, ele inicia com os "agentes sociais" que seriam: (1) o Estado (com o exemplo do Ministério da Saúde, da delegacia regional e do posto de saúde); (2) as empresas (sede, fábricas, filiais de vendas e depósitos); (3) as instituições (sé, dioceses, paróquias católicas); e (4) os grupos sociais (sede, núcleo regional e equipe local da ONG), trazendo a discussão dos agentes para a escala regional.

Quando escreveu sua obra magna, *A natureza do espaço* (1996), Milton Santos retomou a definição de espaço como "conjunto indissociável de sistema de objetos e de sistema de ações" (p. 18).[34] Lembrou que a ação é um processo (p. 64) e distinguiu os atores que decidem dos demais atores (p. 65), e também que o ator é o homem (p. 170). Para ele, os atores estariam "presentes em diversos lugares e teriam a possibilidade de agir" (p. 179). Quando tratou da racionalidade, Santos fez a diferença entre "ator" e "agido" (p. 233). Por outro lado, ele voltou à noção de agente na frase seguinte: "Nas condições atuais, o uso mais adequado do território pelos agentes hegemônicos depende [...] desse fator informação" (p. 237), para retornar, em seguida, para a noção de ator: "Alguns subespaços, dotados de modernizações atuais, podem acolher as ações de interesse dos atores hegemônicos" (p. 267). Fica registrado, portanto, que, para Milton Santos, "ator hegemônico" e "agente hegemônico" aparecem como sinônimos, embora o mesmo tenha preferido a utilização da noção de "ator".

Em 1997, foi publicado um capítulo de minha autoria no livro *Explorações Geográficas*, procurando identificar os "agentes modeladores" que transformaram as cidades no período colonial.[35] Eram os seguintes: (1) a Igreja (dividida em clero secular e clero regular); (2) as ordens leigas; (3) o Estado; (4) os agentes econômicos; e (5) a população e os movimentos sociais.

No livro publicado sobre Salvador em 2002[36], denomino "agentes sociais" e comento a sociedade soteropolitana em cada período examinado. No caso do clero secular, pode ser destacada a divisão da cidade através da criação de paróquias com suas igrejas matrizes. Quanto ao clero regular, tanto a implantação estratégica dos conventos como a propriedade de casas e terrenos foram fundamentais. As ordens leigas também tiveram papel importante na questão fundiária e imobiliária. O Estado teve o papel de planejamento, implantação de sistemas defensivos e controle normativo da cidade e de sua população, além da implantação dos principais prédios administrativos. Os agentes econômicos[37] tiveram impactos diretos e indiretos através de seus investimentos urbanos. Finalmente, a população, através de sua ação cotidiana e vernacular, vai produzindo a cidade e os movimentos sociais, com suas rupturas (que vão desde os quilombos, rebeliões, revoltas até as implantações irregulares) que causarão transformações na mesma. Esses exemplos confirmam a possibilidade de uso dos agentes sociais no passado.

Possibilidades de ampliação do uso dos agentes sociais na Geografia Urbana

Uma das maneiras de avançar no estudo dos agentes sociais na Geografia, considerando a literatura examinada, a meu ver, é tentar examinar as diversas possibilidades das ações dos agentes sociais no espaço urbano, tendo em vista as diferentes estratégias e práticas espaciais seguindo interesses convergentes ou contraditórios. Segue uma primeira proposta que poderá ser ampliada:

1) Agentes vistos como indivíduos, como famílias ou ainda como grupos ou movimentos sociais;
2) Agentes vistos como empresas, associações ou outras instituições coletivas (com contratos, normas etc.);
3) Agentes privados ou públicos (limites do privado; papel normativo e outros do público);

4) Agentes legais ou ilegais (ou "formais" ou "informais") (Direito, regulamentação);
5) Agentes hegemônicos ou dominantes, ou dominados (poder, economia, cultura etc.);
6) Agentes visíveis ou invisíveis (ex. decisões tomadas por agentes do mercado financeiro);
7) Agentes móveis ou imóveis (ex. mobilidade dos empresários, dos residentes);
8) Agentes examinados segundo suas ações locais, regionais, nacionais ou globais (escala);
9) Agentes centrais ou periféricos (em diferentes escalas);
10) Agentes internos e externos à cidade (decisões locais ou decisões externas);
11) Agentes revolucionários ou reformistas (na sociedade com reflexos nas cidades);
12) Agentes transformadores ou "conservadores" das cidades (ex. agentes imobiliários, defensores do patrimônio);
13) Agentes ativos ou passivos (cidadania, participação política, movimentos sociais);
14) Agentes estáveis ou efêmeros (ex. Igreja, organizadores de eventos);
15) Agentes difusores ou receptores (da técnica, da cultura etc.);
16) Agentes articulados ou desarticulados (noção de redes);
17) Agentes unifuncionais ou plurifuncionais (vários papéis ou funções exercidos por um agente);
18) Agentes sociais, culturais, econômicos, políticos etc. (plurifuncionais);
19) Agentes religiosos ou seculares;
20) Agentes atuais ou pretéritos.

A listagem não esgota o assunto. No campo da Geografia Histórica Urbana, por exemplo, o papel dos agentes históricos é fundamental, através do exame das práticas espaciais dos mesmos, para a análise das mudanças diacrônicas ocorridas tanto na paisagem como na sociedade urbana, o que tenho tentado em minhas pesquisas.

Conclusões

A utilização de "agentes modeladores" pode ser criticada uma vez que ela parece se limitar ao exame das formas urbanas. Além disso, essa noção tem uma longa tradição na Geografia Física, que considera o homem apenas como um "agente antrópico", o que é mais restritivo ainda. Por outro lado, o uso da noção de agentes sociais parece ser bastante rico para o entendimento das cidades brasileiras, na medida em que "agentes" não capitalistas podem ser incluídos nas análises, o que permite, entre outras possibilidades, a sua utilização no presente e no passado.

De qualquer maneira, agente não é uma noção *passe-partout*, tendo maior aplicação em certos domínios, como o estudo do mercado fundiário e imobiliário urbano, assim como o dos movimentos sociais urbanos, conforme a literatura examinada. Além dos estudos fundiários, imobiliários, morfológicos e dos movimentos sociais, podem ser destacados os estudos da Geografia Histórica Urbana, campo muito especializado, nos quais a noção de agente tem sido aplicada de forma que permite o avanço do conhecimento, como pode ser testemunhado pelos trabalhos, sobretudo de Whitehand (1987, 1988, 1992, 2001), Pacione (1995) e Vasconcelos (1997, 2000, 2002, 2005 e 2010).

Uma questão final pode ser colocada: essa discussão não revelaria a fragilidade da formação dos geógrafos quando posicionados diante de questões como a das práticas sociais (assim como das práticas espaciais)?

Este capítulo foi debatido, em sua versão preliminar, no *workshop* do Grupo de Estudos Urbanos (GEU) realizado em julho de 2008, na Universidade de São Paulo.

Notas

1 Tradução do autor: "Quem age e portanto causa: a chuva, o vento, os rios são agentes da erosão".

2 Tradução do autor: "Quem transmite uma nação".

3 É interessante notar a ausência dos verbetes "ação" e "agentes" nos dicionários anglo-saxões, como o *Dictionary of Human Geography*, editado por Johnston, Gregory, Pratt e Watts (2006).

4 Tradução do autor: "ele é o realizador concreto da ação, mas não aquele que decide, menos ainda aquele que concebeu".

5 Michel Lussault ficou responsável pelo verbete "*actant*", originário da linguística, e que teria sido transportado por Latour para as ciências sociais. Eles seriam "des opérateurs de la réalité sociale". Essa noção não seria limitada aos seres humanos, podendo incluir os animais domésticos, os vírus e bacilos, e seriam "*quasi-personnages*". Poderiam ainda ser incluídos seres imateriais (como Deus) ou abstrações personificadas (como o cidadão) (2003, p. 38 e 39).

6 Tradução do autor: "a sociedade não é apenas reprodução e adaptação; ela é também criação, produção de si mesma".

7 Tradução do autor: "não é um ator; [...] Valores e normas pertencem aos atores que atuam no campo da historicidade, às classes sociais".

8 Tradução do autor: "campo dos atores históricos".

9 No Anexo VI, são relacionados os estudos realizados por ordem cronológica, dois dos quais são da autoria de Topalov: (1) *Introduction à une recherche sociologique sur les promoteurs immobiliers. Étude préliminaire à l'elaboration d'une typologie*. Paris: C.S.U., 1968, p. 117; (2) *Les promoteurs immobiliers. Essai d'analyse sociologique d'un système d'acteurs économiques*. Paris: C.S.U., 1970, p. 387 e p. 93.

10 Tradução do autor: "sistematicamente substituída pelo termo de agente na presente redação".

11 Tradução do autor: "o suporte de uma articulação de relações sociais, e que se estuda suas práticas como efeitos do funcionamento e das transformações dessas relações".

12 Tradução do autor: "um agente social que assegura a gestão de um capital imobiliário de circulação, na sua fase de transformação na mercadoria habitação".

13 Tradução do autor: O materialismo histórico fornece os conceitos necessários para esta ruptura: os agentes sociais estão analisados, de fato, como os suportes das relações sociais entre as quais as relações de produção são dominantes, relações cujas leis de desenvolvimento e articulação aparecem "concretamente" na forma da prática dos "atores".

14 Tradução do autor: "estão definidos pelo seu lugar nas relações de produção, circulação e distribuição".

15 Tradução do autor: "estudar a transformação dos agentes e algumas características essenciais dos produtos, inclusive do ponto de vista do seu valor de uso".

16 Ver Etienne, Bloess e Roux (1998, p. 44).

17 Tradução do autor: "Como os atores produzem e reproduzem cidades através dos seus conflitos, dominações, alianças e compromissos?".

18 Tradução do autor: "os atores dos movimentos urbanos são os próprios movimentos urbanos".

19 Tradução do autor: "substituir uma representação da vida social fundada sobre as noções de sociedade, de evolução e de papel por outra na qual as noções de historicidade, de movimento social e de sujeito ocuparão a mesma posição central".

20 Tradução do autor: "A volta do sujeito", "o sujeito é o nome do ator quando este se situa no nível da historicidade, da produção das grandes orientações normativas da vida social".

21 Tradução do autor: "somente a relação com o sujeito permite, hoje, passar de uma cultura transformada para a formação de atores capazes de estimulá-la pelas suas crenças e conflitos".

22 Na edição de 1988 do *Dicionário Crítico de Sociologia*, escrito por Boudon e Bourricaud, os autores, partidários do "individualismo metodológico" (2007, p. xxv), consideraram que "os fatos sociais devem ser interpretados com relações entre uma pluralidade de atores ou agentes. Só assim os fatos adquirem um sentido e podem ser compreendidos" (p. xvi). Entretanto, não constam no referido dicionário os verbetes "agente" nem "ator", embora sejam discutidos os de "ação" e "ação coletiva". No verbete "ação", por exemplo, encontram-se as frases seguintes: "o sociólogo deve poder ser capaz de colocar-se no lugar dos agentes por quem ele se interessa" (p. 4), seguido por "É claro que, para 'colocar-se no lugar' do ator, é preciso [...] informar-se [...]" (p. 5).

23 Tradução do autor: "continuam conduzindo pesquisas empíricas, sem se preocupar com a 'teoria', e aqueles que se dedicam integralmente à reflexão 'epistemológica', erigindo-se, assim, [...] em juízes das pesquisas realizadas pelos seus colegas".

24 No seu livro de 2002, Capel utiliza a noção em *Los agentes y la iniciativa del diseño y la construcción* (p. 212-213).

25 Tradução do autor: "as cadeias populares 'informais' de acesso ao solo e a produção de habitação constituem a resposta que melhor se adapta à situação socioeconômica da maioria dos cidadãos do Terceiro-Mundo".

26 Tradução do autor: "agente que assegura que um espaço onde não se pode construir seja transformado em terreno onde se pode construir e procede à venda [...] e à locação do terreno assim transformado".

27 Tradução do autor: "o capital imobiliário de circulação que permite a conversão rápida do capital da indústria da construção, da forma mercadoria em forma habitação, ao longo do mesmo período de produção".

28 Em texto de 1988, Whitehand já se interessava pelas "linkages between the various individuals, firms and organizations involved in the development process", ou seja, entre organizações e proprietários, entre proprietários e arquitetos e entre arquitetos e construtores (p. 288).

29 De fato, nesse livro, Whitehand anuncia: "a further prominent concern, the role of the agents responsible for urban landscape change, will be the subject of another volume" (1987, p. ix).

30 O manual de Michael Pacione (2001), já apresenta um subcapítulo sobre os *Major actors in the production of the built environment*, com apresentação de um quadro com os *Principal actors in the production of the built environment* e suas relações, em que aparecem: os produtores rurais, os especuladores, os loteadores, os construtores, as famílias, os agentes imobiliários, os financistas, o governo estadual, o governo federal e os governos locais (p. 147). O autor adiciona um *box* com nove *Major agents and motives in the capitalist land development process*, incluindo a categoria de promotores, que seria composta pelos loteadores e construtores e inclui a nova categoria de "outros facilitadores", formada pelos advogados e consultores e agrupa os níveis governamentais em apenas um: "o governo". Um aspecto inovador que Pacione traz no seu manual é um item sobre os *The agents of gentrification*, com destaque para o papel do governo (p. 202).

31 Com versão francesa publicada em 2006.

32 Em 2000, foi editado o *Diccionario de geografía urbana, urbanismo y ordenación del territorio*, por Zoildo et al, que já inclui a noção de agente. Para os autores, o "agente urbano" seria a "*persona física o jurídica que, directa o indirectamente y de forma decisiva, participa en la configuración de la ciudad*". Distinguem os seguintes agentes: os proprietários de solo urbano e periurbano; os promotores imobiliários; os proprietários dos meios de produção; o Estado; e os cidadãos (p. 19). Aparecem ainda como verbetes específicos o "promotor imobiliário" (p. 297), os "proprietários do solo" (p. 299) e o "proprietário urbano" (p. 300).

33 No manual *O espaço urbano* (1989), Lobato Corrêa já tinha afirmado que o espaço urbano capitalista "é um produto social, resultado de ações acumuladas através do tempo, e engendradas por agentes que produzem e consomem espaço" (p. 11). Em conformidade com a realidade brasileira, os "agentes sociais" seriam os seguintes: (1) os proprietários dos meios de produção; (2) os proprietários fundiários; (3) os promotores imobiliários; (4) o Estado; e (5) os grupos sociais excluídos. O autor destaca que "é na produção da favela que os grupos sociais excluídos tornam-se [...] agentes modeladores, produzindo seu próprio espaço" (p. 30).

34 Em 1994, no livro *Técnica, espaço, tempo*, embora o texto não fosse sobre questões urbanas, Milton Santos utilizou a noção de agentes na frase seguinte: "rever as qualidades atuais dos objetos, mas também das ações. Quanto a estas, tendem a ser racionais, sobretudo dos agentes hegemônicos [...]" (p. 102).

[35] Com versão francesa publicada em Dias e Raud (2000).

[36] Com versão francesa publicada em 2005.

[37] Ver Vasconcelos (2010).

Bibliografia

BAHIANA, Luís Cavalcanti da Cunha. Agentes modeladores e uso do solo urbano. *Anais da Associação dos Geógrafos Brasileiros*, v. 29, São Paulo, 1978, p. 53-62.

BASTIÉ, Jean. *La croissance de la banlieue parisienne*. Paris: Presses Universitaires de France, 1964.

BERINGUIER, Christian. Planes de urbanismo y práctica política. In: CNRS. *El análisis Interdisciplinar del crecimiento urbano*. Madrid: IEAL, 1976 [1972], p. 363-385.

BOUDON, Raymond; BOURRICAUD, François. *Dicionário crítico de Sociologia*. São Paulo, Ática, 2007 [1988].

BOURDIEU, Pierre. *Coisas ditas*. São Paulo: Brasiliense, 2004 [1987].

________. *O poder simbólico*. Rio de Janeiro: Bertrand, 1989 [2001].

BRUNET, Roger; FERRAS, Robert; THÉRY, Hervé (ed.). *Les mots de la géographie*. Dictionnaire critique. Montpellier: Reclus/Paris: La Documentation Française, 1993 [1992].

BURGEL, Guy. Les acteurs de la création urbaine. In: BERQUE, Augustin (dir.). *La maîtrise de la ville*. Paris: EEHESS, 1994 [1989], p. 339-349.

CAPEL, Horacio. Agentes y estrategias en la producción del espacio urbano español. *Revista de Geografia*, v. 8, n. 1-2, 1974, p. 19-56. Disponível em: <http://www.raco.cat/index.php/RevistaGeografia/article/view/45880/56672>. Acesso em: 18/12/2007.

________. *Capitalismo y morfología urbana en España*. Barcelona: Círculo de Lectores, 1990 [1975].

________. *Morfología de las ciudades*: sociedad, cultura y paisaje urbano. Barcelona: Serbal, 2002, v. 1.

CARTER, Harold. *An Introduction to Urban Historical Geography*. London: E. Arnold, 1987 [1983].

CASTELLS, Manuel. *The City and The Grassroots*: A Cross-cultural Theory of Urban Social Movements. London: Edward Arnold, 1983.

________. *La question urbaine*. Paris: François Maspero, 1972.

CASTELLS, Manuel; GODARD, Francis. *Monopolville*: L'entreprise, L'État, l'urbain. Paris: Mouton, 1974.

CORRÊA, Roberto Lobato. *O espaço urbano*. São Paulo: Ática, 1989.

________. *Trajetórias Geográficas*. Rio de Janeiro: Bertrand Brasil, 1997.

DURAND-LASSERVE, Alain. *L'exclusion des pauvres dans les villes du Tiers Monde*. Paris: L'Harmattan, 1986.

ETIENNE, Jean; BLOESS, Françoise; ROUX, Jean-Pierre. *Dicionário de Sociologia*. Lisboa: Plátano, 1998 [1997].

FORM, William H. The Place of Social Structure in the Determination of Land Use: some implications for a theory of Urban Ecology. In: BOURNE, Larry S. (ed.). *Internal Structure of the City*. New York/Oxford: Oxford University Press, 1971 [1954], p. 180-187.

GIDDENS, Anthony. *A Constituição da Sociedade*. São Paulo: Martins Fontes, 1989 [1984].

GRAFMEYER, Yves. *Sociologia Urbana*. Mem Martins: Publicações Europa-América, 1995.

HARVEY, David. *A justiça social e a cidade*. São Paulo: Hucitec, 1980 [1973].

JALABERT, Guy. Maîtrise de la ville et acteurs sociaux: La production foncière et immobilière. In: BERQUE, Augustin (dir.). *La maîtrise de la ville*. Paris: EEHESS, 1994 [1989], p. 351-360.

JOHNSTON, Ron J.; GREGORY, Dereck; PRATT, Gerry; WATTS, Michael (Ed.). *Dictionary of Human Geography*. Oxford: Blackwell, 2006.

LEFEBVRE, Henri. *Le droit à la ville*. Paris: Anthropos, 1972 [1968].

________. *La production de l'espace*. Paris: Anthropos, 1986 [1974].

LEPETIT, Bernard. A história leva os atores a sério? In: LEPETIT, Bernard. *Por uma nova História Urbana*. São Paulo: Edusp, 2001 [1995], p. 227-244.

LÉVY, Jacques; LUSSAULT, Michel (dir.). *Dictionnaire de la géographie et de l'espace des sociétés*. Paris: Belin, 2003.

NOIRIEL, Gérard. *Sur la "crise" de l'histoire*. Paris: Gallimard, 2005 [1996].

Pacione, Michael. *Glasgow*: The Socio-spatial Development of the City. Chichester: J. Wiley, 1995.

________. *Urban Geography: a Global Perspective*. London: Routledge, 2001.

Ribeiro, Luiz Cesar de Queiroz. *Dos cortiços aos condomínios fechados*: as formas de produção da moradia na cidade do Rio de Janeiro. Rio de Janeiro: Civilização Brasileira, 1997.

Sader, Eder. *Quando novos personagens entraram em cena*. Rio de Janeiro: Paz e Terra, 1988.

Salgueiro, Teresa Barata. *Lisboa, periferia e centralidades*. Oeiras: Celta, 2001.

________. *Lisbonne, périphérie et centralités*. Paris: L'Harmattan, 2006.

Santos, Milton. *Técnica, espaço, tempo*: globalização e meio técnico-científico-informacional. São Paulo: Hucitec, 1994.

________. *A natureza do espaço*: técnica e tempo, razão e emoção. São Paulo: Hucitec, 1996.

Souza, Maria Adélia Aparecida de. *A identidade da metrópole*. São Paulo: Hucitec/Edusp, 1994.

Tomas, François. *Les temporalités des villes*. Saint-Étienne: Publications de l'Université de Saint-Étienne, 2003.

Topalov, Christian. *Les promoteurs immobiliers*: Contribution à l´analyse de la production capitaliste du logement en France. Paris: Mouton, 1974.

Touraine, Alain. *Production de la société*. Paris: Seuil, 1973.

________. *Le retour de l'acteur*. Paris: Fayard, 1984.

Vasconcelos, Pedro de Almeida. Os agentes modeladores das cidades brasileiras no período colonial. In: Castro, Iná Elias de; Gomes, Paulo Cesar da Costa; Corrêa, Roberto Lobato (org.). *Explorações Geográficas*. Rio de Janeiro: Bertrand, 1997, p. 247-278.

________. Les agents de la formation des villes coloniales brésiliennes. In: Dias, Leila Cristina; Raud, Cécile (Dir.) *Villes et régions au Brésil*. Paris: L'Harmattan, 2000, p. 79-92.

________. *Salvador:* transformações e permanências (1549-1999). Ilhéus: Editus, 2002.

________. *Salvador de Bahia (Brésil)*: transformations et permanences (1549-2004). Paris: L'Harmattan, 2005.

________. Les agents économiques à Salvador de Bahia (Brésil) de 1549 à 1999. In: Cary, Paul; Joyal, André (dir.). *Penser les territoires*: en hommage à Georges Benko. Québec: Presses Universitaires du Québec, 2010, p. 99-117.

Weber, Max. *Economia e Sociedade*. Brasília: EdUnB, 2000 [1921].

Whitehand, Jeremy W. R. *The Changing Face of Cities*. A Study of Development Cycles and Urban Form. Oxford: Blackwell, 1987.

________. Recent developments in urban morphology. In: Denecke, Dietrich; Shaw, Gareth (ed.). *Urban Historical Geography*. Recent Progress in Britain and Germany. Cambridge: Cambridge University Press, 1988.

________. *The Making of the Urban Landscape*. Oxford: Blackwell, 1992.

________. The Physical Form of Cities: A Historico-Geographical Approach. In: Paddison, Ronan (ed.). *Handbooks of Urban Studies*. London: Sage Publications, 2001, p. 28-87.

Zoildo, Florencio et al. *Diccionario de geografía urbana, urbanismo y ordenación del territorio*. Barcelona: Ariel, 2000.

LUGAR E CENTRALIDADE EM UM CONTEXTO METROPOLITANO

Angelo Serpa
Universidade Federal da Bahia

O objetivo deste capítulo é refletir sobre os conceitos de lugar e de centralidade em um contexto metropolitano, constituindo-se também como uma tentativa de aproximação/articulação entre os/dos dois conceitos no âmbito da produção do conhecimento geográfico. Parte-se da premissa de que esta aproximação/articulação pode ajudar na construção de novos parâmetros teórico-metodológicos para a compreensão dos fenômenos urbano e metropolitano, lançando também as bases para o aprimoramento de uma abordagem qualitativa desses fenômenos.

Subjacente à discussão aqui proposta, buscamos, ao longo do texto, enfatizar as relações entre agentes, escalas e conflitos, como forma de sublinhar a importância do conceito de produção do espaço, entendida nos termos de uma produção a um só tempo material e simbólica (Lefebvre, 2000).

Como as condições objetivas dos lugares são subjetivamente vividas pelos diferentes agentes produtores de espaço?

Como, em um contexto metropolitano, as centralidades – compreendidas como conteúdos/qualidades dos centros urbanos, conforme proposto por Sposito (2004) – são diferentemente experienciadas pelos agentes produtores de espaço nos diferentes lugares?

Na Geografia, o conceito de lugar vem sendo trabalhado por diferentes correntes e vieses paradigmáticos, ora associado a uma análise marxista, que vê aí a possibilidade de discussão do conceito, pensando os lugares como as distintas versões dos processos de reprodução do capital ao redor do mundo, ora associado a uma análise fenomenológica e humanista, entendendo o lugar como lócus da reprodução da vida cotidiana, permeada por diferentes visões de mundo e diferenciadas ideias de "cultura".

Tais abordagens suscitam questões sobre o papel dos lugares nas cidades contemporâneas, em um contexto de metropolização, fragmentação e homogeneização, que vai conformando, cada vez mais e de modo mais profundo, lugares hierarquizados por lógicas econômicas e políticas, em geral de caráter extralocal. A metrópole parece negar os lugares, sobrepondo valores e conteúdos hegemônicos às experiências enraizadas na vida cotidiana de cada lugar.

Se considerarmos que sempre agimos a partir de um lugar e que as ações constituem um enredo, uma enunciação, então todos os lugares são lugares da enunciação, base para a reprodução do vivido e para a realização das práticas espaciais. Mas, em um contexto de externalidades, a um só tempo impostas e hegemônicas, há ainda a possibilidade de se falar em um "enredo do lugar"? Quem conta, afinal, os enredos dos diferentes lugares nas metrópoles capitalistas?

A primeira questão leva-nos a um contexto de competição entre os lugares do mundo, em busca de inserção no mercado de vantagens comparativas e de produção de mais valias relativas, sublinhando a lei de um desenvolvimento desigual e combinado do modo capitalista de produção. Este é um enredo ao mesmo tempo produtor e produto de hegemonias e hierarquias urbanas na escala mundial, o enredo da metrópole, que parece sufocar o enredo dos lugares.

Nesse contexto, parece difícil falar ainda de "lugares" como espaços vividos e da experiência, lugares que, de alguma maneira, subvertam ou questionem as lógicas hegemônicas de produção do espaço urbano nas metrópoles capitalistas. Parece, no entanto, que "lugares" existem e persistem nas "brechas" metropolitanas, sobretudo nas áreas populares das metrópoles.

Nos bairros populares das metrópoles capitalistas são os moradores os verdadeiros agentes de transformação do espaço. Eles se articulam em "rede", não em uma rede única, mas em redes superpostas. Pesquisas realizadas no âmbito das atividades do Grupo Espaço Livre de Pesquisa-Ação (DGEO/UFBA), nos bairros populares de Salvador, mostram que são múltiplas as representações desses espaços, entre os grupos/agentes que compõem suas redes de relações sociais. Descobre-se que os bairros são culturas transversais que abarcam muitas e múltiplas subculturas.

Os pressupostos

A professora Lia Osório Machado, da Universidade Federal do Rio de Janeiro, afirmou, em sessão do XII Encontro Nacional da Anpur em Belém, no ano de 2007, que o entendimento da realidade urbana brasileira deveria partir do pressuposto de que todos os lugares são centros. Esse é o mote para estabelecer as premissas da discussão aqui pretendida.

Primeiro, faz-se necessário reconhecer que se, por um lado, todos os lugares, ao menos potencialmente, podem se constituir centros, por outro lado, uma hierarquia de centros – que pode ser lida nas mais diversas escalas – vai mostrar que há sempre lugares mais centrais que outros. A hierarquia existe, porque ela reflete e condiciona as assimetrias entre os lugares, estabelecendo uma dialética entre centros e periferias. Mas aqui, centros e periferias têm sempre um sentido econômico e político.

É preciso, portanto, antes de tudo, aceitar a existência de uma hierarquia de centros e periferias, mas, também, refletir sobre o papel das estratégias de hierarquização enquanto método para a Geografia. Acredita-se que qualificar os conteúdos dos lugares não significa necessariamente o estabelecimento de uma hierarquia espacial.

Falando dos processos de reestruturação urbana das cidades médias, Sposito (2007) vai também colocar em questão as relações centro-periferia nas escalas intraurbana, regional, nacional e internacional. Embora trabalhando em um contexto espacial diferente do recorte metropolitano aqui proposto, suas observações se mostram bastante pertinentes, corroborando a ideia de relativização do par centro-periferia:

> Onde está o centro e onde está a periferia nessas cidades? Esses espaços existem, mas temos que falar de centros e periferias, temos que olhar para esses espaços mais por seus conteúdos e papéis do que por suas posições geográficas nas estruturas urbanas, regionais, nacionais e internacionais do período atual. O desafio parece-me compreender como novos centros e periferias não apenas se relacionam, mas se sobrepõem (Sposito, 2007, p. 243).

É importante frisar que não defendemos a ideia de que os lugares são únicos ou singulares; não se propõe aqui um retorno aos "lugares personagens", algo que a Geografia levou muito tempo para superar. O par dialético centro-periferia é ainda operacional e expressa as contradições da reprodução do sistema capitalista ao redor do mundo. Sob esse ponto de vista, centros são sempre relativos a periferias, já que o espaço não é nunca homogêneo e não se pode negar a existência de uma hierarquia de lugares.

É preciso ainda ampliar a reflexão sobre o sentido de centralidade para além dos métodos hierarquizantes e das especificidades espaciais, pensando-a não só como conteúdo inerente às formas e estruturas urbanas, mas também como conteúdo da vida e da reprodução da vida no cotidiano das metrópoles contemporâneas.

Lugar

No campo fenomenológico, o lugar é entendido, como já sublinhado na introdução, como um fenômeno da experiência humana. Os lugares clamam nossas afeições e obrigações, pois conhecemos o mundo através daqueles nos quais vivemos. Lugares são existenciais e uma fonte de autoconhecimento e responsabilidade social (Relph, 1979).

A "distância" é um conceito espacial inexpressivo se separado da ideia de objetivo ou lugar (Tuan, 1983); é no lugar que as diversas experiências de espaços podem relacionar-se de um modo particular. A condição humana supõe um espaço, um conjunto de relações e de trocas, de direções e distâncias, que vão condicionar de algum modo o lugar de sua existência (Dardel, 1990 [1952]).

O lugar pode ser identificado a partir de três componentes que se inter-relacionam: traços físicos, atividades e funções observáveis, bem como os significados ou símbolos. Estudar os lugares significa examinar um fenômeno específico do mundo vivido, elucidando a diversidade e a intensidade de nossas experiências de/no lugar (Relph, 1976, apud Holzer, 1997).

São essas experiências que vão definir o lugar como histórico, relacional e identitário: um espaço que não se pode definir de tal modo deve ser encarado então como um não lugar. Porém, o não lugar nunca existe sob uma forma pura: lugares se recompõem nele e relações nele se reconstituem. O lugar e o não lugar são, antes, polaridades fugidias: o primeiro nunca é completamente apagado e o segundo nunca se realiza totalmente (Augé, 1994).

Uma fenomenologia do lugar representa uma possibilidade para a análise do espaço geográfico, mas não esgota em toda a sua potencialidade a operacionalização do conceito no âmbito da Geografia. Como fenômeno da experiência humana, o lugar também expressa e condiciona a rotina, os confrontos, os conflitos e as dissonâncias, possibilitando uma leitura da vida cotidiana, com seus ritmos e contradições (Carlos, 2001).

Como distintas versões da mundialização (Santos, 1994) os lugares são reflexo e condição para a reprodução das relações sociais, políticas, culturais e econômicas nas mais diversas escalas de análise (Tuan, 1983), possibilitando sempre dialetizar a relação sociedade-espaço. A operacionalização do conceito de lugar na Geografia é, portanto, uma porta de entrada, mas também uma forma de aprofundamento das análises espaciais, a partir da definição dos espaços de conceituação pertinentes aos fenômenos que se quer explicitar, nas escalas urbana e metropolitana (Castro, 1995).

Centralidade

Segundo Lefebvre (1983), a centralidade constitui o essencial do fenômeno urbano. Aqui, a centralidade é considerada a partir do movimento dialético que a constitui e a destrói, e que, ao mesmo tempo, a cria e a extingue. A centralidade sempre requer um conteúdo, e esse conteúdo, para Lefebvre, é "vulgar". A cidade não cria nada, mas centraliza as criações. E, contraditoriamente, cria tudo! Nada pode existir sem intercâmbio, sem aproximação, sem proximidade, sem relações.

Sob a ótica da produção espacial do comércio e dos serviços, surge, no espaço urbano-regional, uma hierarquia de centros e subcentros, algo banalizado pela aplicação da Teoria das Localidades Centrais em diferentes contextos espaciais, inclusive (e com muita ênfase) no Brasil. Essa visão hierárquica de centros e subcentros no contexto urbano-regional é, no entanto, limitada, já que a aplicação da citada teoria – assim como outros modelos/teorias de localização, a exemplo da Teoria de Centro-Periferia e a dos Polos de Crescimento –, no contexto dos países subdesenvolvidos, é problemática e amplamente criticada por estudiosos da temática no país, como Corrêa (1997) e Santos (2004 [1979]).

Corrêa (1997) propõe repensar a Teoria das Localidades Centrais a partir de cinco proposições. A primeira delas, que nos interessa particularmente, é a da existência de uma matriz pré-capitalista com centros de mercado que se constituem/constituíram embriões das localidades centrais, os quais vão compor no futuro-presente capitalista, oligopólico e monopolista, a rede hierarquizada de centros, de que fala Christaller, "uma forma de organização do espaço vinculada ao capitalismo" (p. 19-20) e, portanto, de natureza histórica. Isso se liga à segunda proposição de Corrêa, a de que "o arranjo estrutural e espacial da rede de localidades centrais é influenciado não apenas pelo modo como o capitalismo penetrou nas diferentes áreas do mundo, mas também é marcado pela herança do passado" (p. 28).

De fato, as observações de Corrêa (1997) referem-se à operacionalização da teoria para a hierarquização de cidades que compõem a rede urbana em recortes regionais e nacionais mas, também para o espaço intraurbano e metropolitano, os centros (e subcentros) de comércio e serviços tendem a ser hierarquizados com a aplicação das medidas de alcance espacial máximo e de alcance espacial mínimo. Isso vai conformar, do mesmo modo, uma visão hierarquizada de centros e subcentros no interior das cidades, ocorrendo igualmente a partir da operacionalização da Teoria Centro-Periferia, também banalizada em recortes que vão desde a escala mundial às escalas metropolitana e intraurbana. Cabe mais uma vez a ressalva de que os fatores que conferem centralidade a esses centros (e subcentros) são, sobretudo, de ordem econômica e política, como enfatizado anteriormente.

A forma urbana tem "caráter cumulativo", a partir de conteúdos diversos, como o meio natural, os parques industriais, as técnicas e as riquezas, as obras da cultura, os modos de vida, as situações, modulações e rupturas do cotidiano. Mas isso é mais amplo e distinto que a simples acumulação. Os conteúdos (objetos, indivíduos, situações) se excluem na diversidade, mas também se misturam e se superpõem como congregados, como "centralidades" de conteúdos diversos. Assim, o urbano, os centros urbanos são, a um só tempo, forma e receptáculo, vazio e plenitude, superobjeto e não objeto, supraconsciência e totalidade das consciências (Lefebvre, 1983).

Essas últimas assertivas conduzem à possibilidade de existência, no contexto da metrópole contemporânea, de centralidades baseadas nas formas de reprodução da vida urbana, no valor de uso e na apropriação, de qualidades e conteúdos diversos dos das localidades centrais, hierarquizadas em rede – nas escalas regional, metropolitana e intraurbana – para a produção e reprodução do sistema capitalista, estritamente baseadas no valor de troca e nas estratégias hegemônicas de dominação.

Esse tipo de centralidade "resiste" nos lugares intersticiais, residuais e opacos da metrópole, em especial nas periferias sociais e geográficas da metrópole capitalista. Isso remete a outra proposição de Corrêa (e também à Teoria dos Dois Circuitos da Economia de Milton Santos), a de que "a rede de localidades centrais aparece também como uma estrutura territorial por meio da qual o processo de reprodução das classes sociais se verifica" (Corrêa, 1997, p. 21).[1]

Assim, as localidades centrais vão funcionar de modo diverso para as diferentes classes sociais, já que estas consomem de maneira distinta os bens e serviços oferecidos pelos diferentes centros e subcentros, seja nas escalas regional, metropolitana ou intraurbana. Nos países subdesenvolvidos, a influência territorial de cada localidade central divide-se entre os dois circuitos da economia: ao contrário do circuito superior, a área de influência do circuito inferior tende a aumentar do centro para a periferia (Santos, 2004 [1979]).

E o mundo que resta ao consumo dos pobres, o circuito inferior da economia, é um mundo bem original, cuja organização pode passar despercebida para muitos que veem seu funcionamento como algo oposto à lógica. Santos lança mão da fórmula de Lavoisier – "Nada se perde, nada se cria, tudo se transforma" – para definir e descrever esse circuito econômico não moderno, que engloba a pequena produção manufatureira, o pequeno comércio e uma multiplicidade de serviços de toda espécie. O fazer desse mundo exprime a lógica do reaproveitamento e da reutilização, das pequenas quantidades e das técnicas artesanais, dos equipamentos precários e da falta de dinheiro.

O conceito de centro ou localidade central, além de estar associado à aglomeração das atividades terciárias, incorpora também os fatores que favorecem sua formação/consolidação. Portanto, quando se fala em centros e subcentros, fala-se também em áreas de fácil acesso e circulação. Por outro lado, uma área pode apresentar uma centralidade significativa, sem, necessariamente, apresentar uma forte concentração de atividades terciárias. Nas periferias metropolitanas, os centros ocorrem muito mais em função do mercado consumidor do que dos custos locacionais. Das chamadas externalidades, apenas as questões de acessibilidade e da escala de oferta de produtos são significativas (Santos e Serpa, 2000).

Nas periferias metropolitanas, também o papel histórico que um determinado espaço desempenha ou desempenhou pode, de certa forma, influenciar o processo de formação de uma localidade central. Assim, por exemplo, o valor histórico de uma praça ou o estabelecimento de uma área de lazer podem também ser fatores de influência, além de outros, como a proximidade, o fato de ser uma área de ligação, a oferta de emprego de um núcleo e o preço dos produtos e serviços (Santos e Serpa, 2000).

Afinando o olhar para a articulação dos conceitos de lugar e centralidade

A aproximação dos conceitos de lugar e centralidade exige pensar cada lugar como uma instância intermediária entre o indivíduo e o mundo. Sob essa perspectiva, cada lugar é, "à sua maneira, o mundo", visto que "o mundo se encontra em toda a parte" (Santos, 1996, p. 252).

> O lugar é o quadro de uma referência pragmática ao mundo, do qual lhe vêm solicitações e ordens precisas de ações condicionadas, mas é também o teatro insubstituível das paixões humanas, responsáveis, através da ação comunicativa, pelas mais diversas manifestações da espontaneidade e da criatividade (Santos, 1996, p. 258).

Defende-se aqui a ideia de que, na articulação/aproximação dos conceitos de lugar e centralidade, devemos nos basear em conteúdos de ordem qualitativa e simbólica, o que não exclui a possibilidade de abordagens baseadas em conteúdos quantitativos, técnicos ou funcionais. Acreditamos que as duas visões são complementares e o que aqui se deseja evitar é justamente a consolidação de uma visão hierárquica e estritamente funcional, que se reproduz em muitas análises espaciais (e nos mais diferentes recortes).

Alguns princípios fundamentais vêm norteando nossos trabalhos no âmbito das atividades do Grupo Espaço Livre de Pesquisa-Ação, nos últimos anos (Serpa, 2007a). O primeiro deles é a necessidade de superação da rígida dicotomia centro-periferia, relativizando-a a partir da operacionalização do conceito de bairro como espaço vivido e sentido, como lugar. São várias as razões para essa opção teórico-metodológica.

O processo de formação e consolidação de centralidades é dinâmico e histórico, requer a periodização como ferramenta metodológica. Essas centralidades são resultado de um processo lento e cotidiano de apropriação espacial e se traduzem em formas urbanas com forte identificação com os habitantes dos bairros populares.

Em segundo lugar, trabalhar o espaço urbano baseando-se numa rígida noção de centro-periferia esconde, na verdade, uma rica diversidade de situações, expressa na noção/no conceito de bairro como uma unidade morfológica e estrutural (Rossi, 1998), seja ele "central" ou "periférico".

A noção de centro-periferia dá conta das desigualdades, mas não das diferenças. A distinção entre ambas é importante, porque a desigualdade exige um parâmetro comum, classificatório, que permita uma comparação global; e a diferença, *stricto sensu*, o é no sentido de alteridade, não havendo, a princípio, a possibilidade de hierarquização (Haesbaert, 1997).

Priorizar o bairro como recorte espacial para os estudos de Geografia nas escalas metropolitana e intraurbana significa, mormente, tratá-lo como lugar da experiência e da ação, como espaço vivido e sentido. Entender o bairro como "lugar" implica vê-lo como um sistema de relações particular, já que o lugar é mais que a soma de objetos ou uma localização (Relph, 1979).

Esse raciocínio leva à ideia de centralidades vividas, que se constituem em qualquer recorte, seja ele intraurbano ou metropolitano, regional ou nacional, a partir da esfera da reprodução da vida e do cotidiano de relações socioespaciais em cada lugar, que é, sobretudo, intersubjetivo e relacional. Isto é, o lugar é também vivido, além de funcional.

O entendimento de tais centralidades, nas chamadas periferias metropolitanas, depende necessariamente da constituição de outro olhar sobre os espaços onde a vida cotidiana se realiza, especialmente sobre os espaços públicos urbanos e suas características nos bairros populares das metrópoles. Esses espaços se compõem como um "sistema" nas periferias metropolitanas e têm funcionamento similar e integrado à lógica do circuito inferior da economia nas áreas populares das metrópoles. É a lógica da invisibilidade e do não reconhecimento pelos agentes hegemônicos da produção do espaço urbano que vai determinar, em última instância, a possibilidade de surgimento de centralidades nessas áreas, nos termos colocados nesta reflexão.

Nossas análises precisam se ocupar dos espaços ocultos e residuais, onde a população dos bairros populares compartilha seus encontros, seu lazer e sua diversão. E é claro que isso exige um novo sentido para o conceito de centralidade e para as intervenções sobre o espaço da cidade: "esses espaços já complexos podem ser articulados, acentuando-se diferenças e contrastes, impulsionando na direção da qualidade que sobredetermina as quantidades" (Lefebvre, 1991, p. 133).

É preciso, pois, debruçar-se sobre essas centralidades nos espaços urbanos residuais e intersticiais, nas "sobras" e nos "restos" de cidade não "aproveitados" pelas estratégias dos agentes hegemônicos de produção do espaço. Isso coloca, para a Geografia, uma agenda de pesquisa, que busque qualificar os encontros e as trocas na metrópole contemporânea, focando a densidade da ocorrência de manifestações culturais nos espaços públicos e refletindo sobre a adequação entre formas e conteúdos urbanos.

É necessário qualificar nossas análises e nossos levantamentos, dando visibilidade àquilo que está oculto para a produção e o consumo cultural de massa. Trata-se de explicitar as manifestações da cultura popular em nossas cidades e suas formas de organização, resgatando o sentido lúdico e a ludicidade do urbano no período contemporâneo.

Nas grandes cidades, na condição de estarem imunizadas contra a banalização do consumo sonhado e da alienação que "empanturra", mas nunca satisfaz, "as populações desenraizadas terminam por reconstruir uma nova cultura popular, que é ao mesmo tempo filosofia e, por isso, um caminho para a libertação" (Santos, 1992, p. 66).

A libertação do consumo e da alienação a ele inerente conduz à vontade de enfrentar o futuro, a partir de um novo entendimento da realidade que muda, mudando o observador. Sem os recursos necessários para adquirir aquelas coisas que asseguram a reprodução da cultura de massas, os carentes, sobretudo os mais pobres, escapam à sua lógica uniformizante, enquanto as classes médias "amolecidas", "empanturradas" e nunca satisfeitas assim justificam "sua pobre existência" (Santos, 1992, p. 66).

Mesmo com déficits evidentes de infraestrutura, com o quadro generalizado de pobreza, desemprego e problemas ambientais, os bairros populares das metrópoles brasileiras são centrais para a diversidade social e cultural no espaço metropolitano. E isso acontece apesar da concentração dos equipamentos culturais nos bairros de classe média, como, por exemplo, em Salvador e nos demais municípios de sua região metropolitana.

É importante observar, nesse contexto, que não se trata de modo algum de uma ideia hegemônica de cultura, de uma "cultura erudita", mas, ao contrário, de ideias alternativas à cultura dominante, que se manifestam no dia a dia das áreas populares da metrópole (Serpa, 2004 e 2007b).

De modo paradoxal, as áreas populares das periferias metropolitanas transformam-se em centros de cultura urbana em Salvador, no "coração" de diferentes manifestações da cultura afro-brasileira, como os blocos afro Ilê Aiyê e Araketu, por exemplo. Como local de nascimento de muitos artistas, que encontram grande sucesso na indústria cultural do país, as periferias soteropolitanas desempenham um papel central na maior festa de rua do planeta: o carnaval de Salvador.

Muitas manifestações culturais, graças ao trabalho de associações de moradores e de organizações não governamentais, acontecem nas áreas populares das metrópoles brasileiras sem nenhum apoio institucional ou financeiro. Elas representam, muitas vezes, um capital cultural desconhecido e invisível, do qual as cidades e seus habitantes poderiam tirar mais proveito do que o ocorrido até aqui.

A valorização dessas ideias de cultura alternativas poderia funcionar, sem sombra de dúvidas, como uma eficiente estratégia de desconstrução do estigma e do preconceito em relação a grupos socioeconomicamente frágeis, mas ricos e diversos no tocante ao capital cultural de que dispõem e que reproduzem no seu cotidiano.

Finalmente, é preciso reconhecer os lugares populares das metrópoles como centrais para o cotidiano e a vida, desfazendo paulatinamente a ideia de uma hierarquia de centros e assumindo o princípio de que todos os lugares são centralidades potenciais e merecem destaque na produção do conhecimento geográfico.

À guisa de conclusão: as "brechas espaciais" das metrópoles contemporâneas

As metrópoles contemporâneas se apresentam como aglomerados de muitos lugares, como multiplicidade de centros e centralidades.

Minhas pesquisas em Salvador, São Paulo, Viena, Paris e Berlim apontam para o ressurgimento do local, das pequenas extensões territoriais, no fazer política, entendida aqui como poder de ação sobre o lugar.

Segundo Sposito, no capítulo "A produção do espaço urbano: escalas, diferenças e desigualdades socioespaciais", contido neste livro, as escalas dos interesses econômicos, da ação política e da vida social não são muitas vezes coincidentes, fazendo surgir, no espaço metropolitano, desencaixes e rupturas que revelam também "brechas espaciais", em que o divórcio entre poder e política se desfaz, e ambos voltam a operar efetivamente no plano local. Os agentes que detêm o poder econômico e político em outras escalas se mostram, por outro lado, incapazes de controlar ou evitar o surgimento dessas brechas espaciais que permitem a realização de ações e discursos não necessariamente hegemônicos.

E ação e discurso são, afinal, a síntese do que é política e expressam também o exercício efetivo de poder (Arendt, 2000).

É certo que o espaço não pode mais ser visto apenas a partir do que está localizado e que nossa imaginação geográfica deve se centrar no conteúdo relacional do espaço, a partir da qualificação e da des-hierarquização de nossas análises. Há, é certo também, uma morfologia própria a essas brechas espaciais, na qual os encontros e os contatos se estabelecem e se articulam.

Como abordado em outras ocasiões (Serpa, 2009), essas brechas espaciais são formas-conteúdo bem diversas e plurais, podendo se manifestar de modo bastante diverso nos diferentes contextos espaço-temporais de ocorrência.

Tão importantes quanto o espaço das associações de moradores para a elaboração de ativismos socioculturais nos bairros populares de Salvador, os terreiros de candomblé, escolas, igrejas, templos, clubes esportivos e campos de futebol compõem sua base espacial, definindo novas formas de relações e articulações sociais numa esfera pública urbana que, a um só tempo, condiciona conteúdos culturais e políticos e é por eles condicionada. Esses espaços constituem a "espacialidade primária", baseada na contiguidade, para atuação de redes associativistas e submersas,[2] extrapolando, muitas vezes, os limites dos bairros onde se inserem, articulando dimensões e recortes que variam do local ao global (Serpa, 2009).

Os terreiros de candomblé nos bairros populares de Salvador são exemplares nesse sentido, cumprindo importante papel para a disseminação de ativismos socioculturais nas áreas populares da cidade. Dos 1.138 terreiros cadastrados por ocasião do mapeamento realizado em 2007 pelo Centro de Estudos Afro-Orientais da Universidade Federal da Bahia, cerca de 30% realizam trabalhos de cunho sociocultural nas áreas onde estão inseridos, como a manutenção de creches, realização de cursos e palestras, e distribuição de cestas básicas. Essas atividades podem ser, inclusive, motivo de articulação em rede dos templos religiosos de matriz africana, para além dos limites dos bairros onde estão situados (Jornal A Tarde, 2006 e 2007).

Portanto, além de territórios sagrados, os terreiros são também um nó importante das redes de relações sociais que se estabelecem na capital baiana, desenvolvendo um trabalho que é, a um só tempo, religioso, cultural, político e social. São, sobretudo, espaços de cultura e articulação política, de sociabilidade e solidariedade.

O desafio é equacionar um método para entender essas brechas espaciais, sem necessariamente medi-las ou quantificá-las, o que seria impróprio para esse fim. Se as diferenças são algo mais abrangente que as desigualdades, como estabelecer parâmetros para um método assim?

Essas estratégias metodológicas podem se estabelecer a partir da qualificação dos contatos, das articulações que essas brechas espaciais proporcionam, caracterizando os agentes que delas se apropriam, que circulam por metrópoles estilhaçadas em pedaços, mas que também se localizam em momentos e situações específicas.

Essas brechas espaciais são multifacetadas em forma e conteúdo, quebram a hierarquia da desigualdade centro-periferia e proporcionam contatos entre diferentes. E contatos aqui não pressupõem, de modo algum, ausência de conflito, muito pelo contrário!

Além da necessidade de caracterizar os agentes que se apropriam dessas brechas, é preciso também caracterizar e explicitar a qualidade desses conflitos, pois não há contato sem conflito, assim como não há a possibilidade de colar pedaços, juntar fragmentos, sem fricção, sem encontro.

Por fim, deve-se enfatizar que não pretendemos, com a discussão aqui proposta, a adoção de um tratamento localista dos lugares e das centralidades em um contexto de metropolização e mundialização. Como Santos (1996), defendemos revisitar o conceito de lugar no mundo atual, para encontrar seus novos significados. Ou ainda, como proposto por Carlos (2001), pensar os lugares e centralidades da metrópole contemporânea como bases para a reprodução da vida cotidiana, os quais podem e devem ser analisados a partir da relação habitante-lugar como produtora de identidades individuais e coletivas.

Enfim, o desafio é restabelecer a dialética entre centro e centralidade, pensando os lugares como formas-conteúdo diversas, como brechas espaciais nos contextos urbano e metropolitano. Isso pode atribuir, sem dúvida, novos significados à análise dos lugares e de sua morfologia sócio-espacial nas metrópoles contemporâneas.

Este capítulo foi debatido, em sua versão preliminar, no *workshop* do Grupo de Estudos Urbanos (GEU) realizado em julho de 2008, na Universidade de São Paulo.

Notas

1 As outras proposições de Corrêa (1997), não explicitadas aqui, dizem respeito à correlação locacional hierárquica derivada da coesão de interesses da classe dominante e do capital estrangeiro em países não industrializados ou onde a industrialização é espacialmente concentrada, e à conexão entre as redes hierarquizadas de centros e o capitalismo monopolístico.

2 As redes submersas e informais são "redes de relações entre indivíduos, em decorrência de conexões preexistentes, relações semiformalizadas que dão origem a quase grupos" (Scherer-Warren, 1996, p. 168). Redes submersas que se constituem a partir de relações de proximidade no cotidiano, como, por exemplo, no uso diário do transporte coletivo para os deslocamentos casa-trabalho ou casa-escola.

Bibliografia

ARENDT, Hannah. *A Condição Humana*. 10. ed. Rio de Janeiro: Editora Forense Universitária, 2000.

AUGÉ, Marc. *Não-lugares*: introdução a uma antropologia da supermodernidade. São Paulo: Papirus Editora, 1994.

CARLOS, Ana Fani Alessandri. *Espaço-tempo na metrópole*: a fragmentação da vida cotidiana. São Paulo: Contexto, 2001.

CASTRO, Iná Elias de. O Problema da Escala. In: CASTRO, Iná Elias de; GOMES, Paulo César da Costa; CORRÊA, Roberto Lobato (orgs.). *Geografia*: Conceitos e Temas. Rio de Janeiro: Bertrand Brasil, 1995, p. 117-140.

CORRÊA, Roberto Lobato. *Trajetórias Geográficas*. Rio de Janeiro: Bertrand Brasil, 1997.

DARDEL, Eric. *L'homme et la terre*. Paris: Editions du CTHS, 1990 [1952].

HAESBAERT, Rogério. *Des-territorialização e identidade*. Niterói: EDUFF, 1997.

HOLZER, Werther. A Geografia Humanista: uma revisão. *Espaço e Cultura*, Rio de Janeiro, n. 3, 1997, p. 8-19.

JORNAL A TARDE. Solidariedade do Candomblé, Salvador, 30/7/2006.

________. Terreiros cumprem papel social em suas comunidades, Salvador, 12/5/2007.

LEFEBVRE, Henri. *La revolución urbana*. Madrid: Alianza Editorial, 1983.

________. *O direito à cidade*. São Paulo: Editora Moraes, 1991.

________. *La production de l'espace*. 4. ed. Paris: Anthropos, 2000.

RELPH, Edward. As bases fenomenológicas da geografia. *Geografia*, Rio Claro, v. 4, n. 7, 1979, p. 1-25.

ROSSI, Aldo. *A arquitetura da cidade*. São Paulo: Martins Fontes, 1998.

SANTOS, Jânio; SERPA, Angelo. A produção espacial do comércio e dos serviços nas periferias urbanas: um estudo de caso em Salvador. *GEOUSP – Espaço e Tempo*, São Paulo, v. 8, n. 8, 2000, p. 45-65.

SANTOS, Milton. *O Espaço do Cidadão*. 2. ed. São Paulo: Nobel, 1992.

________. *Metamorfoses do espaço habitado*. 3. ed. São Paulo: Editora Hucitec, 1994.

________. *A natureza do espaço*: técnica e tempo, razão e emoção. São Paulo: Hucitec, 1996.

________. *O espaço dividido*. 2. ed. São Paulo: Edusp, 2004 [1979].

SCHERER-WARREN, Ilse. Metodologia das Redes no Estudo das Ações Coletivas e Movimentos Sociais. In: COLÓQUIO SOBRE PODER LOCAL, 6, Salvador, 1994. *Anais*... Salvador: NPGA/UFBA, 1996, p. 165-176.

________. Experiência e vivência, percepção e cultura: uma abordagem dialética das manifestações culturais em bairros populares de Salvador-Bahia. *RA'EGA – O Espaço Geográfico em Análise*, Curitiba, n. 8, 2004, p. 19-32.

________ (org.). *Cidade Popular* – Trama de relações sócio-espaciais. Salvador: EDUFBA, 2007a.

________. Periferização e metropolização no Brasil e na Bahia: O exemplo de Salvador. *Geotextos* (UFBA), Salvador, v. 3, 2007b, p. 31-46.

________. Ativismos socioculturais nos bairros populares de Salvador: relações entre cultura e política na articulação de novos conteúdos para a esfera pública urbana. *Cidades*, Presidente Prudente, v. 6, n. 9, jan./jun., 2009, p. 155-191.

SERPA, Angelo. Experiência e vivência, percepção e cultura: uma abordagem dialética das manifestações culturais em bairros populares de Salvador-Bahia. *RA'EGA – O Espaço Geográfico em Análise*, Curitiba, n. 8, p. 19-32, 2004.

________ (Org.). *Cidade Popular* – Trama de relações sócio-espaciais. Salvador: EDUFBA, 2007a.

________. Periferização e metropolização no Brasil e na Bahia: O exemplo de Salvador. *Geotextos* (UFBA), Salvador, v. 3, p. 31-46, 2007b.

________. Ativismos socioculturais nos bairros populares de Salvador: relações entre cultura e política na articulação de novos conteúdos para a esfera pública urbana. *Cidades*, Presidente Prudente, v. 6, n. 9, p. 155-191, jan./jun., 2009.

SPOSITO, Maria Encarnação Beltrão. *O chão em pedaços*: urbanização, economia e cidades no Estado de São Paulo. 2004. 504 f. Tese (Livre-Docência) – Faculdade de Ciências e Tecnologia, Universidade Estadual Paulista, Presidente Prudente.

________. Cidades médias: reestruturação das cidades e reestruturação urbana. In: SPOSITO, Maria Encarnação Beltrão (org.). *Cidades médias* – espaços em transição. São Paulo: Expressão Popular, 2007, p. 233-253.

________. A produção do espaço urbano: escalas, diferenças e desigualdades socioespaciais. In: CARLOS, Ana Fani Alessandri; SOUZA, Marcelo Lopes de; SPOSITO, Maria Encarnação Beltrão (orgs.). *A produção do espaço urbano*: agentes e processos, escalas e desafios. São Paulo: Contexto, 2011, p. 123-145.

TUAN, Yi-Fu. *Espaço e lugar*. São Paulo: Difel, 1983.

A MOBILIDADE/IMOBILIDADE NA PRODUÇÃO DO ESPAÇO METROPOLITANO

Glória da Anunciação Alves
Universidade de São Paulo

Para discutir como o processo de circulação vem contribuindo para a produção do espaço e reforçando as diferenciações socioespaciais, tomamos a metrópole como escala de análise por entender que, na atualidade, esta é a mais adequada para entender as articulações/os conflitos presentes na dinâmica espacial, marcada pelo processo de mundialização. A metrópole, diante dessa realidade, transforma-se no espaço onde melhor se percebem as mudanças do setor produtivo, que implicam transformações socioespaciais e acentuam o processo de diferenciação socioespacial, o qual pode levar, em última instância, à homogeneização de espaços, de um lado, fortificados, onde as classes mais abastadas vivem, procurando se isolar dos "perigos" urbanos, e de outro, marcados pelo predomínio de uma população de baixos ou pouquíssimos recursos financeiros.

A metrópole, que pode ser caracterizada como o espaço de concentração populacional, de riquezas, de tecnologia, de inovação, de difusão da modernidade e de possibilidades, justamente pela existência concentrada de atividades e serviços, é também marcada pelo aumento da pobreza, da violência, das formas precárias de habitação e, atualmente, no caso brasileiro,[1] pela ampliação do número de trabalhadores informais que ocupam os espaços públicos para a reprodução da vida. Ainda que da forma até aqui exposta possa parecer que se trata de uma abordagem binária e, mesmo que bem marcados os espaços acima citados, eles se articulam dialeticamente, não podendo ser entendidos unilateralmente.

Optamos por tratar de mobilidade/imobilidade em função das ações estatais (hoje em geral articuladas por meio de parcerias público-privadas – as PPPs) ligadas à criação de estruturas de circulação viária metropolitana, que vem produzindo um processo de rápidas transformações, em especial nas áreas chamadas de periféricas ou, como muitas vezes designadas em documentos oficiais, periurbanas.

A região metropolitana de São Paulo, cujo centro é a capital do estado, abrange 39 municípios. De acordo com Aranha (2005), é a cidade onde ocorrem quase 60% dos deslocamentos diários da população metropolitana.

Como uma metrópole corporativa e fragmentada, nas palavras de Milton Santos (1990), ela possui uma hierarquização reforçada no atual momento produtivo, marcado pela produção flexível em que os fluxos de informações, de mercadorias e financeiros são essenciais.

Na metrópole, as implicações dessa mudança produtiva podem ser percebidas pela expansão do trabalho informal (ligado à crise do mundo do trabalho), do *habitat* precário (favelas, cortiços, pessoas em situação de rua), e pelo aumento da diferenciação socioespacial.

Mas o que vem a ser a diferenciação socioespacial? Para Corrêa (2007, p. 61-72), ela é inerente ao processo de produção capitalista e pode se manifestar distintamente de acordo com a escala de análise: na rede urbana, pode aparecer como diferenciação funcional; na escala intraurbana, traduz-se pela divisão econômica e social do espaço. Carlos (2007, p. 45-60) indica que a desigualdade seria o centro explicativo da diferenciação e imanente à produção espacial "fundada na contradição entre a produção social do espaço e a sua apropriação privada" (p. 48). Para Serpa (2011), as diferenciações socioespaciais devem ser discutidas a partir dos conteúdos da centralidade, e em especial, dos novos conteúdos e de como analisá-los.

Desigualdade, funcionalidade e novos conteúdos da centralidade tornam-se então essenciais para entender as diferenciações socioespaciais, ou seja, compreender a sociedade a partir de sua produção espacial.

A metrópole, como espaço que tendencialmente se apresenta fragmentado, hierarquizado e homogêneo (Lefebvre, 1986) precisa, funcionalmente, de estruturas que possibilitem a articulação/desarticulação das áreas e que, ao mesmo tempo, propiciem o desenvolvimento do processo de diferenciação socioespacial.

No caso paulista, assim como em boa parte do território brasileiro, desde os anos 50 do século xx, optou-se pelo sistema rodoviário para a articulação dos espaços produtivos. Mesmo com a existência de vias férreas e, mais tarde, na metrópole paulista, do sistema metroviário, ainda hoje são as ruas, avenidas, rodovias[2] e os anéis viários a base da circulação de mercadorias e pessoas.

Mesmo a expansão da metrópole, desde os anos 40 do século xx, no caso da cidade de São Paulo, ocorreu a partir da criação de loteamentos populares, muitos deles, segundo Langenbuch (1971), com a característica de loteamento-ônibus, ou seja, assim que era aberto, já se colocava à disposição dos interessados/necessitados a linha de ônibus que os levaria ao trabalho nas centralidades existentes (ou o centro da cidade ou os subcentros como Pinheiros, Santo Amaro e Osasco, entre outros).

É nesse momento que se começa a falar em periferia e não mais em subúrbios, até então associados a áreas de transição entre o campo e a cidade e que, em geral, se localizavam nas proximidades de uma estação ferroviária.[3]

Hoje, a crise do mundo do trabalho,[4] em uma escala metropolitana, leva, por falta de perspectivas de inserção no mercado de trabalho, a formas de imobilidade social[5] que se materializam pela imobilidade espacial ou até mesmo pela mobilidade descendente espacial[6].

Dos fatores que eventualmente provocam a imobilidade e/ou mobilidade descendente tanto espacial como social, podemos destacar: insuficiência de recursos para manutenção das necessidades cotidianas advindas das baixas remunerações e, aliado a isso, o aumento das despesas com aluguel, alimentação, vestuário e transporte; perda do emprego e/ou da atividade (ainda que informal) que possibilitava a inserção (mesmo que precária) no sistema produtivo e que permitia a reprodução da vida.

Mudar essa situação pressupõe ter acesso a localizações que concentram as possibilidades de empregos e ou atividades informais que permitam minimamente a sobrevivência, e isso torna fundamental a mobilidade espacial pela metrópole. Mas como se locomover na escala metropolitana? Com quais recursos?

Dados elaborados por órgãos de pesquisa (Observatório das Metrópoles, 2005) mostram uma ampliação do número de pessoas que se deslocam a pé na região metropolitana por falta de recursos.[7] Esse dado limita o acesso a mudanças e crescimento, ou seja, àquilo que, a princípio, seria uma característica da metrópole entendida como espaço de possibilidades. Desse modo, muitas vezes, os deslocamentos se reduzem ao percurso casa-trabalho (quando o há) ou casa-trabalho-escola.

A imobilidade física, em geral, está associada a uma imobilidade social, articulada às formas de habitações precárias, em espaços da metrópole localizados predominantemente nas chamadas áreas periféricas da cidade, cujas dificuldades de acesso às benfeitorias sociais (desde infraestrutura básica, passando por instituições de ensino e saúde, bem como culturais) são grandes. Mas, ao mesmo tempo e às vezes em espaços vizinhos, outras formas de diferenciação espacial crescem, como os condomínios fechados, que promovem o que muitos chamam de autossegregação.

Até o início dos anos 80 do século xx, a diferenciação espacial nas cidades, em especial nas metrópoles brasileiras e, mais especificamente, considerando a realidade paulistana, era caracterizada pela existência de dois espaços aparentemente duais, entretanto articulados, e que só podiam ser entendidos a partir da relação estabelecida entre si, ainda que no senso comum aparecessem como antagônicos: um, marcado pela produção e concentração da riqueza – o centro ou, como diziam os moradores da periferia, "a cidade" –, e o outro, a periferia, cuja característica mais difundida é a da escassez, no caso, de praticamente tudo: serviços, equipamentos, lazer, cultura, trabalho, acessibilidade a outras partes da cidade, por exemplo.

Chamo a atenção para o senso comum, pois é nele que os conteúdos geográficos tomam corpo e se unem ao cotidiano de nossa sociedade. A incorporação, pelos grupos sociais, de conteúdos geográficos que passam a fazer parte do conjunto de conhecimentos, os quais forneceriam aos cidadãos elementos para a compreensão da realidade, tanto pode fazer parte do projeto de transformação da sociedade (com a possibilidade da urbanização para todos), quanto da manutenção das amarras e opressões existentes, mantendo o que Damiani (2005b) chama de urbanização crítica, ou seja, a impossibilidade do urbano para todos.

Mas o que é centro e o que é periferia? Esse par dialético mantém hoje poder explicativo para os novos processos urbanos? De que forma a noção de mobilidade permite entender a produção/reprodução desses espaços?

Ainda que possa ser analisado em várias escalas, o centro tem como atributo a centralidade, ou seja, a capacidade de concentrar, em um determinado espaço, vários elementos necessários à reprodução da vida e, no sistema capitalista, a reprodução do próprio sistema, como equipamentos de circulação (de fluxos de informações, mercadorias, pessoas), comércio (banal e especializado), serviços (sofisticados e comuns). Se no passado (até os anos 1950 no Brasil) podia-se dizer que o centro das cidades era único, hoje temos vários tipos de centros, alguns com centralidades específicas e monofuncionais, muitas vezes destinados a grupos específicos da sociedade, outros mais tradicionais, com comércio diversificado e uma mescla maior de grupos sociais.

Essa diversificação de escalas foi possível, entre outros motivos, em razão dos avanços técnicos que possibilitaram a oferta de vários serviços em rede, inclusive de escala administrativa, facilitando, ao menos em teoria, o acesso a eles.

Segundo Lefebvre (1986), o centro é mais do que funcionalidade econômica e política. Ele é um referencial social, é da vida cotidiana. Justamente por isso pode gerar o processo de valorização e desvalorização espacial. Por ter o atributo da centralidade, da concentração de atividades, pode, num primeiro momento, ser alvo de uma valorização espacial, pela acessibilidade que oferece a tudo que é necessário ao desenvolvimento pleno da vida (os meios de locomoção e circulação, os equipamentos de saúde, de ensino, religiosos, lazer, comércio e serviços no geral, além da moradia e, quando possível, o trabalho).

Mas quando esses espaços, justamente por possuírem essa qualidade, e também por serem um referencial de vida, passam a ser local de atratividade tanto para o turismo quanto para moradia de novos residentes, eles são transformados. Isso pode fazer com que haja uma saturação do lugar e se inicie um processo de desvalorização de algumas áreas, permitindo que haja uma mudança do tipo de moradia e do perfil dos moradores, de forma que centros tradicionais e históricos sejam, em determinados momentos, mais atraentes para uma população de baixa renda que, mesmo vivendo em habitações mais precárias, como os cortiços, prefere estar ali justamente pela proximidade com tudo o que para ela significa a cidade.

Como se trata de um processo de valorização/desvalorização, em constante mutação e articulado a um movimento mais geral de produção espacial, temos, ao mesmo tempo, a expansão das periferias em que a diferenciação socioespacial se manifesta a partir de espaços aparentemente contraditórios, mas que se combinam na produção espacial: os condomínios fechados, voltados à população de alta renda, e os bairros precários, em que predomina a população de baixa renda, estes sim denominados comumente de periferia.

No caso do que se chama de periferia, e que vem desde os anos 1980 sendo divulgado na mídia, incorporado nas conversas cotidianas de escolares, de vizinhos e demais relações sociais, a noção ficou restrita àquilo que, a partir dos anos 70 do século xx a Geografia assim denominava. Segundo Langenbuch (2001, p. 89), por periferia entendia-se:

> [...] qualquer aglomeração urbana, não necessariamente grande, localizada via de regra em porção próxima aos limites externos da área edificada, onde predomina a ocupação residencial pelas camadas pobres da população, estabelecida aí de modo bastante precário [...] é comum haver uma elevada densidade demográfica [...]

Assim, a Geografia, muito influenciada pelas discussões vindas da Sociologia, incorporou a dimensão social ao conceito que anteriormente, ao menos no Brasil dos anos 1940, de acordo com levantamentos feitos em trabalhos da época (Azevedo, 1961), quando usado, limitava-se a indicar áreas que ficavam muito distantes do centro, mas que não necessariamente eram compostas por populações de baixa renda.

Essa associação de periferia com áreas distantes do centro e população de baixa renda se generaliza de tal forma que bairros distantes, mas compostos por populações abastadas, passam a não ser considerados periferia, reiteradamente designados como "condomínios fechados",[8] como no caso paulista da região de Alphaville e da Granja Viana, entre outros, e que, quando de sua criação, embora localizados distantes do centro paulista, contavam com boa acessibilidade por meio de rodovias como a Castelo Branco e a Raposo Tavares, respectivamente.

Por periferia designavam-se as áreas nos limites da urbanização paulista, onde predominavam os loteamentos[9] com unidades de pequenas dimensões (muitas vezes não mais de 50 m^2), com falta de quase todo tipo de equipamentos sociais (hospitais, escolas, creches) e de infraestrutura (pavimentação, água encanada, energia elétrica), acompanhada de dificuldades de mobilidade (precariedade dos transportes públicos), com predominância de população de baixa renda, normalmente migrantes vindos de todas as partes do país.

Essa associação periferia-pobreza generaliza-se a ponto de Martins (2001) falar em periferização das áreas centrais ao registrar o aumento de população de baixa renda nessas áreas, vivendo em moradias precárias (cortiços, por exemplo), ou mesmo pelo aumento de moradores de rua nessa região. Vale lembrar que as chamadas moradias precárias (como os cortiços) existem na cidade (inclusive no chamado centro) de

São Paulo desde fins do século XIX, ficando difícil falar em periferização do centro se pensarmos apenas no critério renda e, mesmo assim, tal afirmação não seria correta, já que, na região em questão, é grande a percentagem de moradores de alta renda.[10]

Hoje temos áreas distantes 20 ou 30 km das áreas centrais da metrópole, e também das centralidades existentes nos municípios que compõem a região metropolitana, que se diferenciam na paisagem pela presença/escassez de serviços: de um lado, loteamentos fechados, em que boa parte das necessidades[11] de seus moradores é satisfeita nas centralidades da metrópole, exigindo o deslocamento por meio do uso de veículos particulares; de outro, ocupações regulares[12] e irregulares, em que predominam pessoas de menor poder aquisitivo.

Ainda que existam precariedades, parte do que normalmente se denomina periferia teve grandes mudanças ao longo das duas últimas décadas[13]: há eixos de desenvolvimento em que as ruas são pavimentadas, há energia elétrica, água tratada (mas não há sistema de coleta e muito menos tratamento de esgoto), equipamentos públicos como escolas, delegacias, postos de saúde, bem como o desenvolvimento de várias atividades necessárias para a sobrevivência dos moradores locais, como salões de beleza, bares, *lan houses*, lojas de materiais de construção, oficinas mecânicas, armarinhos ou lojas que vendem produtos variados, por exemplo.

Em pesquisas realizadas nos municípios da zona sudoeste da região metropolitana,[14] foi constatada a presença de infraestruturas mínimas[15] nos eixos, e uma maior precariedade entre as áreas que se localizam entre eles. É nestas, por exemplo, onde se encontram as favelas; e a coleta de lixo fica restrita apenas às ruas pavimentadas. Vale destacar que mesmo entre os que aparentemente se encontram em situação precária, há uma distinção e hierarquização socioespacial: os que regularizaram sua situação perante o poder público reconhecem-se como proprietários (de um terreno, com sua respectiva moradia), enquanto aos outros (que não possuem formalmente a propriedade) é reconhecida a necessidade da moradia para a sobrevivência, mas sob a denominação de "invasores" e responsáveis, a partir de sua existência, pelos novos problemas na área.[16]

Por que essa pequena descrição? Para ressaltar a importância que assumiu a propriedade privada como fundamento para a reprodução das desigualdades socioespaciais nas diversas camadas da sociedade, já que os que dela se apossam conseguem se reconhecer com um *status* melhor que o daqueles que não a possuem, ainda que defendam o direito de todos à moradia, entendida como direito à propriedade privada, construção esta realizada ao longo do processo de crescimento das cidades brasileiras.

Se desde os anos 50 do século XX a concentração da propriedade privada nas mãos de poucos possibilitava aferir capital a partir desse monopólio, hoje a manutenção da propriedade do solo urbano permite transformações espaciais em grande escala por parte dos incorporadores imobiliários que, associados ao poder público, tomam o espaço como necessário e fundamental para minimizar o problema do capital excedente (HARVEY, 2009).

Surge aí outra questão: até que ponto a propriedade privada é fundamental para a reprodução do sistema e quando, e de que forma se torna um empecilho, ainda que momentâneo?

Sobre isso, remetemo-nos ao trabalho de Carlos (2001), que analisa a Operação Urbana Faria Lima, em que a existência da propriedade privada, no caso dos moradores da Vila Olímpia, foi considerada um problema à transformação daquele espaço, resolvido, não sem conflitos, pela ação do Estado que, em nome do chamado desenvolvimento social, suspende momentaneamente o direito à propriedade do solo urbano para garantir a transformação espacial.

Essas ações têm se repetido em escala metropolitana, a partir de projetos de escala estadual, como é o caso da construção do Rodoanel[17]. Executado em várias fases, tem concluídos os trechos oeste e sul[18] (Mapa 1).

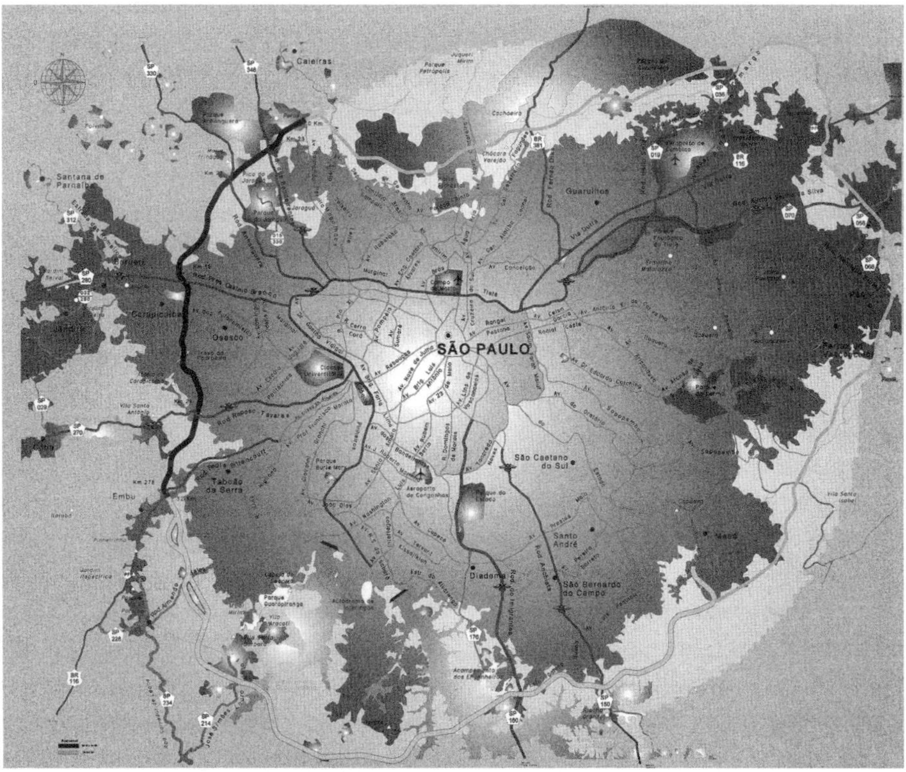

Fonte: www.rodoanelmariocovas.com.br

Trecho Oeste
Trecho Sul

Mapa 1 – Grande São Paulo. Trechos oeste e sul do Rodoanel, 2010

A especificidade dessa obra é que, por se tratar de uma via de escala metropolitana, está sendo executada na periferia da região metropolitana paulistana, espaço em que ainda se encontram áreas com resquício de produção agrícola, permeadas com pontuais ocupações (ir)regulares de alta e baixa renda, em regiões onde há uma tendência de crescimento populacional, associadas a áreas de proteção ambiental.

Nesse sentido, mesclam-se no discurso elementos como a propriedade privada do solo e a chamada necessidade de proteção ambiental, que justificam o processo de diferenciação socioespacial levando, tendencialmente, à segregação de populações nessas áreas.

Para a população de mais baixa ou mesmo nenhuma renda, morar nessas áreas não é uma opção, é contingência, necessidade de sobrevivência, diferentemente da população de mais alta renda que "opta"[19] por morar em enclaves fortificados, associando segurança a melhor qualidade de vida.[20]

Dessa forma, as ocupações periféricas de baixa renda já são uma forma de segregação socioespacial. Além de, com frequência, ficar prisioneira nesse espaço, impossibilitada de locomover-se e acessar as possibilidades existentes na metrópole, por falta de recursos para circulação, associada muitas vezes à falta de capacitação profissional, a essa população ainda é imputada a culpabilidade por todo tipo de problemas urbanos existentes no local: ocupação irregular, violência urbana, degradação do meio ambiente, por exemplo. Assim, são responsabilizados pela própria situação em que se encontram, até mesmo quando há mortes devido a deslizamentos de terras (principalmente nas chamadas áreas de risco) e enchentes (nos bairros localizados nas várzeas), sem que se questionem os motivos que levaram as pessoas a morar nesses locais, nem a falta de outras possibilidades, incluindo uma política de habitação que atendesse[21] à maior parte da população.

Nas chamadas áreas periurbanas ou da franja urbana da região metropolitana paulistana há, como já dissemos, uma ocupação não contínua mesclada a áreas (quando há) de vegetação secundária.[22] E é sobre essa área, nos fragmentos em que predomina a moradia e reprodução da vida da população de mais baixa renda, que o discurso técnico engendra ações que podem levar ao impedimento da possibilidade do morar que aí já aparecia como limite à reprodução da vida.

É com a racionalidade técnica (Lefebvre, 1984) que se justificam as ações (ou tentativas) de expulsão/retirada da população das áreas tidas como fundamentais à preservação ambiental e que, ao mesmo tempo, possibilita a implantação de novas racionalidades técnicas, no caso um anel viário, fundamentais à maximização da circulação de mercadorias em um fluxo (teoricamente) de rápida velocidade.

Quando da realização de obras viárias, como o Rodoanel, por exemplo, minimizam-se os impactos dessa construção sobre o meio ambiente (incluindo-se aí os transtornos[23] causados à população impactada pela obra). Até mesmo essa minimização de seus efeitos é calcada na cientificidade que "justifica a racionalidade burocrática, estabelece (ilusoriamente) a competência dos tecnocratas" (Lefebvre, 1984, p. 68).

Num primeiro momento, afirma-se que, nessa situação, por exemplo, de acordo com os estudos (de especialistas de flora), não há na região mata primitiva e que, portanto, a obra em si não está afetando a preservação, já que muito pouco ou nada (de original) há para ser preservado. Ao contrário, a grande obra pode propiciar, além da rodovia, a regeneração da mata, a partir de um povoamento planejado de espécies da mata original. Novamente reporta-se aos estudos científicos e faz-se a proposição, quase na forma de modelo, das chamadas "compensações ambientais" como contrapartida aos possíveis problemas que a obra possa trazer, mesmo indicando que os impactos são mínimos.

Subjacente ao discurso tecnocientífico, pautado na minimização de impactos ambientais e à proposição de ações (futuras) de compensação ambiental, a verdade é que a obra viária potencializa em velocidade não só a articulação das principais vias de fluxos de mercadorias, como também a criação de novos espaços qualificados, tanto para moradia, quanto para o desenvolvimento empresarial, configurando-se como indutora ao avanço do capital.

Para a moradia, principalmente a voltada às classes mais abastadas e médias da sociedade, são criados novos empreendimentos imobiliários sob a forma de loteamentos fechados que vendem a proximidade com a natureza, no caso, com os futuros parques a serem criados como forma compensatória ambiental e, ao mesmo tempo, a contiguidade com a própria via que permitirá aos futuros moradores o acesso à capital e às principais vias de ligação com o interior e o litoral paulista, ampliando as possibilidades de locomoção tanto para o trabalho como para o lazer (principalmente às segundas residências na praia ou no campo).

Com relação à valorização comercial, essa obra viária permite que se intensifique a instalação de empresas ao longo das principais rodovias que a ela se articulam, principalmente nos trechos próximos às ligações entre as estradas e o anel viário metropolitano, valorizando áreas antes vazias de instalações do gênero. Destaca-se o papel de plantas ligadas à logística das empresas e o surgimento de eixos empresariais com esse perfil, que se beneficiarão com a possibilidade de que suas mercadorias estocadas sejam rapidamente distribuídas não só para o estado de São Paulo, como para todo o Brasil[24] e o exterior[25].

Como construção específica para garantir a melhor fluidez de mercadorias, ainda que com recursos de toda a sociedade, a via que possibilita essa rápida circulação é, ao mesmo tempo, mais um elemento que potencializa a imobilidade física da população mais carente que utiliza, quando consegue, o transporte coletivo, no caso, os ônibus municipais e intermunicipais. Isso se confirma com as regras de utilização do Rodoanel, que vetam a circulação de transportes coletivos na via, ou seja, formalmente, ela só pode ser utilizada para o fluxo de mercadorias e de veículos de passeio particulares, tanto os que estão de passagem, quanto os dos moradores dos loteamentos fechados. Além disso, há o custo do pedágio para os que nela trafegam.

Se, por um lado, a construção do Rodoanel permite a mobilidade de mercadorias e pessoas de classes médias e mais abastadas, por outro, não só impede a mobilidade como também separa as populações que vivem nesse espaço, por recortá-lo e fragmentá-lo, para que seja viabilizada.

Nessas áreas mais periféricas da metrópole, não há uma continuidade territorial da ocupação. Trata-se de espaços marcados por descontinuidades de ocupação urbana, em que as relações entre os moradores, em geral, se davam por caminhos produzidos por eles mesmos, ou por estradas vicinais não pavimentadas. Com a construção da via fechada nessa área, os espaços são formalmente separados por pistas pavimentadas de alta velocidade, o que impede fisicamente a manutenção das relações de proximidade antes mantidas e conservadas pela necessidade cotidiana. Desse modo, a obra viária permite apenas a mobilidade de uma parcela da população, imobilizando e isolando aquela que não está efetivamente inserida no processo de reprodução capitalista do espaço.

Considerações finais

A partir do momento em que determinado espaço (periférico ou central, mas tido como degradado e desvalorizado) passa a ser incorporado pelas estratégias do mercado imobiliário, em geral articuladas com as do Estado,[26] temos como tendência uma imanente possibilidade de conflito. No movimento de incorporação e valorização, as populações de baixa renda, em geral, são criminalizadas, pois ocupam áreas tidas como ilegais, daí que, além de consideradas culpadas pela própria situação, são as que passam a ser penalizadas, muitas vezes com sua expulsão da área, migrando na metrópole em busca de outros lugares para a sobrevivência. Com frequência, afirma-se que são áreas onde o Estado não está presente, mas como nos mostra Rodrigues (2007, p. 74),

> Num aparente paradoxo, a presença do Estado ao estabelecer as condições gerais da reprodução é entendida como ausência do urbano. Ficam ocultas, desse modo, causas da perpetuação da desigualdade socioespacial.

Ainda na visão da autora, "[O] Estado está ausente ao definir salários insuficientes para a reprodução da vida, não prover o acesso universal aos meios e equipamentos de uso e consumo coletivo" (2007, p. 74).

A presença do Estado faz-se mais visível nos espaços que estrategicamente fazem parte da reprodução do capital, tendo a produção da cidade como um negócio (Carlos, 2005). Segundo a autora, neles teríamos presente o fenômeno da "raridade do espaço", ou seja, de espaços na metrópole que concentram equipamentos e infraestruturas específicas para a reprodução do capital, muito singulares e restritos territorialmente no atual momento histórico em que ocorre, em boa parte das metrópoles mundiais, e também no caso paulistano, uma mudança produtiva: a passagem de metrópole industrial para metrópole comercial-empresarial.

Essa transformação, cujo processo é marcado por uma desconcentração industrial articulada a uma centralização financeira, também promoveu alterações nas formas espaciais presentes na cidade. A noção de flexibilidade e mobilidade financeira e empresarial motivou uma mudança no mercado imobiliário: nas áreas onde se concentram os espaços da raridade, os novos empreendimentos, principalmente os voltados à construção de edifícios inteligentes de escritórios, de um lado, são articulados ao capital financeiro – não há mais o dono, com a imobilização de capital, mas fundos de ações que dão mobilidade ao capital imobiliário –; de outro, boa parte das empresas deixa de imobilizar capital por meio da compra de escritórios, alugando-os. O aluguel apresenta-se, assim, como a resposta viável a um mundo em constante mobilidade e com fluxos muito dinâmicos. Aqui surge uma grande contradição da metrópole: a mobilidade de capitais e a imobilidade de boa parcela da população.

Para garantir a mobilidade de capitais, inclusive a de capital na forma de mercadoria em seu sentido lato, o governo do estado (no caso, o paulista) fez grandes investimentos viários em escala metropolitana, e o Rodoanel é um deles.

Essa ação estatal se articula às da iniciativa privada para a criação de espaços produtivos (Carlos, 2005). Voltadas à (re)produção do capital a partir do espaço, agora elemento fundamental para esse processo, temos, de um lado, a integração dessas áreas da metrópole à rede de cidades globais que comandam as atividades de ponta. Por outro, temos também a desintegração e transformação de espaços da vida cotidiana para atender às necessidades postas pelos espaços produtivos. Não se trata de uma dualidade, mas de um processo dialético, em que a metrópole, como espaço que difunde ideias, produções e modos de consumo, transforma a periferia metropolitana, utilizando-se de um discurso que articula modernidade, velocidade, meio ambiente (sua proteção) e propriedade privada.

Desse modo, criam-se e valorizam-se espaços para moradia, lazer e turismo a partir da exploração da proximidade às áreas verdes e/ou aos parques contemplativos e às unidades de conservação ambiental, atribuindo à natureza a condição de mercadoria, junto à qual se vendem características de um ritmo de vida que tende ao desaparecimento na metrópole: a tranquilidade, o ar puro (agora um bem raro), a segurança e a beleza, todos postos em oposição à vida metropolitana.

Buscamos refletir sobre o papel da metrópole na atualidade. Numa visão dialética, foi proposto, ainda que brevemente, destacar os processos de diferenciação socioespaciais que se encontram hoje na metrópole, assim como a forma que ela, por meio da irradiação de fluxos, capitais, ideias e tipos de consumo, pode ser entendida como mediação entre processos globais e locais, promovendo ora a integração (mundial) e a desintegração (local), não como um movimento dicotômico, mas um processo que, pela criação/destruição, constitui uma nova espacialidade a partir de novas relações sociais.

Este capítulo foi debatido, em sua versão preliminar, no *workshop* do Grupo de Estudos Urbanos (GEU) realizado em março de 2010, na Universidade de São Paulo.

Notas

1 Trata-se de um processo global e não exclusivo do Brasil. Harvey (1992) e Soja (1993), para falar de situação similar em metrópoles americanas, utilizam a expressão terceiro-mundismo.

2 Ao longo das principais rodovias paulistas foram instaladas as vias de cabo de fibra ótica, fundamentais para o fluxo de informações.

3 De meados do século XIX aos anos 30 do século XX, as ferrovias foram as vias de transporte mais modernas associadas ao auge da exportação de café. Em São Paulo, muitas indústrias localizavam-se ao longo da ferrovia, facilitando a chegada de matérias-primas e a saída de produtos. Na cidade de São Paulo, muitos bairros, e mesmo o que futuramente seriam municípios autônomos (como Osasco, por exemplo), também surgem a partir da estação de trem, o mesmo ocorrendo no interior do estado de São Paulo na mesma época.

4 Kurz (1992) indica que a exploração não vem do trabalho, mas da exclusão ao mundo do trabalho.

5 A mobilidade social relaciona-se com a mudança da posição do indivíduo na sociedade. No IBGE, encontramos dados relativos à mobilidade ascendente, descendente e imobilidade.

6 Por mobilidade descendente espacial designa-se o processo em que o indivíduo e sua família, não conseguindo mais permanecer em determinada área da metrópole por não possuir recursos para a manutenção da habitação, muda-se para habitações chamadas pelo IBGE de precárias (cortiços, favelas) ou, mesmo, passa a ficar em situação de rua, ou seja, sem lugar para morar. Em pesquisa publicada no jornal *O Estado de S. Paulo*, de 01/06/10, sobre o Censo da população de rua do período de 2000 a 2009 na cidade de São Paulo, observa-se que, no centro da metrópole paulista, houve, nesse período, um aumento de 57% de moradores em situação de rua e albergados (indo de 8.706 em 2000 para 13.666 em 2009), sendo que a região central (República, Sé, Santa Cecília, Brás) acolhia cerca de 50% da população em situação de rua composta, em sua maioria, por pessoas não brancas (63,5%), do sexo masculino (79,7%) e adultos (77,9%).

7 Segundo os dados, 23% dos brasileiros que ganhavam, na época, R$ 500,00, trocaram o ônibus pelo tênis, ou seja, deslocavam-se a pé; outros 13% trocaram o ônibus pela bicicleta.

8 Costumeiramente chamados de condomínios fechados, em sua maior parte, são loteamentos fechados.

9 Em geral, irregulares, mas, por pressão da população ou pela estratégia do empreendedor, servidos por uma linha de ônibus que permite a ligação com alguma centralidade, mesmo que local.

10 De acordo com dados do IBGE (2000), ainda que tenha havido um crescimento populacional negativo na área central, mais especificamente na Região Sé, trata-se de uma área densamente povoada, sendo que nela 23,74% dos domicílios possuem uma renda familiar superior a 25 salários mínimos, enquanto para o município de São Paulo, nessa mesma faixa, a percentagem era de 14,06%; isso demonstra que, ainda que haja ali uma população de baixa renda, os domicílios com rendimento familiar até 2 salários mínimos somam 7,55%, enquanto no município, na mesma faixa de renda, a percentagem chega a 13,30%.

11 Trabalho, escola, compras, atividades culturais e de recreação.

12 Presença de conjuntos habitacionais da Companhia de Desenvolvimento Habitacional e Urbano (CDHU) – órgão do poder estatal – e loteamentos regulares.

13 A democratização política, a luta dos movimentos sociais e, inclusive, a maior ação do Estado no nível federal (principalmente na gestão do presidente Lula) vêm promovendo, a partir dos programas sociais, maior distribuição de renda, ainda que insuficiente diante das necessidades existentes.

14 Itapecerica da Serra e Embu.

15 Para atender as necessidades maiores, como médico especialista, compra de produtos eletroeletrônicos, abertura de contas (sistema bancário), há a necessidade de deslocamento a outras centralidades como os centros de Itapecerica da Serra, Embu e Cotia, bem como dos bairros Pinheiros e Santo Amaro (São Paulo).

16 Como não há sistema de coleta e tratamento de esgoto, a maior parte das casas regularizadas possui fossa para o descarte do esgoto doméstico. As moradias presentes nas ocupações irregulares, como as favelas que ocupam áreas de risco, despejam o esgoto a céu aberto, que "cai" sobre as propriedades regulamentadas.

17 Obra viária que visa articular, por meio de um anel viário metropolitano, as principais rodovias estaduais e federais que chegam à cidade de São Paulo, possibilitando, quando concluída, maior rapidez no fluxo de mercadorias, ainda que, na propaganda difundida à população, o discurso seja que a obra proporcionará o descongestionamento da cidade de São Paulo.

18 Esse trecho foi inaugurado em abril de 2010. Os dois trechos juntos (oeste e sul) ligam as rodovias Bandeirantes, Anhanguera, Castelo Branco, Raposo Tavares e Regis Bittencourt às rodovias Imigrantes e Anchieta, ambos com cobrança de pedágio para sua utilização.

19 Existe toda uma estratégia imobiliária que associa violência, medo, perigo, com as cidades, promovendo a venda de espaços que garantem a proteção e, ao mesmo tempo, um contato com a natureza que se torna, como o espaço, uma mercadoria como outra qualquer.

20 Em geral, a chamada melhor qualidade de vida está relacionada também, além da segurança, com a proximidade a áreas verdes, tranquilidade (pouco ruído sonoro, pouca poluição), com o estereótipo da vida em uma cidadezinha do interior.

21 O problema de habitação é reincidente em boa parte das metrópoles mundiais. Em Paris, por exemplo, mesmo existindo uma política social para a construção de habitações sociais, elas não conseguem atingir as necessidades existentes, sendo necessário rever as estratégias metropolitanas para esse problema (Offner, 2007).

22 Na maior parte das vezes, o que se tem são áreas cuja vegetação foi retirada para dar lugar à produção agrícola (no passado) e, hoje, ou se encontram com vegetação rasteira (em geral gramíneas), ou no início da formação de uma mata secundária. De mata original, o pouco que restou concentra-se na região sul da cidade de São Paulo (na região do Bororé) e na Serra do Mar.

23 Bairros são cortados pelas pistas de alta velocidade que estão sendo criadas, separando comunidades em duas, quebrando as relações existentes e apontando, no futuro, mais problemas, como a tentativa de cruzar a chamada rodovia fechada para ter acesso aos grupos sociais que vivem do outro lado, agora separados pela via expressa.

24 A São Paulo, chegam rodovias federais que articulam a Região Sul ao Nordeste do país, bem como ao Centro-Oeste, além do próprio Sudeste.

25 A partir do Rodoanel é possível articular as principais rodovias que levam ao litoral paulista, no caso as rodovias dos Imigrantes e Anchieta, permitindo um rápido acesso ao porto de Santos sem, necessariamente, passar pelas vias de circulação da capital paulista.

26 No caso paulistano, por meio das Operações Urbanas e/ou a partir de investimentos, como abertura de avenidas, ruas, pontes etc., ou mesmo com a instalação de equipamentos públicos como universidades, hospitais e Centros Educacionais Unificados (ceus), até com grandes obras como o Rodoanel viário metropolitano.

Bibliografia

Aranha, Valmir. Mobilidade pendular na metrópole paulista. *São Paulo em Perspectiva*, São Paulo, v. 19, n. 4, out./dez. 2005, p. 96-109.

Arantes, Otília. Uma estratégia fatal. In: Arantes, Otília; Vainer, Carlos; Maricato, Ermínia (orgs.). *A cidade do pensamento único*: desmanchando consensos. 3. ed. Petrópolis: Vozes, 2002, p. 7-74.

Azevedo, Aroldo de. São Paulo: de Vila Quinhentista à metrópole regional. *Boletim Paulista de Geografia*, São Paulo, n. 39, out. 1961, p. 12-46.

Carlos, Ana Fani Alessandri. *Espaço-tempo na metrópole*: a fragmentação da vida cotidiana. São Paulo: Contexto, 2001.

________. A reprodução da cidade como "negócio". In: Carlos, Ana Fani Alessandri; Carreras, Carles (org.). *Urbanização e mundialização*: estudos sobre a metrópole. São Paulo: Contexto, 2005, p. 29-37.

________. Diferenciação socioespacial. *Cidades*, Presidente Prudente, v. 4, n. 6, jan./dez. 2007, p. 45-60.

________. *O lugar no/do mundo*. São Paulo: Labur Edições, 2007.

________. A metrópole de São Paulo no contexto da urbanização contemporânea. *Estudos Avançados*, São Paulo, v. 23, n. 66, 2009, p. 313-316.

Corrêa, Roberto Lobato. Diferenciação sócio-espacial, escala e práticas espaciais. *Cidades*, Presidente Prudente, v. 4, n. 6, jan./dez. 2007, p. 61-72.

Damiani, Amélia Luiza. A Geografia e a produção do espaço da metrópole: entre o público e o privado. In: Carlos, Ana Fani Alessandri; Carreras, Carles (orgs.). *Urbanização e mundialização:* estudos sobre a metrópole. São Paulo: Contexto, 2004a, p. 38-50.

________. Urbanização crítica e situação geográfica a partir da metrópole de São Paulo. In: Carlos, Ana Fani Alessandri; Oliveira, Ariovaldo Umbelino de (orgs.). *Geografias de São Paulo*. São Paulo: Contexto, 2005b, p. 19-58.

Harvey, David. *A condição pós-moderna*. São Paulo: Loyola, 1992.

________. A liberdade da cidade. GEOUSP – *Espaço e Tempo*, São Paulo, n. 26, jul./dez. 2009, p. 9-17.

IBGE, Censo 2000, IBGE: Rio de Janeiro, 2000.

KURZ, Robert. *O colapso da modernização*. São Paulo: Paz e Terra, 1992.

LANGENBUCH, Juergen Richard. *A estruturação da Grande São Paulo*: estudo de Geografia Urbana. Rio de Janeiro: IBGE, 1971.

________. Depoimentos. *Espaço & Debates*, São Paulo, n. 42, 2001, p. 85-91.

LEFEBVRE, Henri. *La vida cotidiana en el mundo moderno*. Madrid: Alianza Editorial, 1984.

________. *La production de l'espace*. Paris: Anthropos, 1986.

MARTINS, José de Souza. Depoimentos. *Espaço & Debates*, São Paulo, n. 42, 2001, p. 75-84.

O ESTADO DE S. PAULO. Censo da população de rua de São Paulo. *O Estado de S. Paulo*. – Caderno especial. 01/06/2010. Disponível em: http://www.estadao.com.br/especiais/censo-da-populacao-de-rua-de-sao-paulo,103059.htm

OBSERVATÓRIO DAS METRÓPOLES. *Análise das regiões metropolitanas no Brasil*. Luiz César de Queiroz Ribeiro (Coord.). São Paulo/Rio de Janeiro: Observatório das Metrópoles, 2005.

OFFNER, Jean-Marc (coord). *Problèmes politiques et sociaux*, n. 942: Le Grand Paris. Paris: La documentation Française, 2007.

RODRIGUES, Arlete Moysés. Desigualdades socioespaciais: a luta pelo direito à cidade. *Cidades*, Presidente Prudente, v. 4, n. 6, jan./dez. 2007, p. 73-88.

SANTOS, Milton. *Metrópole corporativa fragmentada*: o caso de São Paulo. São Paulo: Nobel/Secretaria de Estado da Cultura, 1990.

SERPA, Angelo. Lugar e centralidade em um contexto metropolitano. In: CARLOS, Ana Fani Alessandri; SOUZA, Marcelo Lopes de; SPOSITO, Maria Encarnação Beltrão (orgs.). *A produção do espaço urbano*: agentes e processos, escalas e desafios. São Paulo: Contexto, 2011, p. 97-108.

SILVA, José Borzacchiello da. Diferenciação socioespacial. *Cidades*, Presidente Prudente, v. 4, n. 6, jan./dez. 2007, p. 89-100.

SOJA, Edward. *Geografias pós-modernas*: a reafirmação do espaço na teoria social crítica. Rio de Janeiro: Jorge Zahar Editor, 1993.

SOUZA, Marcelo Lopes de. Da "diferenciação de áreas" à "diferenciação socioespacial": a "visão (apenas) de sobrevôo" como uma tradição epistemológica e metodológica limitante. *Cidades*, Presidente Prudente, v. 4, n. 6, jan./dez. 2007, p. 101-114.

SPOSITO, Maria Encarnação Beltrão. A produção do espaço urbano: escalas, diferenças e desigualdades socioespaciais. In: CARLOS, Ana Fani Alessandri; SOUZA, Marcelo Lopes de; SPOSITO, Maria Encarnação Beltrão (orgs.). *A produção do espaço urbano*: agentes e processos, escalas e desafios. São Paulo: Contexto, 2011, p. 123-145.

________. O centro e as formas de expressão da centralidade urbana. *Revista de Geografia*, São Paulo, n. 10, 1991, p. 1-18.

TELLO, Rosa. Áreas metropolitanas: espaços colonizados. In: CARLOS, Ana Fani Alessandri; CARRERAS, Carles (orgs.). *Urbanização e mundialização*: estudos sobre a metrópole. São Paulo: Contexto, 2004, p. 9-20.

VELTZ, Pierre. *Mondialisation, villes et territoires*: l'économie d'archipel. Paris: Presses Universitaires de France, 1996.

A PRODUÇÃO DO ESPAÇO URBANO: ESCALAS, DIFERENÇAS E DESIGUALDADES SOCIOESPACIAIS

Maria Encarnação Beltrão Sposito
Universidade Estadual Paulista, Presidente Prudente

O tema proposto para a série de debates que o Grupo de Estudos Urbanos (GEU) realizou – "A produção do espaço urbano: agentes e processos, escalas e desafios" – é amplo, no melhor sentido do termo, porque é abrangente e complexo. Em função dessas características, possibilita seu tratamento por vários recortes analíticos.

O caminho que escolho para o debate não é abrangente o suficiente, na perspectiva de articular a abordagem dos agentes, das escalas e dos desafios, pois isso exigiria um tratamento mais aprofundado dos sujeitos do processo, das articulações que ensejam e realizam, e, portanto, das espacialidades e temporalidades desenhadas, bem como dos conflitos decorrentes e/ou subjacentes. Ao fazer essa escolha, de certo modo, não atendo à pertinente advertência que é feita por Souza (2007, p. 104), que chama a atenção para o fato de que, na Geografia, temos a tendência à visão de sobrevoo, "enxergando e analisando as sociedades e seus espaços quase sempre 'do alto' e 'de longe', como que em uma perspectiva de 'voo de pássaro'".

Proponho-me a tratar, de forma inicial, as articulações entre o aumento das relações econômicas no plano nacional e internacional, como movimento que amplia e exige maior articulação entre escalas, e as dinâmicas de produção do espaço urbano que revelam e redefinem a diferenciação socioespacial.

Este capítulo está organizado em três partes. A primeira destina-se à reflexão sobre as relações entre diferenciação socioespacial e as cidades, tomando-se como recortes três níveis. O primeiro é da urbanização e divisão do trabalho. O segundo é das redes urbanas e divisão do trabalho. Em razão do caráter dessas duas secções, a abordagem é muito sintética, podendo pecar pelo reducionismo ou pela simplificação, mas a intenção é compor o pano de fundo para o desenvolvimento de meus argumentos. A terceira secção volta-se à compreensão da reestruturação das relações entre as cidades.

Na segunda parte – "Escalas, diferenças e desigualdades socioespaciais na sociedade contemporânea" – mostro as relações e distinções entre diferenciação e desigualdade socioespacial, na primeira secção, tendo em vista a ampliação da abrangência das relações espaciais. Nas duas secções seguintes, são tratadas as articulações entre escalas e as dinâmicas que estruturam as redes urbanas no período atual.

O título da terceira parte – "Centralidade e fragmentação socioespacial" – sintetiza o que nela se propõe. Chamo a atenção do leitor, na primeira secção, para o fim da ideia de cidade como unidade espacial, como fator importante para compreender como se redefinem centro e centralidade. Na segunda, os conceitos de situação geográfica e morfologia urbana são retomados, dado o potencial que ainda contêm para explicar o presente. Na terceira secção, a redefinição da centralidade é enfocada a partir das determinantes do nosso período. Por fim, numa quarta secção da terceira parte e à guisa de fechamento do texto, discorro sobre a fragmentação socioespacial como forma avançada e mais complexa de segregação socioespacial, a partir da valorização crescente da segurança urbana, num mundo de imponderabilidades.

A diferenciação socioespacial e as cidades

A diferenciação socioespacial[1] é marca das cidades, desde os primórdios da urbanização. Não há cidades sem divisão social do trabalho, o que pressupõe sempre uma divisão territorial do trabalho. Essa divisão estabelece-se diferentemente, no decorrer do longo processo de urbanização. Ainda que de forma muito sucinta, nessa secção do texto, recuperam-se os elementos centrais da redefinição da divisão territorial do trabalho, para dar foco a suas especificidades no período atual.

Urbanização e divisão do trabalho

No início do processo de urbanização, a divisão social do trabalho era relativamente simples e se estabelecia, no plano territorial, sobretudo entre a cidade e o campo. Ainda que houvesse também diferenciação socioespacial própria e atinente aos espaços urbanos e aos espaços rurais, o que se quer destacar é que, no plano político, as interações espaciais estabeleciam-se a partir de cidades-Estado, ou seja, cada cidade comandava seu espaço rural, de onde provinha o excedente que a sustentava. A escala geográfica da vida política, econômica e social era coincidente e, sobretudo, restrita a pequenas extensões territoriais. O reconhecimento de que as interações se estabeleciam em escala reduzida não tem por trás a ideia de evolução teleológica do movimento da história ou de que o período atual seria mais avançado comparativamente aos pretéritos, pois há que se considerar que os meios de deslocamento e comunicação existentes eram bastante restritos se comparados aos atuais.

Pode-se também, ampliando a abrangência espacial da análise, observar que, comparando-se civilizações urbanas concomitantes no tempo ou que se sucederam compondo um mesmo período histórico, as diferenças entre as cidades eram grandes, até porque muitas delas não chegaram sequer a tomar conhecimento da existência das outras. Assim, em suas concepções e formas de uso e apropriação do espaço, as cidades gregas, por exemplo, eram diferentes das mesopotâmicas e estas das egípcias, embora seja possível reconhecer similitudes nas formas de estruturação de seus espaços.

Fazendo-se um longo salto no tempo, constata-se que o desenvolvimento do modo capitalista de produção engendrou um sistema-mundo (Dolfuss, 1984; Santos, 1994b), em que a realização da vida econômica passou a se dar em escalas progressivamente mais abrangentes, tanto em função da ação das grandes corporações ou conglomerados econômicos, como em decorrência do fato de que a ação política de Estados, de organismos e instituições nacionais e supranacionais, de organizações governamentais e não governamentais, bem como de organizações sociais, partidos políticos e sindicatos passou a se estabelecer nas mesmas escalas, seja para apoiar a ação econômica, seja para criticá-la ou tentar resistir a ela.

A base e o reflexo dessa ampliação escalar das ações é a redefinição, em qualidade (tipos), quantidade (número) e intensidade (frequência), do modo como as interações espaciais se estabelecem no período atual.[2]

No que se refere às cidades, teríamos, então, não apenas o estabelecimento de relações entre a cidade e o campo, mas também o reconhecimento de uma divisão social e territorial do trabalho realizando-se no âmbito de cada cidade, tanto quanto uma progressiva ampliação da escala em que essa divisão se estabelece.

Redes urbanas e divisão do trabalho

Podemos reconhecer, desde a Antiguidade, porque o processo não se iniciou com o desenvolvimento do capitalismo, a constituição de uma divisão social e territorial do trabalho na escala interurbana, compondo redes urbanas, no âmbito das quais as ações políticas e os interesses econômicos impulsionavam as interações espaciais em escalas que poderiam ser reconhecidas como regionais ou referentes a um domínio imperial.

Apenas para ilustrar a afirmação do parágrafo anterior, sem refazer todo o percurso histórico da urbanização, podemos lembrar que a iniciativa dos gregos, na Antiguidade, fundando neópolis a partir de um processo constante de "colonização" e gerando ampliação do território sob o domínio de uma mesma forma de organização política e cultural, não foi suficiente para a formação de redes urbanas, pois, efetivamente, havia um determinado nível de autonomia de cada cidade-Estado. Há relativo consenso sobre o papel de formação do Império Romano, no que tange à constituição efetiva de uma rede urbana, ainda que não houvesse uma nação, quando se considera a amálgama de povos e culturas que estiveram sob o domínio romano. O fato é que, ao estabelecerem domínio político sobre um território tão abrangente que se estendeu pela atual Europa, norte da África e pequena parcela da Ásia, os romanos criaram condições infraestruturais, bem como um quadro normativo e tributário que estimularam o comércio em grande escala, favorecendo, assim, as interações entre as cidades. Do mesmo modo, as diferenças de papéis entre as cidades também foram fator de conformação da rede urbana.

No período atual, em que a mundialização da vida econômica e a globalização dos valores e práticas constituem um vetor importante de estabelecimento de fluxos de toda a natureza, reconhece-se uma reestruturação das relações entre cidades. Adota-se aqui a noção de reestruturação e não a de estruturação, porque há rupturas em relação ao período antecedente de internacionalização da economia, denotando transformações profundas na configuração dos sistemas urbanos. A abordagem inspira-se em Soja (1993, p. 193-194), para quem:

> A reestruturação não é um processo mecânico ou automático, nem tampouco seus resultados e possibilidades potenciais são pré-determinados. [...] ela implica fluxo e transição, posturas ofensivas e defensivas, e uma mescla complexa e irresoluta entre a reforma parcial e a transformação revolucionária, entre a situação de perfeita normalidade e algo completamente diferente.

Reestruturação das relações entre as cidades

A redefinição do escopo e da qualidade das relações entre as cidades pode ser apreciada segundo muitas perspectivas, entre as quais destaco duas. De um lado, observa-se a intensificação das relações no âmbito de diferentes redes urbanas, tomadas e reconhecidas em diversas escalas, o que se pode notar pelo aumento da quantidade e da frequência das interações. De outro, há a possibilidade e a realização de interações espaciais entre cidades componentes de redes urbanas distintas, o que implica em mudança na qualidade das interações, gerando também aumento na quantidade e na frequência delas, ou seja, intensificando a primeira tendência destacada neste parágrafo.

Esse segundo movimento é o que caracteriza o período atual e gera completa redefinição das escalas em que as interações se inscrevem, bem como dos vetores e direções em que os fluxos se estabelecem. Essa redefinição ocorre porque as lógicas de localização da atividade produtiva e de circulação de bens e serviços precisa se intensificar para viabilizar a estabilidade ou a ampliação da realização da taxa de lucros. Isso se dá num período de desenvolvimento do modo capitalista de produção, em que a diminuição do tempo necessário para o processo de produção de mercadorias tem que compensar a diminuição relativa (comparada às três décadas que se seguiram ao final da Segunda Guerra Mundial) das possibilidades de ampliação do número de pessoas que passam a ingressar nesse mercado.

O resultado é a conformação de sistemas urbanos com níveis de integração progressivamente maiores, uns mais e outros menos, definidos na longa duração já que o processo de urbanização teve início e ritmos diversos, quando se consideram diferentes formações socioespaciais.

Tais sistemas urbanos encontram-se significativamente abertos no período atual. Na perspectiva que estamos adotando, a expressão "sistema urbano" compreende um conjunto de redes urbanas. Por exemplo, poderia se falar de um sistema urbano na União Europeia que articula um conjunto de redes urbanas historicamente estruturadas. Nesses termos, o sistema é aberto, não apenas porque as próprias redes o são, mas também porque ele só pode ser compreendido em suas relações em múltiplas escalas. Disso resulta que o esforço em reconhecer seus contornos é bastante difícil e pouco eficaz, porque são mutantes e imponderáveis, tanto quanto são flexíveis e rápidos os movimentos do capital, num período em que as relações se estabelecem, em primeiro plano, orientadas pelas decisões de agentes hegemônicos que podem pensar e agir globalmente, tanto quanto de modo acelerado.

Assim, além de divisões interurbanas do trabalho que se estabelecem no âmbito de diferentes redes urbanas, temos a conformação de diferentes sistemas urbanos, compostos por relações entre várias redes urbanas, sistemas esses estruturados e articulados em escalas geográficas (e não cartográficas) de diversas dimensões e importâncias.

Não se trata, apenas, de mudar a escala, a partir da qual as dinâmicas vão ser estudadas, mas sim de articular entre si escalas cujos âmbitos de realização social e econômica se sobrepõem, se combinam e entram em conflito simultânea e continuamente.[3]

Para sintetizar, friso que aquilo que distinguiria a diferenciação socioespacial, no período contemporâneo, quando se considera a perspectiva da longa duração, seria, então, um ponto relevante para continuar a desenvolver este texto. Além disso, é preciso considerar o que já destacou Carlos (2007, p. 45-47): que a diferenciação espacial sempre foi um tema central da Geografia, mas que o adjetivo socioespacial "introduz uma 'qualidade' ao tema da diferenciação provocando um deslocamento da análise, configurando uma essência e uma orientação para a compreensão do processo espacial: o social" (p. 46). Desse modo, nas secções subsequentes, pretendo desenvolver como se distinguem e se articulam as diferenças e as desigualdades socioespaciais no período atual.

Escalas, diferenças e desigualdades socioespaciais na sociedade contemporânea

A reflexão sobre o caráter da diferenciação socioespacial no período contemporâneo começa, nesta secção, por ponto desenvolvido na anterior.[4] No mundo atual, há crescente ampliação das relações econômicas em escala internacional, mediadas por novos sistemas técnicos e, principalmente, por práticas políticas e interesses de grandes grupos econômicos, o que exige ampliar a escala de compreensão das ações e dos fluxos que as revelam e as sustentam. Além disso, há que se trabalhar, no plano teórico e no empírico, com a não coincidência entre as escalas dos interesses econômicos, as da ação política e as da vida social.

Da diferenciação à desigualdade socioespacial

A consideração da necessária articulação entre as escalas para compreender o período atual requer a aceitação de que o processo é complexo e a imponderabilidade é elemento crescente na redefinição do movimento das relações espaço-temporais. Essa constatação redefine o próprio escopo da diferenciação socioespacial, que passa a ser lida, cada vez mais, como desigualdade socioespacial.[5]

Carlos (2007) retoma Soja (1993) e Harvey (2004a, 2004b, 2004c) para reforçar a contribuição que eles ofereceram ao desenvolverem a ideia de desenvolvimento geograficamente desigual "centro explicativo das diferenciações socioespaciais". A autora frisa que "a existência de uma sociedade de classes [...] diferencia os seus membros a partir do lugar que ocupam tanto na produção como na distribuição da riqueza gerada" (p. 47). Ela avança em seu texto, em relação à contribuição dos autores supracitados propondo o entendimento da desigualdade:

> [...] como centro explicativo da diferenciação e essa imanente à produção espacial, tanto em seu sentido real e concreto (vivido, percebido praticamente, gerando segregações), quanto possível (a idéia de que a desigualdade vivida pode produzir a diferença como negatividade) (p. 48).

Concordo com a perspectiva adotada pela autora, mas nesta secção do texto quero destacar a tendência ao estabelecimento do primado da desigualdade sobre a diferença, como recorte a partir do qual muitos veem o mundo: Estados, grupos econômicos, grupos políticos, grupos sociais, entidades, associações, instituições, intelectuais, mídia e senso comum. Essa primazia, que pode se traduzir em confusão, ou seja, incapacidade de distinguir as relações e as distinções entre desigualdades e diferenças, tem muitos níveis de determinação, entre os quais destaco dois.

A ampliação dos espaços sob domínio do modo capitalista de produção, articulados em escala internacional, que nunca chega a ser completamente mundial, no sentido de incluir todos os espaços e todas as pessoas, enseja e exige a comparação entre realidades socioespaciais que, historicamente, distinguem-se e são, em suas essências, diferentes entre si, uma vez que resultam de processos diversos.

O movimento que se desenvolve, desde o início da Modernidade, é o da constituição de uma sociedade, a ocidental, e não o de valorização de diferentes sociedades, historicamente construídas, com seus valores, suas práticas, suas formas de viver e produzir o espaço.

A opção pela constituição da sociedade ocidental e os esforços políticos e ideológicos para a imposição de seus valores sobre todos os outros têm propiciado, cada vez mais, em termos espaciais e temporais, elementos e condições para se cotejar e, ao comparar, impor os padrões de uns aos outros, da escala internacional à escala intraurbana. A produção da desigualdade é condição e expressão desse movimento.

Por outro lado, e em consequência do primeiro ponto, esse movimento de constituição da unicidade pressupõe hierarquização, sugere medição, exige escolha de índices etc. A unicidade aqui é tomada não como unidade, mas a partir da perspectiva adotada por Santos (2000, p. 27), ou seja, como resultante da unicidade das técnicas e por ela possibilitada. É, para ele, essa unicidade que permite "a atual unicidade do tempo, o acontecer local sendo percebido como um elo do acontecer mundial".

Assim, sem a unicidade técnica em movimento dialético com a unicidade do tempo, todos os espaços se articulam, de fato ou potencialmente, e essa tendência coloca todos os lugares, todas as pessoas, todas as situações em comparação.

Tal tendência é orientada, no plano ideológico, pela ideia de que seria possível a justiça ou a busca da igualdade ou o progresso ou, ainda, a participação de todos na sociedade de consumo. Nesses termos, as diferenças se transmutam em desigualdades, enquanto as desigualdades, assim observadas, revelam as diferenças de poder de consumo ou de capacidade de decisão ou de possibilidade de apreensão do espaço. Em outras palavras, as desigualdades viram diferenças, porque uma parte da sociedade, de fato, no plano econômico, no político e no social, participa precariamente da vida urbana e da sociedade de consumo, ou participa de forma qualitativamente diferente, porque incompleta, e não apenas quantitativamente desigual.

Se adotarmos critérios e parâmetros para ler as diferenças, que são adequados apenas para tratar das desigualdades, vão sendo restringidas as possibilidades de ler, de fato, as diferenças, o que se observa com maior evidência, no plano do senso comum ou da mídia, mas também é notável entre aqueles que se ocupam de uma leitura desta realidade a partir da ciência. Aqui me refiro a todos os tipos de índices criados para averiguar os graus maiores ou menores de inserção e/ou inclusão, e/ou acesso à qualidade de vida, aos bens e serviços necessários à vida, às diferentes formas de consumo etc.

Não deixam de ser importantes essas iniciativas como instrumento metodológico para ação, se quisermos, por exemplo, decidir onde fazer investimentos públicos. Todo problema, no entanto, decorre de que se esses instrumentos de mensuração e suas variáveis se tornam, para alguns, centrais para ler o mundo e, por meio dessa leitura, tentar desvendá-lo. Quando isso acontece, é provável que a profundidade da compreensão esteja comprometida, porque não se entra no mérito das determinações das desigualdades, mas apenas em sua composição (variáveis), sua quantificação (medida e peso na formulação dos índices) e, quando muito, nas formas de ação para relativizar essas desigualdades. Isso é importante do ponto de vista dos sujeitos sociais que passam por carências de diferentes ordens, mas insuficiente do ponto de vista intelectual, se quisermos contribuir para uma leitura crítica do presente, na perspectiva de um devir melhor.

As desigualdades assim monitoradas pela sociedade e, por ela, apreendidas, sendo expressão do interesse de anulação das diferenças, recolocam essas diferenças em pauta, como conflitos que ocorrem em número crescente e, nas cidades, aparecem sob diversos matizes.[6] Tais conflitos ganham, cada vez mais, a complexidade de um mundo em que não se pode recortar o espaço, a partir da escala compreendida como delimitação de uma área, definida segundo as localizações dos objetos e a circunscrição de fatos ou dinâmicas em estudo.

Corrêa (2007, p. 63) faz referência a três acepções correntes de escala:

> [...] a da dimensão, a exemplo de economias internas ou externas de escala; a cartográfica, que se traduz na relação entre objeto e sua representação em cartas e mapas; e a conceitual, associada à idéia de que objetos e ações são conceitualizadas em uma dada escala na qual processos e configurações se tornam específicos e têm a sua própria escala de representação cartográfica.

A ideia de delimitação de área, a que me refiro, é outra acepção a partir da qual a palavra escala vem sendo utilizada e, nesses termos, para a leitura do espaço ganha prevalência o absoluto, referente mais às localizações, do que o relativo ou relacional, que só pode ser visto por meio das relações e interações espaciais.

Articulações entre escalas

Nada pode ser explicado apenas numa escala, mesmo que estejamos nos referindo à escala internacional. Toda a compreensão requer a articulação entre as escalas, ou seja, a avaliação dos modos, intensidades e arranjos, segundo os quais os movimentos se realizam e as dinâmicas e os processos se desenvolvem, combinando interesses e administrando conflitos que não se restringem a uma parcela do espaço, mesmo quando os sujeitos sociais, que têm menor poder aquisitivo, parecem atados a territórios relativamente restritos.

A realidade contemporânea, numa primeira leitura mais rápida dos novos contextos, poderia exigir do pesquisador apenas a ampliação das escalas segundo as quais as dinâmicas e processos se estabelecem. Assim, estaríamos contemplando o inexorável fato de que, cada vez mais, o local e todos os níveis intermediários de constituição das redes urbanas são, crescentemente, determinados pelos interesses da escala global.

Do ponto de vista analítico, estaríamos aceitando a ideia de que o período atual não tem nada de peculiar ou pouco se poderia nele reconhecer que o distinguisse dos anteriores, a não ser a escala de análise das dinâmicas e dos fatores que se estabelecem e conduzem o movimento. Em outras palavras, em vez de explicar o local pelo local ou circunscrito às escalas de pequena abrangência espacial, o que haveria de novo seria a constatação de que é preciso olhar o regional, o nacional ou global para se entender o local. A ideia de redes urbanas de natureza hierárquica reapareceria, sem que se notasse que os fluxos que lhes edificam não são apenas de tipo vertical.

A ruptura com a ideia de hierarquia só pode ocorrer, do ponto de vista teórico e do ponto de vista ideológico, se o primado de olhar o mundo e, por consequência, a cidade pelas desigualdades fosse superado ou combinado, de modo articulado ou contraditório e conflituoso, pela aceitação de que as diferenças vão além das desigualdades.

Para identificá-las e para colocá-las no centro do debate e da leitura de mundo é preciso ter sensibilidade para ler a combinação complexa de fluxos e modos de organização e constituição de redes (econômicas, sociais, políticas, culturais, urbanas) que não se estruturam apenas hierarquicamente, mas resultam de múltiplos fluxos, estabelecidos horizontalmente e transversalmente.

Estruturação das redes urbanas

Corrêa (2007, p. 64) frisa que, na escala da rede urbana, poderíamos observar a diferenciação funcional dos centros urbanos como as diferenças entre os tamanhos de cidades. Nesses termos, tanto se pode observar, a meu ver, as desigualdades como as diferenças, porque a dimensão quantitativa expressa pelo tamanho das cidades, reflete-se numa qualidade diversa dos papéis urbanos.[7] Isso nos possibilita, no que se refere aos tamanhos das cidades, ler as desigualdades demográficas por meio das diferenças expressas na complexidade dos papéis urbanos exercidos por cada cidade na rede urbana e as formas e os cortes segundo os quais seus moradores se apropriam mais ou menos de seus espaços urbanos.

A observação da complexidade dos papéis urbanos das cidades gera um nível de análise bastante próprio para a leitura econômica das dinâmicas, a partir das quais se configuram as redes urbanas. Isso exige do pesquisador atenção para as articulações entre as múltiplas escalas geográficas em que as relações entre as cidades e entre elas e o campo se estabelecem no período atual.[8] Para isso, é importante observar como diferentes atores econômicos e políticos movimentam-se, com maior ou menor agilidade, passando de uma escala a outra e projetando, mais ou menos, as possibilidades de atividades e pessoas, que estão numa dada cidade, para se articularem em escalas mais amplas, redefinindo o escopo das redes urbanas e as tornando mais complexas porque não estritamente hierárquicas.

Para uma análise dessa mudança de paradigma nas formas de organização das redes urbanas, há que se considerar a contribuição de Camagni (2005) que, a partir da perspectiva econômica e apoiado em Giuseppe Dematteis, trata da sobreposição entre redes urbanas hierárquicas e a conformação de novas redes estruturadas por relações horizontais, entre centros urbanos complementares, similares ou não[9]. Evidentemente, essas novas estruturas espaciais, ao se sobreporem às anteriores, dotam as cidades de papéis que correspondem tanto às demandas e características das redes hierárquicas, bastante conformadoras de áreas de comandos e, portanto, de continuidades territoriais, como correspondem às demandas das atividades que se organizam segundo redes de redes. Estas resultam de articulações espaciais diferentes, porque seus agentes buscam os territórios onde custos são menores e possibilidades de ampliação das taxas de lucros podem se realizar, bem como produzem e se sustentam em estruturas espaciais não areolares, que tanto podem ser em eixo como reticulares.

Corrêa (2007, p. 63) chama a atenção para esse aspecto, indicando que suas matrizes remontam à segunda metade do século XIX, a partir de quando

> [...] e de modo contínuo, o capital industrial e financeiro iria simultaneamente refragmentar e articular a superfície terrestre, estabelecendo instáveis diferenças sócio-espaciais, passíveis de apreensão em diversas escalas, entre elas a da rede urbana e a do espaço intra-urbano.

Essa combinação enseja articulações entre o próximo e o distante, favorecendo descontinuidades territoriais nas relações e possibilitando articulação entre escalas e redes que não estão próximas entre si, favorecendo a que empresas, instituições e indivíduos saltem escalas (Smith, 1988 e 1992), conforme suas capacidades econômicas e políticas.

Entre os geógrafos brasileiros, Corrêa tem sempre chamado atenção para a necessidade de tratar das redes urbanas e dos espaços intraurbanos em suas relações. Santos (1994a) ofereceu uma perspectiva a partir da qual esse olhar pode se estabelecer, destacando que não há economia política da urbanização sem economia política da cidade.

Esse foco é fundamental para não nos atermos, apenas, aos interesses econômicos e políticos que estruturam as redes e redefinem os papéis das cidades no âmbito das redes e dos sistemas urbanos. É preciso observar que os fluxos também se estabelecem a partir de redes sociais e culturais que respondem pelo movimento de sujeitos sociais que, deslocando-se de uma cidade a outra, também conformam redes e, permanecendo nas cidades, compõem sua morfologia urbana em combinação com sua morfologia social, nos termos propostos por Carlos (2007).

Na escala da cidade, a economia política estabelece-se, gerando estruturas espaciais mais complexas e possibilitando, segundo a perspectiva da autora, o acesso à cidade pela propriedade; a alguns, revelando as desigualdades socioespaciais e, a outros, a busca de formas de apropriação de seus espaços, mostrando, em práticas socioespaciais, como se conformam as diferenças.

Na escala interurbana, as mesmas distinções são observadas. O capital movimenta-se, por meio das decisões de seus agentes econômicos e políticos, procurando territórios e articulando os pontos das redes e aprofundando as desigualdades das escalas locais às supranacionais. Do mesmo modo, a força de trabalho tem tido que se deslocar em escalas mais abrangentes, em busca de trabalho, clandestino ou não, colocando em confronto culturas, hábitos e práticas socioespaciais, reveladoras das diferenças entre as suas formações socioespaciais, ou seja, entre suas "histórias" e suas "geografias".

Centralidade e fragmentação socioespacial

Para o estudo das dinâmicas de estruturação urbana, parece-me necessário ir além dos raciocínios de natureza tipológica, via de regra hierarquizantes, embora eles sejam importantes ainda como primeira aproximação para as análises. Sem esse esforço para avançar, as desigualdades continuariam a ser vistas entre as cidades, e no interior de cada uma delas, segundo o primado da relação centro-periferia.[10] Nos centros, em diferentes escalas, estariam os espaços onde os indicadores seriam os melhores, e nas periferias, também tomadas em diferentes escalas, seriam os ambientes em que os indicadores denotariam toda sorte de carências ou todo tipo de ausências. De novo, as desigualdades no cerne da atenção da sociedade e do pesquisador.

Mas seria, assim, que a realidade socioespacial se estabeleceria? Seria uma totalidade que só poderia ser vista a partir do cotejo entre suas partes? Seria uma visão que buscaria a unidade com ou sem homogeneidade?

Parece-me que somente se aceitarmos a superação dessa constante atitude de aferição e comparação, poderíamos favorecer a compreensão das diferenças não apenas sob a ótica das desigualdades.

Essa atitude, que é intelectual e política (como não poderia deixar de ser), se constituiria em caminho pelo qual o pesquisador leria áreas, eixos, redes e fluxos não apenas como continuidades, mas também como rupturas, não apenas como partes de uma totalidade, mas como fragmentos que podem não compor uma unidade coesa.

A cidade e as redes urbanas seriam vistas de outro ponto de vista, porque a diferença possibilita o diálogo e a contradição como motor de transformações, enquanto a desigualdade, quando acentuada, pode ampliar o conflito, a indiferença, a segregação e a fragmentação.

Nas secções seguintes, vamos buscar desenvolver esses pontos, na perspectiva de tentar reconhecer algumas das redefinições pelas quais os espaços urbanos passam. Faremos um esforço de relacionar as determinações das grandes escalas às mudanças observadas na escala das cidades, considerando-se a constituição da centralidade.

Cidade e urbano, continuidades e descontinuidades

Os tecidos urbanos, desde o aparecimento do transporte automotivo, configuram-se mais descontínuos. Tal transporte não é a causa dessa mudança que se reflete diretamente na morfologia urbana, mas é sua condição, do ponto de vista técnico. No cerne dessas alterações está a própria produção capitalista da cidade. Neste texto, não vou tratar desse processo de modo especial, mas quero destacar que a descontinuidade territorial coloca em xeque uma perspectiva bastante frequente em nossas elaborações, tanto no que respeita às abordagens relativas à urbanização, quanto à cidade. Trata-se da ideia de cidade como unidade, elemento que conforma, por sua vez, a ideia de rede urbana ou sistema urbano como conjunto de cidades em si.

Essa perspectiva nos dificulta a revisão de nossos pontos de vista, como "lugares" a partir dos quais fazemos a leitura da realidade, no plano teórico e no plano metodológico. A ideia da cidade como uma unidade espacial sustenta leituras sobre suas estruturas e/ou processos de estruturação, tal como a perspectiva, muito adotada nos estudos geográficos, de analisar o espaço por meio das relações entre centro e periferia.

Para colocar em questão a ideia da cidade como uma unidade espacial, destaco alguns pontos.

Em primeiro lugar, como já fiz referência, é fato, no período atual, que os tecidos urbanos se estabelecem, crescentemente, em descontinuidade, ainda que se possa reconhecer que novos meios de transporte e comunicação propiciam continuidades espaciais, mesmo que as descontinuidades territoriais[11] estejam definidas nas formas. *Aqui a perspectiva valorizada é da forma urbana e das condições que ela oferece para que alguns segmentos sociais tenham maior fluidez espacial que outros.*

Em segundo lugar, parece relevante frisar que não há unidade espacial, porque a ação sobre o espaço e a sua apropriação são sempre parcelares, na cidade atual. Diferentes pessoas movimentam-se e apropriam-se do espaço urbano de modos que lhes são peculiares, segundo condições, interesses e escolhas que são individuais, mas que são, também, determinados historicamente, segundo diversas formas de segmentação: idade, perfil cultural, condições socioeconômicas, segmentação profissional, preferências de consumo de bens e serviços etc.

Tem papel relevante na determinação das formas de ação e apropriação do espaço urbano o espaço de vida de cada um: em que área da cidade mora, onde trabalha ou estuda, que percursos diários realiza, que tempo precisa dispor para efetivá-los.

Esse ponto indica a importância de se revalorizar, na Geografia, os estudos relativos ao transporte, de modo a que se possa fazer uma leitura crítica das condições desiguais, respeitando-se as diferenças de interesses e práticas, segundo as quais se realiza, no espaço urbano, a acessibilidade. Esta é entendida como a relação entre o espaço a ser percorrido e os meios disponíveis para se realizar a locomoção, o que implica no tempo necessário para tal. *A perspectiva adotada aqui é das condições que se oferecem, do ponto de vista da relação entre tempo e espaço (tempos curtos e escala da cidade ou da metrópole) para a apropriação do espaço urbano.*

Destaco, ainda, um terceiro ponto para fundamentar essa tese: não é possível se ver a cidade atual como unidade, porque as articulações que entre ela e o campo se estabelecem são mais intensas do que nunca, porque não são apenas as relativas à divisão técnica, social e territorial do trabalho, aquelas que orientam as relações entre o rural e o urbano. Trata-se também de articulações que se acentuam, porque estão expressas em formas espaciais em que a cidade e o campo se imbricam, sobrepõem-se, não apenas na escala local, mas em múltiplas escalas.

Neste terceiro ponto, volto ao primeiro, mas busco destacá-lo sob nova perspectiva, qual seja a dos *conflitos que se estabelecem entre os interesses econômicos e aqueles da realização da vida, ou seja, entre reprodução capitalista e reprodução social.*

Para sintetizar esses três pontos, destaco que não é possível se ver a cidade atual como unidade, porque não há o dentro e o fora, já que não é possível delimitá-la, já que mesmo que a delimitemos, as interações espaciais colocam em relação à ordem próxima e à ordem distante, num período em que as tecnologias da informação se combinam às formas de deslocamento material de pessoas e mercadorias, ainda que as condições não sejam oferecidas com equidade (as desigualdades socioespaciais aparecem no primeiro plano), nem sejam, necessariamente, apropriadas com o mesmo sentido ou com as mesmas finalidades (as diferenças socioespaciais são as principais nesse segundo plano).

Reconhecer, assim, o fim da cidade como unidade espacial, comparativamente aos períodos pretéritos, tomando-se como referência a longa duração, implica em aceitar que a cidade não pode ser pensada em si. Tem que ser avaliada como um espaço aberto, do ponto de vista das formas e dos fluxos, do ponto de vista objetivo e subjetivo, do ponto de vista concreto e abstrato.

Situação geográfica e morfologia urbana

Se não há o dentro e o fora, se não é possível fazer delimitações precisas do objeto, ao menos no plano da análise, há que se retomar a crítica ao par centro-periferia, já que ele não é mais suficiente para explicar a cidade e a rede urbana no período atual.

Serpa, no capítulo "Lugar e centralidade em um contexto metropolitano", contido neste livro, oferece-nos excelente análise para debater este tema. Retomando alguns entre os pontos que ele apresentou, procuro avançar no que tange a outros.

O espaço não pode mais ser visto pela Geografia essencialmente a partir do que está localizado. Se essa perspectiva já não seria suficiente no passado, tanto mais agora que o aumento do conjunto de fluxos que podem se estabelecer entre os pontos que compõem o mosaico das localizações se amplia e se realiza em múltiplas escalas.

Esses fluxos podem se organizar em áreas, como sempre se organizaram e, nesse caso, a contiguidade territorial é elemento estruturante. Entretanto, podem se organizar em eixos ou em redes e, neste caso, as diferenças de velocidade entre os agentes econômicos e os indivíduos e grupos estabelecem a distinção entre eles e geram uma multiplicidade ainda mais ampla de níveis de integração espacial e de possibilidades de apropriação dos espaços.

Esse ponto nos põe diante da necessidade de pensar a situação geográfica[12] e a morfologia urbana como conceitos que precisam ser revalorizados e repensados a partir das relações entre espaço e tempo, colocando em dúvida a ideia de centro e de periferia, na escala da rede e na escala da cidade.

O conceito de situação geográfica adotado largamente pela Geografia francesa já pressupõe o movimento, dado o caráter relacional do espaço que ele procura revelar, uma vez que cada localização é vista, a partir desse conceito, no contexto de outras localizações que ensejam suas possibilidades de integração. Ele era adotado, frequentemente na escala regional, para valorizar a compreensão de uma cidade, de uma indústria ou de um porto em relação ao conjunto de outros elementos geográficos que compõem e ensejam sua vida de relações.

O que haveria de novo para se tentar atualizar o conteúdo conceitual de situação geográfica seriam, a meu ver, dois pontos.

Primeiramente, lembro que a descontinuidade das relações espaciais, em função das novas tecnologias de comunicação, coloca em questão a supremacia da contiguidade territorial e, portanto, do paradigma da área para a compreensão da posição que uma dada localização ocupa nos contextos de relações em que elas podem se inserir ou não. Não é outra a razão pela qual as análises se ampliam, a partir dos paradigmas dos eixos, das redes e dos lugares em suas relações próximas e distantes, gerando para o geógrafo um novo desafio que é de distinguir a delimitação territorial do objeto da pesquisa daquelas que necessariamente se impõem para a análise, o que reforça a tese de que a escala, entendida como delimitação territorial de um objeto de pesquisa, não tem mais sentido se a articulação entre escalas geográficas não for a condutora da elaboração do pensamento.

Considerando as relações entre modernidade e globalização, Massey (2008, p. 141) oferece elementos para superar as perspectivas analíticas mais adotadas:

> [...] o que deveria estar em pauta em relatos da modernidade e da globalização (e certamente na construção/conceituação de espaço, em geral) não é em si mesmo um tipo de forma espacial nua (distância, o grau de abertura, o número de interconexões, proximidade etc., etc.), mas o conteúdo relacional daquela forma espacial e, particularmente, a natureza das relações de poder aí embutidas.

A autora reforça a tese que, a partir de outras perspectivas, já vinha sendo reforçada por David Harvey, desde os anos 1980, segundo a qual nossa imaginação geográfica deve se centrar no conteúdo relacional do espaço, o que exige do conceito de situação geográfica um conteúdo multidimensional, porque articularia as dimensões de tempo e de espaço, em múltiplas escalas temporais e espaciais.

Em segundo lugar, quero lembrar que as descontinuidades, tanto espaciais como temporais que um dado fato, dinâmica ou processo expressam, não se observam apenas no plano das relações espaciais, mas também e, por essa razão, no plano das formas espaciais, como já destacado neste texto, uma vez que a cidade perde progressivamente sua unidade espacial e os conteúdos que lhes são designativos. Isso ocorre tanto porque a cidade se expandiu e se aglomerou até atingir, em muitos casos, as situações de metropolização e metapolização (Ascher, 1995), como pelo fato de que as descontinuidades territoriais do tecido urbano estabelecem-se, mesmo em áreas urbanas que não vivem dinâmicas de aglomeração, porque as condições de circulação assim possibilitam e, sobretudo, porque os interesses fundiários e imobiliários assim as promovem.

Sob essa perspectiva, é fundamental que as formas urbanas sejam compreendidas a partir do conceito de morfologia urbana, nos termos descritos por Roncayolo (1990, p. 90), para quem a "noção" é mais adequada se não se reduzir à descrição dos objetos urbanos e seus arranjos ou configurações, mas for capaz de compreender, também, a distribuição dos grupos sociais e das funções na cidade.[13]

Carlos (2001, p. 46) faz referência ao tempo impresso na morfologia urbana, ao abordar a metrópole, mas sua perspectiva pode ser estendida para a ampliação do conteúdo desse conceito, aplicando-o para diferentes realidades urbanas:

> [...] tempo presente, impresso na forma da metrópole como morfologia que revela o entrecruzamento de tempos impressos nas formas, presentes nos hábitos, portanto um tempo que se refere a um espaço, e, com isso, diz respeito a uma história humana como realização da vida no espaço e através dele. Por outro lado, a morfologia urbana não revela a gênese do espaço, mas aparece como caminho para a análise do modo como passado e presente se fundem em determinado momento, revelando as possibilidades e os limites do uso do espaço pelo habitante.

O que quero retomar com essa revalorização do conceito de morfologia urbana é o sentido da articulação entre as formas, os processos e as lógicas que ensejam as dinâmicas de estruturação, segundo as quais podemos compreender essas relações.

Segundo essa perspectiva, o conceito de morfologia urbana, embora próprio para a escala do espaço urbano, pode ser adotado para a escala interurbana. Savy (1995), ao tratar de morfologias e redes, oferece elementos para se articular escalas e se ampliar perspectivas, comparativamente ao que o paradigma da área oferecia, tradicionalmente, à Geografia.

Desse ponto de vista, a perspectiva adotada baseia-se na ideia de Lefebvre (1983, p. 124-125), para quem o urbano é forma pura, mas não se restringe a ela ou não poderia ser explicado apenas por ela:

> Esta forma não tem nenhum conteúdo específico, sem dúvida tudo se acomoda e vive nela. É uma abstração, porém contraditoriamente a uma entidade metafísica, é uma abstração ligada à prática. Esta forma urbana é *cumulativa* de todos os conteúdos, seres da natureza. Resultados da indústria, técnicas e riquezas, obras da cultura, dos modos de viver, das situações, das modulações ou rupturas do cotidiano. Mas é algo mais e algo distinto de somente acumulação. Os conteúdos (casas, objetos, indivíduos, situações) excluem-se enquanto diversos, incluem-se e se supõem enquanto congregados. Pode-se dizer do urbano que é forma e receptáculo, vazio e plenitude, superobjeto e não objeto, supraconsciência e totalidade das consciências. De uma parte, vincula-se *à lógica da forma* e, de outra parte, *à dialética dos conteúdos* (às diferenças e contradições do conteúdo) (tradução nossa, grifos do autor).

Tomando-se a situação geográfica, como expressão de contextos relacionais, não necessariamente contíguos e possíveis em múltiplas escalas, bem como a morfologia urbana, na perspectiva que vai muito além das formas, embora sejam lidas a partir delas, poderíamos avançar. Teríamos, a meu ver, alguns elementos para recolocar a análise das lógicas segundo as quais se estruturam os espaços urbanos, da escala da cidade às das redes e dos sistemas urbanos. Reforço, assim, a partir de outro ponto de vista, a ideia apresentada por Serpa (2011) de que as relações entre centro e periferia não são mais suficientes para a apreensão das lógicas espaciais.

Essa constatação não implica em negar as relações entre o centro e a periferia, porque as novas estruturas urbanas se redefinem sobre as pretéritas, organizadas segundo aquela lógica. Tampouco implica em anular o fator distância como fundamental para se compreender como se inscreve o movimento de estruturação da cidade. Massey (2008, p. 139) frisa esses pontos, ao discutir a diferença, nos seguintes termos:

> Um aspecto desta reordenação radical da co-constituição do espaço e da diferença já está bastante discutido. Entre os muitos outros aforismos populares correntes sobre espaço e tempo estão as proposições (i) de que não há mais qualquer distinção entre perto e longe e (ii) que as margens invadiram o centro.

Pensando, nesses termos, apresenta-se o desafio de repensar a própria centralidade urbana.

Redefinição da centralidade urbana

Os pontos alinhavados, nas secções anteriores, ensejam a reflexão sobre os modos como se constitui e se redefine a centralidade urbana no mundo contemporâneo.

A segregação socioespacial e sua forma mais avançada e complexa de expressão, a fragmentação socioespacial, são, contraditoriamente, os processos que negam e redefinem a centralidade. Transformam-na em centralidade segmentada social e funcionalmente, dispersa no território e difusa na representação que elaboramos sobre a própria cidade e sobre a rede urbana, visto que a centralidade pode ser compreendida e apreendida em múltiplas escalas.

Esse quadro conforma o pano de fundo que leva os pesquisadores a tratar mais das desigualdades do que das diferenças, porque representam as dificuldades de diálogo na vida urbana atual. Esse enfoque, parece-me, é mais importante ainda entre os pesquisadores que se voltam à análise de realidades socioespaciais marcadas por disparidades muito grandes, como é o caso do Brasil.

Primeiramente, há que se considerar as históricas disparidades socioeconômicas, as quais não são amenizadas no plano espacial, de modo que, apesar das desigualdades econômicas, marcas da formação social brasileira, fosse possível alcançar algum nível de equidade territorial, ou aquilo que Harvey (1980, p. 85 et seq.) conceituou como "justiça distributiva territorial".

Se as decisões sobre o espaço urbano, no que se refere à distribuição dos recursos públicos e privatização dos benefícios decorrentes desses investimentos realizados no decorrer do tempo, estabelecem-se cada vez mais em escalas de poder que não a local, teríamos dificuldades ainda maiores de reverter a tendência já observada de "socialização capitalista, como criação de capitais comuns, de meios de consumo coletivo à disposição do processo produtivo" (Santos, 1994a, p. 122).

Em outras palavras, interesses que se estabelecem e decisões que são tomadas nas escalas internacional, nacional ou regional têm poder suficiente para reverter decisões e delineamento de programas, expressos na forma de políticas públicas, que tenham intenção de redefinir e melhorar as estratégias territoriais decorrentes das decisões de investimentos públicos nos espaços urbanos.

Neste plano, a centralidade interurbana é definida alhures e, para grande parte das cidades, mesmo pensando em termos metropolitanos, as decisões estão fora das redes urbanas em que elas exercem os papéis de comando.

Um segundo nível de dificuldade está na própria rapidez das mudanças que decorrem do ritmo e sucessão dos acontecimentos, mas, sobretudo, da imponderabilidade deles. Como pensar as possibilidades de se elaborar coletivamente um projeto urbano e social, expresso na forma de políticas públicas, quando essa imponderabilidade enseja e reforça a individualização da sociedade, nos termos descritos por Bourdin (2005).

Este autor tem como proposta abordar, numa leitura espiral, porque começa na metrópole e chega a ela, a civilização dos indivíduos, tomada a partir de suas experiências sociais e culturais. Ele destaca que o quadro dessas experiências se inscreve no "modelo de consumo hoje dominante", que se constitui um movimento permanente (p. 15).

Penso que suas preocupações podem se estender ao processo de urbanização, de um modo geral, e não se restringir às metrópoles, ainda que nelas os processos, dinâmicas e fenômenos urbanos contemporâneos ocorram com maior evidência, força e complexidade.

Bourdin destaca a importância do aumento da mobilidade[14] como um elemento importante para se compreender a tendência à individualização da sociedade, tratando desse tema no que se refere às escolhas habitacionais, ao consumo, ao lazer, às atividades esportivas etc, enfim, a todos os tipos de práticas socioespaciais que constituem parte do movimento de reestruturação do espaço urbano.

A partir dessa perspectiva, a escala do indivíduo em movimento não coincide, necessariamente, com a escala da cidade, tampouco se pode compreender, simplesmente, a cidade como a somatória das escolhas escalares dos indivíduos, porque a essência delas está no conflito e não na aliança entre ações ou confluindo para a ideia de unidade, como já destacado.

De novo, o poder de decisão, neste caso o do indivíduo, segundo sua capacidade de consumo e seu nível de mobilidade, não coincide com a escala da definição das políticas públicas, que seriam aquelas a partir das quais, em tese, o caráter público do espaço urbano poderia ser resguardado e valorizado.

Nessa perspectiva, a centralidade pensada para o espaço urbano é produzida tanto alhures como no âmbito local, e esses dois planos entram em conflito, porque os interesses econômicos das escalas mais abrangentes colidem com as necessidades sociais da escala da cidade.

Um terceiro ponto decorre do segundo e está no fato de que as formas urbanas menos integradas (conformando assentamentos humanos, marcados pela descontinuidade dos tecidos urbanos e pelas diferenças de articulação espacial, conforme as diferentes condições socioeconômicas) são morfologias que pouco favorecem o exercício da política, como "capacidade de decidir a direção e o objetivo de uma ação"

(Bauman, 2007, p. 8), uma vez que a própria apreensão do que é a cidade faz-se de modo parcelar e fragmentado.

Essa apreensão, de um lado, dificulta a elaboração de representações sociais mais abrangentes e, de outro, impede a constituição coletiva de noções de compartilhamento territorial, quando se analisa o conjunto das relações entre diferentes segmentos sociais, observando-se o esgarçamento delas.

Os espaços de vida econômica e social de uns não são os mesmos que os de outros, se tomamos, por exemplo, como referência os que se utilizam de transporte automotivo individual e os que se deslocam por transporte coletivo ou a pé. Assim, a centralidade também se segmenta porque não há níveis significativos e circunstâncias frequentes em que haja coincidência territorial entre as práticas socioespaciais de segmentos de diferente poder aquisitivo.

Nesses termos, mesmo que os circuitos espaciais realizados nessa cidade dispersa justaponham-se, em algumas vias ou espaços urbanos, isso não significa que haja condições de compartilhamento territorial e/ou de convivência e/ou de construção de relações de sociabilidade. Pensando dessa forma, a cidade dispersa não é apenas forma, mas se apresenta como condição de novos conteúdos e práticas, o que justificaria ampliar a noção de compreensão dessa nova realidade urbana, a partir da ideia de urbanização difusa, nos termos defendidos por Dematteis (1998).

Nesses termos, a centralidade também esmaece, em algum nível, maior ou menor, dependendo das formações socioespaciais em análise, e pode, de fato, fragmentar-se porque ela não coincide mais, no plano social, porque não há mais o que é central tanto para uns como para outros.

Da segregação à fragmentação

Além dos pontos destacados nas três secções anteriores, quero, ainda que de forma sucinta, acrescentar um ponto à análise, qual seja o da insegurança urbana[15], tanto da real como da produzida pela mídia. É este valor, este sentimento, esta forma de ver o mundo e os outros que cria o campo favorável para a crescente posição central que a segurança tem alcançado.

Esse contexto enseja, em sociedades com grandes disparidades como a brasileira, a valorização exacerbada dos novos produtos imobiliários que se apresentam no mercado, portadores de sistemas de controle e vigilância e representativos da ideia de que é possível alguma segurança num mundo de imponderabilidades. A implantação desses empreendimentos é um dos vetores de redefinição completa do par centro-periferia, pois os sistemas que controlam a acessibilidade e a circulação, seja no concernente aos espaços privados, seja no que diz respeito aos espaços públicos, recompõem o tecido espacial para atender e sustentar a recomposição do tecido social.

A distância entre os desiguais, na cidade, não se opera mais, predominantemente, a partir da lógica de periferização dos mais pobres e de destinação, aos mais ricos, das áreas centrais e pericentrais, as melhores dotadas de meios de consumo coletivo (infraestruturas, equipamentos e serviços urbanos). Os sistemas de segurança urbana oferecem condições para que a separação possa se aprofundar, ainda que se justaponham, no "centro" e na "periferia" segmentos sociais com níveis *desiguais* de poder aquisitivo e com *diferentes* interesses de consumo.

Nas cidades que vimos estudando (Marília, Presidente Prudente, São Carlos e São José do Rio Preto), como começa a ocorrer em metrópoles brasileiras, e já é fato, sobretudo, nos Estados Unidos, no Canadá e na Europa, ainda não é tão significativa a tendência da produção imobiliária de áreas residenciais fechadas e controladas por sistemas de segurança voltadas para grupos de interesse cultural e de faixas etárias diferentes. Trata-se de condomínios voltados à terceira idade ou a jovens casais sem filhos, bem como de outros destinados aos "amantes" da natureza, do golfe ou do tênis, revelando que a tendência de estar entre os seus e não lidar com as diferenças pode ser analisada tanto na perspectiva socioeconômica como na política e na cultural.[16]

Nesse caso, a diferença prevalece sobre a desigualdade, como valor a ser agregado no produto imobiliário, mas, por outro lado, a convivência entre as diferenças se anula, promovendo o esfacelamento de um atributo da cidade, presente na longa duração do processo de urbanização.

De um modo ou de outro, trata-se de transformar terras (urbanas ou terras rurais passando pelas transformações que lhes atribuem o caráter jurídico de urbanas) com baixo valor agregado em produtos imobiliários, os quais alcançam elevado valor de troca, o que ajuda a entender que a lógica de reforço das dinâmicas de centralização urbana que caracterizam a produção do espaço urbano é combinada à lógica de transformação de espaço rural em espaço urbano. Esse tipo de incorporação por meio de parcelamento de glebas rurais para a produção de loteamentos urbanos, até duas ou três décadas atrás, nas cidades latino-americanas, voltava-se, quase que exclusivamente, à periferização dos mais pobres. Agora se justapõem, nas novas áreas urbanas que são incorporadas, de forma contínua ou descontínua ao espaço urbano, os ricos e os pobres, tornando a desigualdade combinada com essa relativa proximidade geográfica, um dos elementos essenciais da fragmentação socioespacial, quando se quer realçar sua dimensão espacial e não apenas compreendê-la como contraponto aos processos de globalização.[17]

A relatividade da proximidade geográfica só é possível por causa dos muros e dos sistemas de controle ao acesso a espaços privados residenciais (loteamentos fechados e condomínios horizontais e verticais), espaços industriais (condomínios de empresas como o Techno Park e outros[18]), comerciais e de serviços (como os shopping centers, centros empresariais e de negócios, espaços de lazer e entretenimento), bem como a livre circulação nos espaços públicos. Estou me referindo, ao mesmo tempo, às guaritas, aos sistemas de câmeras que nos cerceiam e nos vigiam, sem que sejamos interpelados sobre esse direito, à privatização da segurança nas cidades, às empresas que operam regularmente no mercado oferecendo esse "serviço" às milícias.

Aceitando-se esses elementos como significativos, para se compreender a realidade contemporânea, não apenas nas metrópoles, mas em cidades de diferentes portes e que têm níveis diversos de complexidade na combinação de seus papéis urbanos, pode-se falar de um processo que não é mais apenas de segregação socioespacial, nela incluída as iniciativas de autossegregação. Trata-se do aprofundamento das desigualdades, negando as possibilidades de diálogo entre as diferenças, o que justifica a adoção da noção de fragmentação socioespacial, tanto no que se refere à sua dimensão sociopolítica, nos termos já desenvolvidos por Souza (2000), como em sua dimensão socioeconômica.

A tendência à fragmentação que destacamos, neste final de capítulo, na escala da cidade não pode ser compreendida fora de suas relações com a escala urbana, que exige relações em múltiplas escalas e tampouco pode ser descontextualizada da sociedade que as enseja:

> A dimensão mundial é o mercado. A dimensão mundial são as organizações ditas mundiais: instituições supranacionais, organizações internacionais, universidades mundiais, igrejas dissolventes, o mundo como fábrica do engano.
>
> Quando o mundo assim feito está em toda a parte, o embate ancestral entre a necessidade e a liberdade dá-se pela luta entre uma organização coercitiva e o exercício da espontaneidade. O resultado é a fragmentação (Santos, 1994b, p. 36).

Para sintetizar a ideia de fragmentação a que nos referimos, e concluir, volto à escala da cidade, apoiando-me em Bourdin (2005, p. 35), ainda que prefira a adjetivação socioespacial àquela adotada por ele:

> O uso frequente do termo *fragmentação urbana* repousa sobre uma imagem: a sociedade (e seus territórios, em particular urbanos) seria um todo que se quebra em pequenos pedaços. Esta imagem é tanto mais eficaz porque se pode associar a ela 'provas' sociais e espaciais: criação de fronteiras ou de rupturas internas às aglomerações, isolamento dos grupos, uns em relação aos outros, expresso pela segregação das áreas residenciais fechadas, fortes disparidades no acesso aos serviços urbanos, falta de sentimento de pertencimento (tradução nossa, grifos do autor).

Este capítulo foi debatido, em sua versão preliminar, no *workshop* do Grupo de Estudos Urbanos (GEU) realizado em junho de 2009, na Universidade Estadual Paulista, Presidente Prudente.

Notas

1 A tradição geográfica do tratamento da diferenciação de áreas, passando pela diferenciação espacial para chegar à diferenciação socioespacial é tratada em Souza (2007, p. 107 et seq.).

2 Santos (1994b, p. 48) compreende a globalização como "estágio supremo da internacionalização, a amplificação do 'sistema-mundo' de todos os lugares e de todos os indivíduos, embora em graus diversos". Nestes termos, as dinâmicas e processos que tiveram início na passagem do modo feudal para o modo capitalista de produção, quando esse sistema-mundo começou a se constituir, conhecem, no período atual, uma mudança substancial. Ela requer da Geografia, como de outros campos científicos, uma alteração na perspectiva analítica porque as transformações não são apenas políticas, econômicas e sociais, mas igualmente espaço-temporais.

3 Este tema já foi desenvolvido em Sposito (2006 e 2007). O leitor encontra, no número 6, da revista *Cidades* (2007), um amplo debate sobre a diferenciação socioespacial, nos textos de Carlos, Corrêa, Rodrigues, Silva e Souza.

4 Após este texto ter sua redação iniciada em 2008, tive a oportunidade de fazer a leitura do texto de Angelo Serpa, "Lugar e centralidade em um contexto metropolitano", publicado neste livro, no qual há o esforço de distinguir a diferença da desigualdade e de tratar esse par de uma forma crítica. Parte do que está desenvolvido neste item já foi contemplado naquele texto e um diálogo, assim, estabelece-se, havendo, de minha parte, a oportunidade de reforçar pontos que ele destacou e, ainda, de recolocá-los numa outra linha de raciocínio, ainda que não oposta à dele.

5 Em Bergson (1961), há perspectivas analíticas que nos possibilitam aprofundar essa reflexão a partir das noções de unidade e multiplicidade que são por ele discutidas em relação ao espaço e à duração. Esse mesmo autor, distingue "diferenças de natureza" e "diferenças de grau ou de intensidade". Em Haesbaert (1999), há uma interessante abordagem sobre o par desigual e diferente. Em Sposito (2002), o par desigualdade-diferença também é objeto de atenção a partir de outro ponto de vista.

6 Carlos (2007, p. 49) destaca que: "[...]a escala do local e da cidade contempla, como determinação a *negatividade* manifesta no plano da vida cotidiana que aparece como lugar dessa realização. É a escala do habitar que surge e realiza o diferente em sua determinação negativa, quando se define pelo conflito e pela luta em torno das apropriações diferenciadas do espaço, e como reivindicação para o uso (tal qual se revela nas cidades hoje)".

7 Embora não seja esse o foco deste texto, aproveito para destacar que a intrínseca relação entre quantidade e qualidade é um dos argumentos que considero relevante para justificar a pertinência dos estudos sobre cidades médias, entendidas como aquelas que desempenham papéis de intermediação. Trata-se de reconhecer que, conforme o tamanho da cidade, não se altera apenas a intensidade ou o grau de ocorrência de processos, dinâmicas e fatos, quaisquer que sejam eles, mas a sua qualidade.

8 Esse tema está mais desenvolvido em Sposito (2007).

9 Veltz, no Capítulo 4 de seu livro (2002), tomando como referência a França, também frisa que há necessidade de se passar do paradigma hierárquico, que ele reconhece como piramidal, ao do território das redes para compreender o período atual.

10 Soja (1993, p. 135 et seq.) discorre a respeito da grande influência sobre o pensamento geográfico e de outros campos das Ciências Sociais, efetivada pelas teorias do desenvolvimento e da dependência, bem como pela obra de Wallerstein sobre os sistemas mundiais. Soja chama a atenção para o fato de que este autor, ao não teorizar suficientemente sobre a estrutura espacial, na mesma medida em que foi capaz de tratar da social, perdeu "a oportunidade de fazer da relação centro-periferia algo mais do que uma evocadora metáfora descritiva" (p. 136). De certo modo, pode-se, a meu ver, transpor essa assertiva para outras escalas às quais o par centro-periferia se aplica, uma vez que sua força explicativa talvez seja menor do que sua capacidade de evocar a tendência a uma estruturação dual predominante nas cidades latino-americanas da segunda metade do século xx. A estruturação das cidades torna-se, efetivamente, mais complexa à medida que a monocentralidade é implodida e a fragmentação urbana se impõe.

11 Adoto aqui o termo território em seu sentido mais concreto e, por isso, restrito, uma vez que não se contemplam suas dimensões políticas e, sobretudo, de natureza subjetiva.

12 Embora George (1983, p. 36-38) intitule uma das secções de seu livro como "Definições: situação e sítio", ao iniciá-la adota a palavra posição como sinônima de situação, reduzindo-as ao contexto dos fatos naturais que influenciam o desenvolvimento e a expansão de uma cidade. Trata-se, portanto, de concepção diversa daquela que adoto, uma vez que priorizo a consideração de quaisquer tipos de fatos geográficos e não apenas os ditos naturais.

13 De certo modo, o que Roncayolo (1990) entende como morfologia urbana é quase tão abrangente como o que Carlos (2007) compreende como articulação entre morfologia urbana e morfologia social. Esta avança em relação àquele, porque mostra de que modo essa articulação revela a ampliação das desigualdades e, pela negatividade, gera a possibilidade de expressão das diferenças.

14 Para uma leitura ampla da mobilidade no período atual, ver também Amar (2004).

15 A bibliografia sobre o tema tem se ampliado na mesma medida em que ele próprio se torna central no mundo contemporâneo. A análise sucinta que apresento aqui decorre dos resultados da pesquisa realizada por Eda Maria Góes e por mim, com apoio da Fapesp, sob o título "Urbanização difusa, espaço público e insegurança urbana". Entre os autores que tratam do tema, sob perspectiva semelhante ou diversa, ainda que não divergente, destaco Souza (2008), Misse (2003), Pedrazzini (2006), Capron (2006), Billard, Chevalier e Madoré (2005).

16 Um amplo painel sobre o tema é apresentado em Billard, Chevalier e Madoré (2005).

17 Souza (2000, p. 179) destaca: "O termo 'fragmentação' popularizou-se, desempenhando o papel de um *pendant*

do processo de globalização, com isso indicando-se que, por trás de processos de relativa homogeneização cultural e do costuramento econômico e 'compressão espaço-temporal', têm lugar também exclusão e segmentação sociais. A 'fragmentação' é, porém, comumente utilizada de maneira predominantemente setorial, despida de dimensão espacial explícita". Concordo com o autor, mas ainda tomo o termo fragmentação pela sua força comunicativa, esforçando-me para adjetivá-lo, de modo a que essa dimensão espacial se explicite e seja valorizada.

18 Sobre esse tema, ver Finatti (2009).

Bibliografia

AMAR, Georges. *Mobilités urbaines*: éloge de la diversité et devoir d'invention. Paris: Éditions de l'Aube, 2004.

ASCHER, François. *Metápolis* ou l'avenir des villes. Paris: Odile Jacob, 1995.

BAUMAN, Zygmunt. *Tempos líquidos*. Rio de Janeiro: Jorge Zahar, 2007.

BERGSON, Henri. *Essai sur les données immédiates de la conscience*. Paris: Presses Universitaires de France, 1961 [1927].

BILLARD, Gérald; CHEVALIER, Jacques; MADORÉ, François. *Ville fermée, ville suerveillée*. Rennes: Presses Universitaires de Rennes, 2005.

BOURDIN, Alain. *La métropole des individus*. Paris: Éditions de l'Aube, 2005.

CAPRON, Guénola (dir.). *Quand la visse se ferme*: Quartiers résidentiels sécurisés. Paris: Bréal, 2006.

CAMAGNI, Roberto. 2005. *Economía Urbana*. Barcelona: Antonio Bosch, 2005.

CARLOS, Ana Fani Alessandri. *Espaço-tempo na metrópole*: a fragmentação da vida cotidiana. São Paulo: Contexto, 2001.

________. Diferenciação socioespacial. *Cidades*, Presidente Prudente, v. 4, n. 6, jan./dez. 2007, p. 45-60.

________. Diferenciação sócio-espacial, escalas e práticas espaciais. *Cidades*, Presidente Prudente, v. 4, n. 6, jan./dez. 2007 p. 61-72.

CORRÊA, Roberto L. Diferenciação sócio-espacial, escala e práticas espaciais. *Cidades*. v. 4, n. 6, 2007, p. 61-72.

DEMATTEIS, Giuseppe. Suburbanización y periurbanización. Ciudades anglosajonas y ciudades latinas. In: MONCLÙS, Francisco Javier (Ed.). *La ciudad dispersa*. Barcelona: Centre de Cultura Contemporània de Barcelona, 1998, p. 17-34.

DOLFUSS, Olivier. Le système monde. Proposition pour une étude de géographie. In: GÉOPOINT 1984 – Systèmes et localisations, Avignon. *Actes*... Avignon: Groupe Dupont/Université d'Avignon et des Pays de Vaucluse, 1984.p. 231-240.

FINATTI, Rodolfo. Agentes imobiliários e reestruturação produtiva: o surgimento de condomínios empresariais em áreas metropolitanas do Estado de São Paulo. In: ENCONTRO NACIONAL DA ANPEGE, 8, 2009, Curitiba. *Anais em CD-ROM*... Curitiba: Universidade Federal do Paraná, 2009.

GEORGE, Pierre. *Geografia Urbana*. São Paulo: Difel, 1983.

HAESBAERT, Rogério. *Des-territorialização e identidade*. Niterói: EDUFF, 1997.

________. Região, diversidade territorial e globalização. *GEOgraphia*. Niterói, v. 1, n. 1, jan./jun., 1999, p. 15-39.

HARVEY, David. *A justiça social e a cidade*. São Paulo: Hucitec, 1980.

________. *Espaços de esperança*. São Paulo: Loyola, 2004a.

________. *A produção capitalista do espaço*. São Paulo: Annablume, 2004b.

________. *O novo imperialismo*. São Paulo: Loyola, 2004c.

LEFEBVRE, Henri. *La revolución urbana*. Madri: Alianza Editorial, 1983.

MASSEY, Doreen. *Pelo espaço*: uma nova política da espacialidade. Rio de Janeiro: Bertrand Brasil, 2008.

MISSE, Michel. A violência como sujeito difuso. In: FEGHALI, Jandira; MENDES, Candido; LEMGRUBER, Julita (org.). *Reflexões sobre a violência urbana:* (in)segurança e (des)esperanças. Rio de Janeiro: Mauad x, 2003, p. 19-31.

PEDRAZZINI, Yves. *A violência das cidades*. Petrópolis: Vozes, 2006.

RODRIGUES, Arlete Moysés. Desigualdades socioespaciais – a luta pelo direito à cidade. *Cidades*, Presidente Prudente, v. 4, n. 6, jan./dez. 2007, p. 73-86.

RONCAYOLO, Marcel. *La ville et ses territoires*. Paris: Gallimard, 1990.

SANTOS, Milton. *Por uma economia política da cidade*. São Paulo, Hucitec, 1994a.

________. *Técnica, espaço, tempo – Globalização e meio técnico-científico informacional*. São Paulo: Hucitec, 1994b.

________. *Por uma outra globalização*. Rio de Janeiro: Record, 2000.

SAVY, Michel. Morphologie et géographie des réseaux. In: SAVY, Michel; VELTZ, Pierre (dir.). *Économie globale et réinvention du local*. Paris: Éditions de l'Aube, 1995, p. 85-94.

SERPA, Angelo. Lugar e centralidade em um contexto metropolitano. In: CARLOS, Ana Fani Alessandri; SOUZA, Marcelo Lopes de; SPOSITO, Maria Encarnação Beltrão (orgs.). *A produção do espaço urbano*: agentes e processos, escalas e desafios. São Paulo: Contexto, 2011, p. 97-108.

SILVA, José Borzacchiello da. Diferenciação socioespacial. *Cidades*, Presidente Prudente, v. 4, n. 6, jan./dez. 2007, p. 89-100.

SMITH, Neil. *Desenvolvimento desigual*: natureza, capital e a produção do espaço. Rio de Janeiro: Bertrand Brasil, 1988.

________. Geography, difference and the politics of scale. In: DOHERTY, Joe; GRAHAM, Elspeth; MALEK, Mo. *Postmodernism and the social science*. London: Macmillan, 1992, p. 57-79.

SOJA, Edward. Geografias pós-modernas: a reafirmação do espaço na teoria social crítica. Rio de Janeiro: Jorge Zahar Editor, 1993.

SOUZA, Marcelo Lopes de. *O desafio metropolitano*: um estudo sobre a problemática sócio-espacial nas metrópoles brasileiras. Rio de Janeiro: Bertand Brasil, 2000.

________. Da "diferenciação de áreas" à "diferenciação socioespacial": a "visão (apenas) de sobrevôo" como uma tradição epistemológica e metodológica limitante. *Cidades*, Presidente Prudente, v. 4, n. 6, jan./dez. 2007, p. 101-114.

________. *Fobópole*: o medo generalizado e a militarização da questão urbana. Rio de Janeiro: Bertrand Brasil, 2008.

SPOSITO, Maria Encarnação Beltrão. O local, o nacional e o global na Geografia e as práticas escolares. *Geosul*, Florianópolis, v. 17, n. 33, jan./jun. 2002, p.143-168.

________. O desafio metodológico da abordagem interescalar no estudo das cidades médias no mundo contemporâneo. *Cidades*, Presidente Prudente, v. 3, n. 5, jan./jun. 2006, p. 143-157.

________. Cidades médias: reestruturação das cidades e reestruturação urbana In: SPOSITO, Maria Encarnação Beltrão (org.). *Cidades médias*: espaços em transição. São Paulo: Expressão Popular, 2007, p. 233-253.

VELTZ, Pierre. *Des lieux et des liens*: politiques du territoire à l'heure de la mondialisation. Paris: Éditions de l'Aube, 2002.

A CIDADE, A PALAVRA E O PODER: PRÁTICAS, IMAGINÁRIOS E DISCURSOS HETERÔNOMOS E AUTÔNOMOS NA PRODUÇÃO DO ESPAÇO URBANO

Marcelo Lopes de Souza
Universidade Federal do Rio de Janeiro

O senso comum acredita e repete que as palavras "têm um poder", às vezes até como que mágico. Embora não sejam as palavras em si, claro, que exercem o poder, mas sim os indivíduos e grupos por meio delas,[1] o senso comum revela, nesse momento, uma agudeza que bem poderia estar mais presente nos trabalhos dos estudiosos do urbano, em especial dos estudiosos e teóricos do planejamento. Quantos de nós refletimos sistematicamente não apenas sobre o que estamos dizendo ou querendo dizer quando falamos ou escrevemos, por exemplo, "favela" ou "comunidade" (referindo-se a uma favela), mas sobre os significados sociopolíticos diferentes, às vezes até antagônicos, dos termos usados no quotidiano das aulas, das pesquisas, dos congressos e dos planos – termos esses que, uma vez "elevados" à categoria de técnicos (por meio de conceituações não raro precárias), parecem tornar-se ferramentas neutras?

É óbvio que, ao menos para as mentes mais arejadas e preparadas para admitir que a neutralidade axiológica nas ciências sociais é uma pretensão impossível ou absurda, jamais se pensa em tomar as palavras por ferramentas neutras. O problema, aqui, é de ordem tácita: em que pesem todas as sinceras convicções epistemológicas a respeito, *age-se* muito frequentemente como se o vocabulário não demandasse maiores cautelas. Com efeito, mesmo muitos pesquisadores convictamente anticonservadores e antipositivistas costumam gastar pouquíssimo tempo refletindo sobre algo tão corriqueiro como... palavras ("meras palavras", como amiúde se ouve – e como se as palavras fossem inocentes ou inofensivas).

Enquanto em muitos ramos e nichos das ciências humanas e sociais uma análise crítica de discursos, às vezes seguindo as pegadas e inspirando-se em Foucault (1985), é coisa estabelecida já há um bom tempo, nos estudos urbanos isso nem sempre tem sido assim. Em particular não é assim quando se trata de examinar os discursos envolvidos nas intervenções sobre o espaço. Coisa curiosa, visto que a obra de Foucault é muito densa de alusões, *insights* e sugestões espaciais ou espacializantes! Que planejadores profissionais a serviço de uma prefeitura não o façam, porque não desconfiam, mas também porque não podem ou não se atreveriam, não deve espantar a ninguém. Que nem mesmo os autores críticos (não só os críticos do planejamento promovido pelo Estado, mas igualmente os que se engajam por um planejamento crítico) tenham o hábito de fazê-lo – isso, sim, é inquietante. Fornecerei, por enquanto, só um exemplo: "reforma urbana". Expressão importante, que designa um completo programa de ação, comumente associado à "esquerda urbana" brasileira, ou a parte dela. Quantos trabalhos se conhecem de autores que se tenham dado ao incômodo de refletir sobre os possíveis requisitos e as implicações do uso dessa expressão (a qual, a meu ver, está longe de dispensar explicação ou qualificação, precisamente de um ponto de vista "progressista")?...

Aquelas que poderíamos chamar de as "profissões espaciais", ou seja, as profissões direta e fortemente voltadas para o estudo da espacialidade social ou para o planejamento de intervenções no espaço (notadamente a Geografia, o Urbanismo e o planejamento urbano em geral), têm, tradicionalmente, representado um enfoque sintetizável por meio da expressão "visão de sobrevoo". Esta é aqui usada em analogia à expressão "pensamento de sobrevoo" (*pensée de survol*), com a qual o filósofo Maurice Merleau-Ponty resumiu criticamente a pretensão de um saber a um só tempo desenraizado e onisciente, pretensão essa bastante característica da ciência moderna (Merleau-Ponty, 2004, p. 13-14). Em que consiste, exatamente, a "visão de sobrevoo"?

Considerar as sociedades e seus espaços a partir de uma "visão de sobrevoo" implica analisá-los "do alto" e "à distância". Pois bem: o que significa, de um ponto de vista político, examinar os homens e os grupos sociais exclusiva ou quase exclusivamente "de longe", "à distância" – vale dizer, "sem adentrar as suas casas, sem mergulhar em seu quotidiano, sem sentir os odores da pobreza, sem ouvir os sons do desespero ou os gritos de libertação" (Souza, 2007, p. 104)? Significa, essencialmente, emular ou adotar a perspectiva *típica do aparelho de Estado*.

Ao estudarem o espaço social, muitos pesquisadores têm negligenciado o estudo dos *produtores do espaço*, ao menos em aspectos importantes – e isso mesmo nos casos em que abraçam uma perspectiva de crítica social, anticapitalista e de oposição ao Estado capitalista. No que se refere à Geografia, nem mesmo a "virada crítica" do início dos anos 1970 (ou, especificamente no caso brasileiro, de fins dos anos 1970) trouxe consigo, de imediato, uma superação da centralidade conferida à "visão de sobrevoo". Ainda que "crítica" (ou, como preferem os autores anglo-saxônicos, "radical"), essa "Geografia nova", predominantemente influenciada por um marxismo de tipo estruturalista, superenfatizava as *estruturas* em detrimento dos *agentes*, a *economia* e o *trabalho* em detrimento do *imaginário* e até mesmo, em grande medida, do *poder*. Não é à toa, por conseguinte, que o *capital* e o *Estado* foram privilegiados, como objetos de estudo, em comparação com os *movimentos sociais* (SOUZA, 2007, p. 105-106). De sua parte, ao planejarem intervenções no espaço, os planejadores profissionais frequentemente agem como se não tomassem conhecimento do fato de que não estão planejando somente a organização espacial (como se esta se resumisse a uma relação entre coisas), mas também, e sobretudo, relações e práticas sociais, o que exigiria que levassem em conta muito mais profundamente os homens e mulheres concretos, suas expectativas, seus valores, seus temores. E, claro, suas palavras.

Várias tarefas intelectuais são estorvadas por esse tipo de limitação, que é tanto uma limitação política quanto epistemológica. O ponto a ser aqui destacado, e que eu já havia salientado em trabalho anterior (SOUZA, 2007, p. 104), é o seguinte: *a dificuldade para os pesquisadores e planejadores profissionais em enxergarem a complexidade de interesses envolvida na disputa simbólica em torno de determinadas palavras*, notadamente daquelas que se apresentam carregadas de forte significado político e ideológico. Essa complexidade simplesmente não admite ser adequada ou completamente apreendida por meio de uma "visão de sobrevoo".

Para evitar mal-entendidos: não estou a sugerir, de maneira alguma, que uma perspectiva socialmente crítica deva sempre endossar os hábitos terminológicos do senso comum. As contradições eventualmente embutidas nas palavras mais comezinhas devem ser, muito pelo contrário, devidamente identificadas e explicitadas, ainda que isso deva ser presidido por um espírito de *diálogo* com os atores, isto é, sem partir da presunção de que o "saber local" é sempre inferior. Apenas desejo evidenciar a contradição que reside em uma análise e uma práxis que reivindicam para si o qualificativo de emancipatórias e, ao mesmo tempo, ignoram ou examinam de maneira epidérmica as teias de significados, as emoções e as motivações que impregnam e sustentam as falas dos atores sociais, deixando portanto, de interrogar os próprios atores sobre as razões que eles têm ou julgam ter para fazer tais ou quais usos de determinadas palavras.

No que se refere ao campo interdisciplinar do planejamento urbano, o déficit intelectual anteriormente referido, particularmente evidente, não é, de modo algum, um problema exclusivamente brasileiro. Embora seja possível encontrar, em países com maior abundância e densidade de literatura sobre o planejamento (inclusive crítica), alguns exemplos interessantes e promissores (penso, sobretudo, na linha representada pela coletânea organizada por Leonie Sandercock [1998]), são, também lá, exemplos que confirmam a regra.[2]

Neste capítulo não irei me restringir, contudo, a exemplos retirados do vocabulário e do(s) discurso(s) do planejamento promovido pelo Estado, normalmente conservador. Como tenho insistido há algum tempo (SOUZA, 2002, p. 13-15; 2006a, p. 173-174, 575; 2006b), é preciso superar o "estadocentrismo" que domina mesmo os observadores de esquerda, "estadocentrismo" esse que os faz tratarem o "planejamento urbano" e os "movimentos sociais" (ou a "sociedade civil", mais amplamente) como entidades separadas e até inconciliáveis – como se o aparelho de Estado fosse a única agência que planeja. Não deve ser preciso dizer que está longe de mim pretender ignorar as prerrogativas legais e privilégios fáticos de que o Estado dispõe enquanto planejador: promulgação de leis (planos diretores, zoneamentos, legislação urbana/urbanística federal e estadual etc.), recursos para investimentos em larga escala, monopólio (legal) da violência, poder (legal) de polícia. É claro que o Estado, por tudo isso, é e permanece sendo uma instância crucial do planejamento (e da gestão) das cidades. Daí, contudo, a assumir, implicitamente (e irrefletidamente) que os movimentos sociais apenas *reagem* (denunciam e protestam), isto é, que não têm capacidade de *agir proativamente* (concebendo projetos alternativos/contraprojetos, contraplanos), vai uma grande distância. Imaginar que os movimentos sociais são meramente reativos ou que não planejam significa não levar em conta ou não interpretar corretamente o fato de que eles desenvolvem estratégias muitas vezes diretamente vinculadas à reorganização do espaço da cidade, às vezes até mesmo conseguindo implementar várias coisas, *apesar do* Estado e *contra o* Estado. As razões para essa separação conceitual rígida entre "movimentos sociais" e "planejamento", compartilhada, aliás, tanto pela maior parte da esquerda acadêmica quanto pelos conservadores, merecem, elas próprias, ser objeto de exame, e a isso me dediquei em outros lugares (p. ex., Souza, 2006a, p. 131, 174 et seq.; 2006b). Aqui importa ressaltar que, embora eu esteja muito interessado na análise crítica do planejamento promovido pelo Estado e da dimensão heterônoma de seu(s) discursos(s), também me interessa o exame dos *contradiscursos* "planejadores" dos movimentos sociais (com seu quinhão de utopia[3] mas, igualmente, com todas as suas eventuais contradições...).

O presente texto é, no estilo e no conteúdo, uma mistura de ensaio com agenda de pesquisas. Por meio dele reflito, de maneira provisória e aproximativa, sobre algumas questões teóricas, exemplificando com uma grande quantidade de elementos discursivos, sem entrar em detalhes. Concomitantemente, com ele anuncio a minha intenção de me dedicar, sistematicamente, a um tipo de investigação que há muito tempo aprecio e reputo como necessário, embora a isso não me tenha devotado até agora de modo sistemático: consiste no estudo de representações sócio-espaciais com a ajuda da análise de discurso. Além do mais, como em toda agenda de pesquisas, no fundo trata-se de, explicitamente, convidar outros para que compartilhem comigo esse interesse e essa jornada.

Discurso heterônomo e "visão de sobrevoo": o planejamento urbano promovido pelo Estado

Talvez mais que qualquer outro tipo de saber, o planejamento e a gestão (sejam urbanos, regionais ou outros) promovidos pelo Estado tipicamente privilegiam um olhar sobre as sociedades e seus espaços "do alto" e "de longe". Uma das consequências disso é que planejadores urbanos a serviço da administração estatal se utilizam de um vocabulário cujo conteúdo muitíssimo raramente é objeto de qualquer reflexão, sobretudo de natureza crítica.

Ocorre que o léxico do planejamento e da gestão urbanos promovidos pelo Estado não se aplica a um "objeto" incapaz de manifestar qualquer discordância com as designações propostas, como é o caso do objeto das ciências da natureza. Mais: as denominações propostas pelos planejadores estatais, expressão de um saber acadêmico geralmente acrítico e diretamente a serviço da administração dos espaços, tempos e relações sociais, muitas vezes atrita com denominações utilizadas pelos próprios sujeitos que habitam e utilizam os espaços que são alvo das intervenções do Estado, denominações essas embebidas em saberes não acadêmicos (senso comum, "saber local") e referentes ao "mundo da vida" dos agentes.

"Favela" é um desses termos que parecem já ter adquirido feições de vocábulo "naturalizado", mas que costumam carregar um conteúdo pejorativo que não escapa à percepção daqueles que sofrem com valorações negativas por trazerem a marca de um *estigma sócio-espacial* (no caso, os "favelados"). Não é à toa que, algumas vezes, o termo "favela" é, de algum modo, tácita ou explicitamente contestado, conforme se verá na próxima seção.

Outros exemplos de termos que são objeto de disputa ideológica e que são, além (ou antes) de termos técnicos, palavras do quotidiano e componentes de discursos de poder e contrapoder: "bairro" (note-se que, no Brasil, o termo "bairro" exclui a realidade da favela, vista como um não bairro, civilizatoriamente "o oposto do bairro" – o que já não ocorre em Portugal, como demonstra a expressão "bairros da lata"); "revitalização urbana" (que traz como pressuposto implícito a ideia de que o espaço se acha "morto", "sem vida" – ideia com a qual os moradores de bairros pobres situados no entorno do CBD não costumam concordar...); "espaços degradados" ou "espaços deteriorados", "*blighted areas*", "*Verfallsgebiete*" (expressões que, geralmente aplicadas pelos planejadores estatais e mesmo por muitos pesquisadores universitários aos espaços pobres situados no entorno do CBD, traem mais ignorância e preconceito que qualquer outra coisa). Outros tantos termos constantes do vocabulário dos planejadores estatais, do conservador termo "ordem" à simpática e amiúde enganadora expressão "participação popular", são, usualmente, muito problemáticos, mascarando mais que revelando. Levantar o véu ideológico que geralmente cerca o seu uso, comprometido com a reprodução de relações de poder estruturalmente assimétricas, é tarefa para uma "hermenêutica crítica" dedicada a perscrutar a dimensão cultural-simbólica da produção do espaço e as relações contraditórias e conflituosas entre os agentes dessa produção.

Diversos componentes típicos do discurso de planejadores urbanos de corte conservador podem ser reunidos em uma construção como esta:

> Ao mesmo tempo em que o *crescimento desordenado* gera espaços *carentes* e ilegais, como favelas e loteamentos irregulares, a *ausência de investimentos adequados* cria espaços *deteriorados e degradados*, que precisam de *revitalização*. Em ambos os casos, necessita-se de um *planejamento adequado* e de *vontade política* para superar o problema do *caos urbano*.

O exemplo acima é "fictício", no sentido de que não é uma citação de um planejador específico; mas não é meramente hipotético, uma vez que o presente autor nada mais fez que sintetizar, em poucas frases, elementos discursivos e ideias-força que abundam nos textos de livros e artigos, leis e planos. Foram destacados em itálico os elementos discursivos que merecem comentários:

- *Crescimento desordenado*: passa-se ao largo de que, por trás da aparente "desordem", há uma "ordem" sócio-espacial derivada dos imperativos imanentes ao capitalismo e dos vetores de força típicos de sociedades heterônomas. A "desordem" (ou "entropia") socioespacial e ecológico-espacial *relativa* decorrente de processos de predação e dilapidação de recursos espaciais) não é lida, ao mesmo tempo, como produto de uma "ordem" mais abrangente e supralocal nem como contexto no qual se desenvolvem "novas ordens", muitas delas clandestinas e ilegais.
- Espaços *carentes*: típica visão que define os espaços residenciais dos pobres sobretudo pelo que lhes falta, e não pelo que eles têm.
- *Ausência de investimentos adequados*: trata-se de depositar todas as esperanças ou jogar todas as fichas em investimentos e ações do Estado ou, mais recentemente, também do capital privado, no âmbito de "parcerias público-privadas".
- Espaços *deteriorados e degradados*: visão segundo a qual um espaço residencial com infraestrutura deteriorada, como é típico de espaços "obsolescentes" (aliás, outro termo problemático), pode e deve ser definido, acima de tudo, por essa característica, deixando-se de lado a dinâmica sócio-espacial em sua riqueza cultural e sociopolítica e, tacitamente, decalcando preconceitos inferiorizantes sobre a população residente.
- *Revitalização*: o que está "deteriorado" está, implicitamente, também "sem vida", ao menos do ponto de vista estético, cultural e econômico das elites; faz-se mister, portanto, uma "revitalização"...
- *Planejamento adequado*: o bordão segundo o qual em países como o Brasil o principal problema ou um dos principais problemas é a "falta de planejamento" é ingênuo, ignorando não só que um planejamento conservador (ainda que "tecnicamente bem feito", de acordo com os cânones da excelência puramente técnica) não contribuirá significativamente para resolver os problemas sócio-espaciais de fundo, mas também que planejamentos e planos menos ou mais conservadores têm, sim, existido – muitas vezes servindo para cristalizar ou até para agravar certos problemas.

- *Vontade política*: típica visão voluntarista, que "fulaniza" as explicações dos problemas sócio-espaciais e ignora ou subestima o condicionamento exercido pelas estruturas profundas.
- *Caos urbano*: imagem forte, o "caos" é a "desordem" elevada à máxima potência. Antes uma expressão de sabor jornalístico que um termo técnico, "caos urbano", tem, não obstante, marcado presença no discurso de planejadores urbanos do Brasil e de outros países.

Variantes discursivas podem incluir, de acordo com o pano de fundo metateórico do autor e as exigências da conjuntura na qual ele opera, termos simpáticos como "exclusão", "parcerias público-privadas", "cidadania" e outros mais... Nada, contudo, que, em geral, altere a essência dessa forma de se lidar com as cidades e seus problemas.

É bem verdade que seria equivocado e injusto pensar que o ambiente do planejamento urbano profissional tem se limitado inteiramente a típicas "visões de sobrevoo" e descurado completamente das preocupações com análise de discurso e processos de comunicação entre atores sociais. A pouca ou pouquíssima profundidade crítica desse tipo de esforço, entretanto, salta aos olhos.

No meio anglo-saxão devotado à chamada "teoria do planejamento" (*planning theory*) tornou-se uma verdadeira moda, desde os anos 1990, uma abordagem conhecida como *communicative planning* ou *collaborative planning*. Engajadamente divulgada por autores prolíficos como Patsy Healey (1995, 1996, 1997 e 1998), trata-se de entender o planejamento não apenas como uma técnica ou conjunto de técnicas, mas como um *discurso*, e, portanto, como *comunicação*, cabendo ao planejador o papel não de projetar um futuro ideal alicerçado em uma razão técnica (ou, no linguajar da Escola de Frankfurt, *subjetiva* ou *instrumental* [Horkheimer, 1976]) independentemente dos sujeitos e das subjetividades, mas o de "mediar" (e coordenar) processos de comunicação envolvendo reuniões entre os mais diferentes grupos de interesse ou seus representantes a propósito de algum projeto específico (os *stakeholders*), processo esse ao longo do qual conflitos e divergências seriam explicitados e negociações exaustivamente perseguidas.

Os *collaborative* (ou *communicative*) *planners*, vez por outra, ou originariamente, alegam ter como fonte de inspiração a "teoria do agir comunicativo" de Jürgen Habermas (1988, 1990, 1999, 2005). Que essa inspiração é algo, no mínimo, um tanto distante, e que alguma coisa mais grave do que um simples empobrecimento intelectual costuma ter lugar após essa transposição, fica evidente quando se observa o pouco senso crítico a propósito desses encontros entre *stakeholders*. Sem querer sair, generalizadamente, em defesa de Habermas, o qual, sem dúvida, não se perfila entre os críticos contemporâneos mais decididos do *status quo* capitalista, o fato é que ao filósofo alemão não escapou que um agir comunicativo depreende uma situação de relativa *simetria de poder*. Ele reconheceu que o consenso em um sentido forte somente pode ser alcançado na base de uma livre participação de todos os envolvidos em um processo deliberativo, já que não se pode esperar um genuíno consentimento (isto é, que seja livre de coação) dos participantes "[u]nless all affected can *freely* accept the consequences and the side effects that the *general* observance of a controversial norm can be expected to have for the satisfaction of the interest of *each individual*" (HABERMAS, 1990, p. 93).[4] Que se possa achar que esse requisito é satisfeito nas situações normais e usuais das decisões de planejamento, seja no Brasil, no México ou na África do Sul, ou mesmo na Inglaterra ou na Alemanha, é algo assustador e constrangedor.[5]

De uma certa maneira, por conseguinte, alguns elementos ideológicos presentes nas abordagens de planejamento mais convencionais e claramente tecnocráticas não deixam de estar presentes também em uma perspectiva como o "*collaborative planning*": ausência de questionamento radical do *status quo* sócio-espacial, "estadocentrismo" (ainda que mitigado) e, de algum modo, a persistência de uma predominância da "visão de sobrevoo" (conquanto bastante atenuada em comparação com o planejamento regulatório clássico). No Brasil, país em que o "*collaborative planning*" não chegou a se estabelecer, o "tecnocratismo de esquerda" que domina a versão da estratégia da reforma urbana, a partir dos anos 1990 (SOUZA, 2002, p. 161; 2006a, p. 224), merece ressalvas semelhantes.

Reações quotidianas dos oprimidos: discursos e práticas nas favelas

Se *autonomia* significa "dar-se a lei a si próprio" (e, com isso, muito simplificadamente, um sinônimo de democracia radical, de autogoverno), um *discurso autônomo* é aquele que defende e afirma a autodeterminação e a ausência de dominação como valores fundamentais. Um *discurso heterônomo* é, pelo contrário, aquele que, produzido por indivíduos e instituições direta ou indiretamente comprometidos com a perpetuação de desigualdades e assimetrias estruturais, legitima, reforça ou fomenta a heteronomia, em qualquer uma de suas manifestações (dominação de classe, sexismo, racismo etc.).

Ainda que os "*loci* de referência discursiva" (ou seja, as instituições ou sujeitos coletivos – bem como seus espaços – que se convertem em objeto de conhecimento) do planejamento urbano profissional incluam, como elementos da totalidade sócio-espacial concreta, os oprimidos e seus espaços de vida e trabalho, os "*loci* de construção discursiva" dos planejadores profissionais (e também da maioria dos estudiosos do urbano em geral), isto é, os ambientes a partir dos quais seus discursos são elaborados, têm sido, predominantemente, a administração estatal, as universidades e as firmas privadas de consultoria. Isso introduz, na esteira de fatores político-ideológicos e das próprias restrições impostas pela "visão de sobrevoo", um *bias* relativamente à maneira como os pobres e seus espaços são tratados (ou, melhor seria dizer, tangenciados) como "*loci* de referência discursiva" das agências de planejamento: a superficialidade é a regra, e a potência autogestionária e "autoplanejadora" da sociedade civil é usualmente ignorada ou subestimada em favor de enfoques que vão da soberba estadocêntrica e assumidamente *top-down* ao paternalismo vitimizador que se pretende progressista e mesmo "participativo". Conforme eu já disse alhures, esse tipo de distanciamento político-ideologicamente determinado é, ao mesmo tempo, uma causa e uma consequência da "visão de sobrevoo" (Souza, 2007).

Enquanto os "*loci* de construção discursiva" do planejamento urbano profissional são, via de regra, as instituições do aparelho de Estado e o mercado capitalista, os "*loci* de construção discursiva" do discurso popular são os próprios "mundos da vida", os próprios *Lebenswelten*. Não há, aí, "visão de sobrevoo" no estilo estatal; mas há, geralmente, por outro lado, um certo "ensimesmamento" e a ausência de reflexão sistemática sobre os próprios termos do discurso, o que também costuma ser um problema do ângulo do desvendamento de máscaras sociais.

Tome-se, para começar, o exemplo do termo "comunidade". Esta palavra é tão popular para designar as favelas que, de certo modo, já quase se tornou, ao menos em muitas cidades brasileiras, sinônimo de favela. À luz de, pelo menos, boa parte da tradição de pesquisa nas ciências sociais, esse uso, concernente a um espaço inserido frequentemente em uma grande cidade e muitas vezes fraturado ou tensionado por conflitos internos, parece conceitualmente "pouco rigoroso". Quais são, porém, os parâmetros de rigor, em tal situação? Serão eles redutíveis ao que pode ser definido com base em um "olhar de sobrevoo" – ou se deve, ao menos, *dialogar* com os sujeitos em seus "mundos da vida", buscando-se *compreender* o significado dos usos não acadêmicos? Essa exigência de diálogo, particularmente coerente no caso de uma postura crítica e humanística, parece mesmo transcender esse universo ético-político. Afinal, seria verdadeiramente "rigorosa" uma leitura da realidade social que se contentasse em admoestar os agentes concretos pelos usos "incorretos" que fazem das palavras, segundo os (eles mesmos controvertidos!) cânones científicos?...

No caso da palavra "comunidade", salta aos olhos a estratégia tácita, por parte dos pobres, de construir, com a ajuda do discurso sobre si mesmos, uma imagem que favoreça a autoestima coletiva, em vez de reforçar a estigmatização sócio-espacial ou a mera vitimização. Quanto à vitimização, aliás, mas de maneira não necessariamente redutível a ela, há uma palavra que também é contestada por alguns geógrafos brasileiros (p. ex., Vasconcelos, 2004), mas que é empregada por moradores de favelas para definir a sua situação: "segregação".

Conforme eu já salientei em outra ocasião (Souza, 2007, p. 104), faz parte da tarefa do cientista social perceber esses usos quotidianos e tentar entender as razões dos usuários. Mesmo eventuais discordâncias ou reparos não podem eliminar esse componente "fenomenológico", sob pena de se construir um arsenal terminológico-conceitual "asséptico" e alienado em face dos "mundos da vida", animados por homens e mulheres de carne e osso.

Especialmente desconcertante, no que tange ao universo discursivo favelado, é a aparente "confusão" entre as ideias de "posse" e "propriedade". Mares-Guia (2002), inspirada nos estudos de Boaventura de Sousa Santos no campo da Sociologia do Direito e, mais especificamente, sobre "juridicidades alternativas", constatou, por meio de trabalho de campo em uma favela de Belo Horizonte, peculiaridades de uso daquelas duas palavras entre os moradores do lugar. Para muitos desses moradores, sua condição social, determinadora da ausência de outras opções de moradia, seria a tal ponto legitimadora da posse que o tratamento de seus imóveis *à guisa* de propriedade se acharia sancionado pelo senso comum e pelos costumes. Digo *à guisa* porque, na verdade, uma distinção entre posse e propriedade é algumas vezes operada pelos envolvidos, ainda que de maneira um tanto nebulosa ou expressa de modo nem sempre claro. Acompanhem-se os seguintes trechos, extraídos dos depoimentos de diferentes moradores (Mares-Guia, 2002, p. 59-60):

> Proprietário e morador, acho que aqui é a mesma coisa.
> O quê que é posse? Posse é propriedade. Não tem diferença, porque aqui na vila ninguém tem a escritura de nada, todo mundo aqui tá penando. Todo mundo aqui tá na expectativa de conseguir o usucampião (sic).
> Aqui pra nós, não temos diferença entre posse e propriedade, não.
> Não tem diferença, porque aqui não é da gente mesmo, né?
> [...] [E]u sou dono da casa, mas da terra, não. A gente é dona do material que a gente gastou. Dono do terreno é o dono do terreno escriturado. Aqui a palavra tá errada, mas a gente fala "proprietário". Como aqui nós não temos documento, pra ser proprietário tem que comprar aquele espaço, vamos supor, do barraco, não do terreno.
> O proprietário, na minha opinião, é, vamos supor, fulano comprou ali, ali agora é do fulano de tal, ele comprou; então, agora ele é o proprietário, nós entende assim.
> Proprietário pode dizer que é nenhum, porque ninguém tem escritura da moradia. Fala que é proprietário porque mora ali há muitos anos e mora dentro das casas deles, mora dentro da casa, mas não mora dentro do terreno, né?

Além disso, as associações de moradores exercem o papel de agências de "intermediação jurídica" (no sentido de uma juridicidade alternativa, não estatal, bem entendido) ou, nas palavras de Santos (apud Mares-Guia, 2002, p. 71), de verdadeiros *fóruns jurídicos*. Transações de compra e venda contam, não somente na favela estudada pela autora, mas pelo Brasil afora, com líderes de associações de moradores como testemunhas; associações de moradores "oficializam" tais transações e os documentos daí decorrentes – muitas vezes um simples papel escrito à mão –, invocando um poder normativo e regulador geralmente reconhecido pelos moradores, por meio do carimbo da entidade e da assinatura de um representante seu. Para todos os efeitos, internamente à favela, a transação é plenamente válida, e o comprador torna-se o dono do imóvel. É assim que a alquimia popular, ditada pela necessidade, determina, sob a mediação de uma instância microlocalmente reconhecida como possuindo legitimidade normativa também nesse terreno, que "posse é propriedade".

"Propriedade" e "posse" são, assim como "comunidade", "favela" e "segregação", além (ou antes) de termos técnicos para os estudiosos do urbano, palavras do quotidiano e componentes de discursos de poder e contrapoder. Seu significado é, por isso, objeto de disputa ideológica, em meio à tensão constante que permeia as relações entre moradores de favelas e moradores de bairros "comuns", especialmente de classe média e burgueses. Do cientista social se espera que, sem abrir mão – reitere-se – de seu senso crítico, saiba compreender as razões das discrepâncias de uso e os diferentes contextos de vida que justificam ou explicam os diversos usos, mesmo aqueles (aparentemente) "menos rigorosos". Assiste-lhe o direito – ou, mais ainda, impõe-se-lhe o dever – de, em nome da coerência lógica (presumida) do discurso científico que ajuda a construir e da consistência de seu arsenal conceitual, selecionar e esculpir os vocábulos e cinzelar as conceituações de maneira a melhor servirem aos seus propósitos de explicação pretendidamente rigorosa. Não lhe cabe, entretanto, arvorar-se de uma espécie de censor ou rígido normatizador do uso das palavras, à maneira de um gramático tradicional.

Práticas espaciais e discursos insurgentes: o exemplo do movimento dos sem-teto

Se os discursos e as práticas dos favelados muitas vezes revelam mais um misto de adaptação ao *status quo* e "resistência silenciosa" que uma postura de insurgência explícita, um exemplo distinto é proporcionado, no Brasil, pelo movimento dos trabalhadores sem-teto.

A pouca compreensão de tantos pesquisadores em relação aos movimentos sociais é, como já foi dito, grave a ponto de não se enxergar ou aquilatar direito a característica destes de serem, não só potencialmente, mas também realmente, muitas vezes um "*locus* de construção discursiva" importante no que diz respeito a conhecimentos em matéria de planejamento urbano, em sentido amplo (estratégias, táticas, planos e projetos alternativos, experiências de autogestão e "autoplanejamento"). Tudo se passa como se a intelectualidade, mesmo a de esquerda, acreditasse que só quem pratica planejamento urbano é o Estado, e que somente os profissionais a serviço do Estado são capazes de planejar intervenções no espaço urbano, para bem ou, muito mais frequentemente (de um ângulo crítico), para o mal.[6]

Com base em minha experiência de pesquisa e cooperação com duas organizações do movimento dos sem-teto – quatro "ocupações" independentes, mas articuladas entre si, localizadas na Zona Portuária do Rio de Janeiro, e o Movimento dos Trabalhadores Sem Teto/MTST, cujo "centro nevrálgico" é a metrópole de São Paulo –, posso dar testemunho da riqueza do léxico espacial desse movimento, expressão discursiva de uma insurgência que tem sido responsável pela criação de "territórios dissidentes" em várias cidades. Esses "territórios dissidentes", as "ocupações", são, muitas vezes, ao mesmo tempo, espaços de experimentação sociopolítica (novas relações de poder, menos ou mais horizontais e anti-heterônomas), político-cultural (cultura desalienante, arte engajada, novas formas de socialização) e econômica (circuitos de economia popular-solidária).

Aliás, a própria palavra "*ocupação*", em contraposição a "*invasão*", já é indicativo de um terreno terminologicamente denso de disputa ideológica. Cada um dos termos que compõem o léxico espacial desse movimento, como "acampamentos" (termo e prática inspirados no movimento dos sem-terra) e "reforma urbana" (cujo conteúdo tenta ser redefinido de maneira mais radical que aquela que tem sido a tônica entre os planejadores profissionais "progressistas" desde os anos 1990), é, em si, uma trincheira simbólica – uma expressão da *luta por hegemonia*, da *tentativa de criação ou reciclagem de significações sociais imaginárias*.

Os topônimos utilizados pelo movimento constituem um interessante capítulo à parte. Os nomes com que foram batizados os assentamentos do MTST na metrópole de São Paulo são, em geral, homenagens a ícones da esquerda ou da "história dos vencidos" brasileira: *Carlos Lamarca*, *Anita Garibaldi*, *Chico Mendes*, *João Cândido*... No Rio de Janeiro, as "ocupações" autogestionárias da Zona Portuária trazem nomes que são, às vezes, particularmente ricos em matéria de simbolismo emancipatório. Há, sim, homenagens a indivíduos específicos, como *Chiquinha Gonzaga* e *Zumbi dos Palmares*; mas há, também, um exemplo como *Quilombo das Guerreiras*, ocupação de um prédio da Companhia Docas (as "ocupações" da Zona Portuária do Rio são prédios, diferentemente daquelas coordenadas pelo MTST, geralmente terrenos periféricos, a despeito do crescente trabalho da organização junto a favelas).

Quilombo das Guerreiras sintetiza um duplo simbolismo, que incorpora a exploração de classe, mas a transcende, compreendendo explicitamente, e ao mesmo tempo, a insurgência discursiva contra a opressão de gênero e étnico-racial. O logotipo dessa ocupação, que já conta com uma pequena cooperativa produzindo chinelos, são três mulheres de braços erguidos: uma branca, uma negra e uma indígena. É interessante notar como se resgata, de modo muito coerente, a imagem histórica dos quilombos, que não eram simples refúgios de escravos, tendo chegado, em alguns casos (como Palmares), a acolher também indígenas e mesmo alguns brancos pobres. *Quilombo das Guerreiras*, como outras "ocupações", é, enquanto um "território dissidente", um "*neoquilombo urbano*". No caso, um "neoquilombo"... vertical![7]

Vale a pena registrar que há uma diferença de estilo de gestão territorial entre as "ocupações" da Zona Portuária do Rio de Janeiro e aquelas organizadas pelo MTST. Enquanto a primeira organização é fortemente adepta de um estilo "horizontal", sendo fortemente comprometida com princípios autogestionários, o MTST mescla, especialmente em suas práticas espaciais, mas também em seu vocabulário, elementos autogestionários com elementos de um estilo "vertical". Por exemplo: enquanto as "ocupações" da Zona Portuária do Rio de Janeiro contam com o auxílio de agentes externos conhecidos como "apoio" (geralmente estudantes universitários) e termos como "coletivo" são sublinhados em seu quotidiano, o MTST utiliza-se de palavras como "coordenação" e mesmo termos militares como "brigada", realmente procurando *coordenar* e *guiar* o movimento popular (muito embora ele também se utilize, aqui e ali, igualmente do termo "coletivo", inclusive em curiosas expressões híbridas como "coletivo de coordenação"). É mais que provável que essas diferenças de estilo mantenham alguma relação com a escolha e o conteúdo das palavras (topônimos e outras), no mínimo por conta de diferenças quanto aos processos políticos envolvidos.[8]

Apontamentos e achegas para uma agenda de pesquisas

O conceito e a abordagem social-psicológicos de "representação social", frutos de um diálogo entre Serge Moscovici e a Sociologia, a começar por Durkheim (Moscovici, 2003), afiguram-se, em face do conceito e da perspectiva castoriadiana a propósito do "imaginário" enquanto contexto de uma *criação radical* (criação *ex nihilo* de novas "significações imaginárias sociais") e, com isso, da *história* e da *historicidade* em sentido profundo (consulte-se, principalmente, Castoriadis [1975]), como limitado. A ideia de imaginário em Castoriadis (que não se confunde com a "imaginação" em seu sentido usual, como atributo secundário e mesmo fonte de ilusões) carrega dentro de si toda sorte de tensões e conflitos (a despeito da "coerência" de um imaginário específico, como o capitalista), ao passo que as representações sociais (embebidas no senso comum), no entender de Moscovici, são orientadas para a "estabilidade", para "tornar familiar o não-familiar" (Moscovici, 2003, p. 54 e 79). Ou seja, além de não comportarem explícita e programaticamente, diferentemente do enfoque castoriadiano sobre o imaginário, a dimensão da criação radical de novas significações (e, quanto a isso, e a despeito de seus indiscutíveis vigor e sutileza intelectual, Moscovici se apresenta como um dos muitos representantes de uma visão ontológica tradicional, que Castoriadis chamará de "pensamento herdado"), as representações sociais agasalham mal, ainda por cima, as contradições sociais.

Limitado não significa, porém, necessariamente *inútil*, nem mesmo *limitante* – sob a condição de aquilo que se mostra limitado poder ser *reapropriado* e *recontextualizado*. Será, então, que essas duas ideias, a de imaginário e a de representações sociais, estariam inexoravelmente condenadas a existirem separadas por um fosso, pelo fato de suas matrizes originais serem tão pouco compatíveis uma com a outra?[9] Se se considerar uma certa "escala de análise" – a de grupos específicos, com suas agendas e seus interesses particulares, bem como com seus esforços parcialmente reflexivos e parcialmente tácitos de produzir discursos identitários e de autojustificação em meio ao quotidiano e ao senso comum –, será que não valeria a pena tentar conferir uma utilidade crítica para a ideia de representação social, para além dos pressupostos ontológicos e teóricos (e mesmo, às vezes, do ligeiro empirismo) dos psicólogos sociais?... É uma empresa arriscada; a acusação de ecletismo inconsequente pende como uma espada de Dâmocles. Mas não parece despropositado propor a expressão "representações sociais" para auxiliar no trabalho de examinar as formas específicas de se lidar com/articular "significações imaginárias sociais". Em outras palavras: se o *imaginário*, "fundamento" do próprio Social, remete à *criação de significações* (e é com base nisso que se dá a produção de sentido[s], histórico-culturalmente), as *representações sociais*, em sua acepção particularizada (e *subordinada*), designariam as *maneiras de organização e reprodução de significações por meio de discursos menos ou mais coerentes que visam a articular identidades e justificar escolhas e ações*. As representações sociais, com isso, se constituiriam em uma espécie de conceito "fraco", mas não desprovido de utilidade, que ajudaria a elucidar e a narrar/descrever as construções discursivas de grupos específicos em meio à luta e aos conflitos no plano do simbólico.

Assim, as representações sociais – que, no caso de imagens espaciais e discursos fortemente espacializados e espacializantes, merecem ser denominadas *representações sócio-espaciais*, termo que aliás já ocorreu a autores vinculados à própria Psicologia Social[10] – participam dos processos de organização simbólico-discursiva da realidade social (ou melhor, sócio-espacial); elas nos envolvem, influenciam nossas reações no quotidiano e modelam o senso comum, ao mesmo tempo em que se acham imersas no quotidiano e no senso comum. As representações são um campo de disputa simbólica, e as "significações imaginárias sociais" que, tão amiúde, nelas se acham reificadas ou diluídas, são, simultaneamente, também as "armas" simbólico-discursivas dessas contendas. *Ressignificar espaços é ressignificar relações sociais e grupos sociais, e vice-versa.* O que está em jogo é, no caso de conflitos sociais, aquilo que é *legítimo* e aquilo que não é, aquilo que é *justo* e aquilo que não é, tendo, no limite, implicações quanto ao que passará ou não a ser (ou deixará de ser) *legal*, ou aquilo que deverá ser *eliminado* ou *perseguido* ou, pelo contrário, *tolerado* e até, quem sabe, *saudado*.

Perscrutar representações sócio-espaciais pressupõe interrogar os *discursos* e as *palavras no contexto dos discursos*, adentrando os "mundos da vida" e examinando o senso comum e suas contradições; pressupõe descer das alturas que permitem a perspectiva "voo de pássaro" e o tratamento em escala global, nacional, regional e mesmo macro e mesolocal, chegando à escala da habitação ou do pequeno assentamento humano (a escala, por exemplo, de uma ocupação de sem-teto). Imergir nos "mundos da vida" implica familiarizar-se com aquilo que é atinente à escala geográfica dos "nanoterritórios", que é a escala das casas e oficinas, das ruas e das praças, e que é, também, como exemplifiquei em texto anterior, a escala "das pessoas amontoadas ao relento nas calçadas ou embaixo dos viadutos", "das celas e dos diversos espaços de uma penitenciária", "da faina diária dos ambulantes" e, também, "dos espaços do trabalho das prostitutas fazendo seu *trottoir* noturno" (Souza, 2007, p. 110). Note-se que a própria escala microlocal, que é aquela do bairro ou do sub-bairro, é insuficiente para uma imersão no "mundo da vida"; na escala microlocal, o "intraurbano" permanece apreendido demasiadamente "do alto". Enfim, tudo se passa como se, até mesmo naqueles casos em que se denuncia o Estado, pelo seu caráter heterônomo, permanecêssemos escravos do olhar que lhe é próprio... Nos marcos de uma "visão de sobrevoo", nem mesmo o trabalho de campo mais minucioso não constituiria uma chave para se penetrar nos *Lebenswelten*, nos "mundos da vida"; ele serviria, antes, para tangenciar os *Lebenswelten* que para com eles dialogar em sentido profundo. Ou, para usar uma metáfora (ou exemplo...) que já empreguei em outra ocasião: bate-se à porta, conversa-se um pouco com o dono da casa, mas... não se adentra a casa. Não se vivencia o quotidiano. Tem-se, geralmente, nada mais que uma pobre amostra das ideias e emoções, dos desejos e aspirações, dos sons e ruídos, da luz e das sombras, dos conflitos e dramas que envolvem o dia a dia de um grupo social.

Esclareça-se, para evitar confusões, que "olhar de longe" não é, *necessariamente*, algo censurável de um ângulo ético-político e, muito menos, científico-metodológico. Anatematizar o "olhar distanciado" significaria, sem meias palavras, praticar o obscurantismo. Afinal de contas, é ele que nos permite adquirir uma "noção de conjunto", apreendendo-se as "grandes linhas". Sem isso, estaríamos circunscritos à escala da *tática* e (auto)apartados das escalas da *estratégia*. Dizia Hipócrates que a diferença entre o remédio e o veneno está na dose, e isso parece aplicar-se ao presente problema: a objeção que faço é à prática de se *adotar com exclusividade* o "olhar de longe"; nunca à prática de se cultivá-lo, por razões metodológicas e políticas que podem, a rigor, ser perfeitamente compatíveis com um pensamento e uma práxis emancipatórios. Se é assim, é em tudo e por tudo evidente que a solução não residirá em qualquer "substituição" ingênua (demagógica?...) do "olhar de longe" pelo "olhar de perto"; a solução consiste em saber *combinar as escalas* (refiro-me, aqui, tanto a escalas de análise quanto a escalas de ação), de tal maneira que não se precise, por constrangimento epistemológico ou metodológico, e muito menos por indução ideológica, abdicar de nenhuma delas. Da escala global, representada em nossos planisférios, à escala dos "nanoterritórios" da vida quotidiana (um prédio residencial, uma ocupação de sem-teto, uma prisão...), cartograficamente representável por meio de plantas, todos os níveis espaciais de análise são relevantes; cada um deles permite o registro de determinados aspectos da realidade, cada um deles nos faculta enxergar determinadas coisas. É assim, antes integrando que descartando *a priori* qualquer nível, sabendo combinar o "olhar de perto" (aquele que exige "estar dentro", que implica ser um *insider* ou quase *insider*) com o "olhar de longe" (aquele que permite e mesmo exige "colocar-se de fora" e à distância), que o "olhar de longe" não precisará ser visto como uma "visão de sobrevoo" arrogante, verdadeiro antípoda ético-político do "olhar de perto/de dentro".

Qual deve, portanto, ser a posição mais coerente de uma *ciência crítica* diante do senso comum? Eis uma questão que não deve ser evitada neste momento, no qual se delineia uma agenda de pesquisas. Retornando a considerações desenvolvidas quando de outro trabalho (SOUZA, 2007, p. 112) e já tangenciadas anteriormente, convém salientar que um olhar não arrogante sobre o senso comum não pressupõe, em absoluto, acriticismo. Confundir uma perspectiva *generosa,* solidária e *não arrogante* com convite à complacência e à ausência de crítica (no estilo *vox populi, vox dei*), seria um procedimento de incrível ingenuidade (e demagogia?...). De um pesquisador é lícito esperar que, na base de um certo distanciamento metodológico, saiba manter-se em constante estado de vigília em face das *limitações intrínsecas* à natureza do senso comum. Uma excelente vacina contra a arrogância constitui, a propósito, a reflexão aprofundada acerca das muitas limitações da própria ciência...[11]

O diálogo com a sociedade civil, e com os movimentos sociais em primeiro plano, é e permanecerá sendo um diálogo *tenso*, durante todo o tempo em que os cientistas não abdicarem da honestidade intelectual e de uma perspectiva verdadeiramente *crítica* – que é, sempre, também *autocrítica.* Isso não é propriamente uma ressalva. Muito menos significa uma restrição que limite o envolvimento dos pesquisadores político-social e ativamente engajados com os atores sociais que, a um só tempo, animam o seu objeto e são sujeitos cuja autonomia precisa ser respeitada e garantida. Do meu ponto de vista, esse diálogo será tanto mais produtivo, em matéria de esclarecimento sobre as causas e consequências de processos e práticas sociais e espaciais e de contribuição para uma práxis emancipatória, quanto mais as duas partes, pesquisadores e atores sociais cujas práticas espaciais são estudadas, compreenderem que o melhor amigo não é aquele que sempre concorda e que tudo elogia; muitas e muitas vezes, ser amigo pressupõe discordar, advertir, alertar – sempre construtivamente e sem presunção ou sentido hierárquico. Mais que um direito, isso é um dever – de um amigo/parceiro *enquanto tal*, e de um cientista *enquanto tal.*

Entre as atividades específicas de que aqueles interessados em pesquisar as práticas espaciais em sua ambiência quotidiana devem se desincumbir merecem ser destacadas estas duas: 1) valorizar o *trabalho de campo* intensivo em "nanoterritórios" (mediante, de preferência, *pesquisa participante* e, quando couber, *pesquisa-ação*[12]); 2) familiarizar-se criticamente com o estudo de *representações sócio-espaciais* e, também, com as discussões teóricas e os procedimentos para *análise de discurso.* Mais amplamente, em um plano metateórico, cumpre grifar também a seguinte exigência: *permitir-se interagir com os atores sociais (e que são, também, agentes modeladores do espaço) em uma escala verdadeiramente humana.* Eis as tarefas necessárias para se dar conta, em particular, da empreitada que é debruçar-se sobre os movimentos sociais e com eles dialogar, considerando-os tanto quanto possível também "a partir de dentro", examinando as práticas quotidianas das suas organizações e dos seus ativistas.[13]

Muitos vocábulos e expressões, amiúde empregados de modo automático e irrefletido até mesmo por pesquisadores, merecem reflexão sistemática. Não seria apropriado pretender oferecer uma lista exaustiva neste espaço, mas pode-se, pelo menos, arranhar o assunto. Alguns desses vocábulos e expressões foram já brevemente examinados neste artigo: "revitalização urbana", "caos urbano", "favela"... Mesmo esses aqui examinados precisam ser mais aprofundadamente esquadrinhados, inclusive com a ajuda de cotejos e da análise de teias semânticas: "favela"/"bairro"/"integração" (como no âmbito discursivo do Programa Favela-Bairro, implementado a partir de 1994 pela prefeitura do Rio de Janeiro, com a proposta de "integrar as favelas aos bairros"); "favela"/"urbanização" (no sentido de "urbanização de favelas")... Ademais, muitos outros podem e devem, evidentemente, ser contemplados ("exclusão", "sustentabilidade", "revitalização"...), sem esquecer nem mesmo (dentro de uma perspectiva comparativa) de termos e expressões de outras línguas, cuja incorporação pela ou citação na literatura técnica brasileira frequentemente se dá de modo pouco ou nada crítico (como "*gentrification*" – "gentrificação").

Conclusão: sobre a relação entre as "primeiras palavras" e a "última palavra"

"Dizer a última palavra" ou "ter a palavra final" significa, em várias línguas, decidir. No planejamento promovido pelo Estado, sabe-se que quem diz a última palavra, normalmente, não são os pobres, os do "andar de baixo", mesmo quando constituem a esmagadora maioria – e mesmo na maior parte das vezes em que se lhes é dada a chance de "participar" (palavra, aliás, cujo conteúdo merece cautela e distanciamento, como já adverti em trabalho anterior [Souza, 2006a] e na primeira seção deste capítulo); ou seja, de dizer alguma coisa e, às vezes, de deliberar sobre alguma coisa. Há interessantes exceções aqui e ali, mesmo que patrocinadas pelo Estado (como o orçamento participativo de Porto Alegre, mormente nos anos 1990), as quais provam que generalizações abusivas devem ser evitadas; mas, por serem precisamente *exceções*, e ainda por cima imperfeitas, sugerem a magnitude dos obstáculos.

Que se volte a atenção para as palavras *em si*, e não somente para a decisão explícita que encerram. Que palavras são usadas, com quais propósitos, em que circunstâncias, por quem? Que efeito ideológico *subliminar* desempenham? Como as palavras são "*armas*", podem elas também... *desarmar*? *Vulnerabilizar*? *Amansar* ou *domesticar*? E como isso se dá ou pode se dar, em cada caso concreto? Em que medida as "primeiras palavras" (e que permanecem), ou seja, o discurso e seu vocabulário, influenciam (ou, eventualmente, atritam com) a "última palavra" – e quem a dirá, e como a dirá? Que se constate e aceite: não se subestimem as palavras por serem "nada mais do que palavras", posto que, enquanto tal, muito já são, significam e implicam.

Este capítulo foi debatido no *workshop* do Grupo de Estudos Urbanos (GEU) realizado em julho de 2008, na Universidade de São Paulo. A versão que o leitor tem em mãos é praticamente idêntica àquela que circulou entre os participantes da referida reunião, excetuando-se pequenos acréscimos e atualizações.

Notas

1 Não é, nem poderia ser objetivo deste capítulo encerrar uma longa e profunda discussão específica sobre o conceito de *poder*. Vários dos autores citados neste texto legaram reflexões preciosas sobre a natureza do poder, e, muito embora elas amiúde apresentem atritos e expressem divergências, desde já sugiro ao leitor, para uma discussão sobre a matéria, que se reporte a três fontes especialmente relevantes, por sua profundidade, perspicácia e, ao mesmo tempo, clareza: para começar, Hannah Arendt (1983), que muito apropriadamente buscou distinguir entre poder e conceitos próximos, mas essencialmente diferentes, como violência e força; Michel Foucault (1984, 1986, 2008a, 2008b), que, diversamente de Arendt, focalizou preferencialmente não a dimensão de consentimento presente no exercício do poder, mas sim, e acima de tudo, esse exercício em condições de heteronomia (esquadrinhando "tecnologias de poder" como a "soberania", a "disciplina" e a "governamentalidade" e o "biopoder"); e Cornelius Castoriadis (1975, 1983, 1990, 1996, 1999), o qual, no âmbito de suas reflexões sobre a autonomia individual e coletiva, ofereceu uma visão do poder mais abrangente que a foucauldiana (excessivamente presa à ideia de poder como controle e jugo, ainda que não restrita a uma concepção do poder como simples proibição/censura, e muito menos limitativa do poder ao Estado), abrindo espaço para a plena consideração de um poder *autônomo*, ou direcionado para a autonomia, que conteste e se contraponha a um poder heterônomo, opressor.

2 Quanto ao Brasil, o único trabalho digno de nota que conheço é um texto de Jan Bitoun (2000), o qual tem como base empírica a realidade de Recife e seu ambiente de planejamento.

3 O termo *utopia* de modo algum é usado, aqui, em sentido pejorativo. Para reflexões que não conferem a esse vocábulo um sentido (apenas) negativo, remeto a Mannheim (1985) e, em particular, a Ricoeur (1986). Também Boaventura de Sousa Santos propôs, mais recentemente, um resgate do sentido positivo dos projetos utópicos (Santos, 2001 e 2002). De minha parte, propus uma defesa do pensamento utópico, circunstanciadamente, em Souza (2006a).

4 Promovendo um "diálogo" entre Habermas e Cornelius Castoriadis, "diálogo" esse que não me parece em absoluto forçado, desde que bem qualificado, afirmei, reportando-me ao "projeto de autonomia" intensamente refletido por este último autor (ver, por exemplo, Castoriadis, 1975, 1983, 1990, 1996 e 1999), que um verdadeiro "agir comunicativo" depreende uma situação de autonomia no plano coletivo, ou seja, de autogoverno, de liberdade efetiva e em que inexistam as assimetrias de poder estruturais típicas de qualquer sociedade heterônoma (Souza, 2000, p. 192-193; 2002, p. 150; 2006a, p. 51).

5 Um ou outro desses autores revela uma maior sensibilidade cultural e um maior senso crítico; é o caso, sobretudo, de Forester (1989, 1999). Mesmo assim, porém, em grau, a meu ver, insuficiente. É, de todo modo, reconfortante verificar que no próprio meio intelectual anglo-saxônico têm se multiplicado as críticas e ressalvas ao "*collaborative planning*", como se pode ver por Bedford, Clark e Harrison (2002).

6 Ver, sobre essa miopia e sobre o "estadocentrismo" que a determina, Souza (2006).

7 É importante chamar a atenção para o incidente envolvendo, em fins de 2007, a tentativa de residentes dessa ocupação (inaugurada em outubro de 2006) de registrar em cartório uma associação de moradores utilizando o nome "Quilombo das Guerreiras". O registro foi inicialmente recusado sob a alegação (não importa, aqui, se mero pretexto) de que "não existem quilombos urbanos"... (segundo depoimento de uma moradora da referida ocupação, colhido por mim e de um assistente de pesquisa em 18/1/2008).

8 Detalhes sobre esse assunto podem ser encontrados em Souza e Teixeira (2009) e Teixeira (2009).

9 Em uma brevíssima passagem de *L'institution imaginaire de la société*, Castoriadis objeta, conquanto não veja propriamente como tolice ou absurdo, a proposta teórico-conceitual concernente às representações sociais: "[...] les termes de 'représentation collective' ou de 'représentation sociale' par lesquels certains sociologues ont tenté, correctement mais insuffisamment, de viser un aspect de ce que nous essayons de réfléchir ainsi, sont impropres et risquent de créer la confusion" (Castoriadis, 1975, p. 489). A questão que desejo colocar é se, para além da empreitada de desbravamento filosófico de que se ocupou Castoriadis, e no âmbito das necessidades de pesquisas empíricas de detalhe, não valeria a pena correr esse risco – o qual, seguramente, pode ser bastante reduzido, como aliás muitos outros riscos semelhantes, mediante uma contextualização adequada e um uso criterioso dos termos (e conceitos). Acima de tudo, cumpre deixar claro que "[...] on ne peut réduire le monde de significations instituées aux représentations individuelles effectives, ou à leur 'partie commune', 'moyenne' ou 'typique'. Les significations ne *sont* évidemment pas *ce* que les individus se représentent, consciemment ou inconsciemment, ou *ce* qu'ils pensent. Elles sont ce moyennant et à partir de quoi les individus sont formés comme individus sociaux, pouvant participer au faire et au représenter/dire social, pouvant représenter, agir et penser de manière compatible, cohérente, convergente même si elle est conflictuelle (le conflit le plus violent qui puisse déchirer une société

présuppose encore un nombre indéfini de choses 'communes' ou 'participables')" (Castoriadis, 1975, p. 489).

10 Não podemos, também, deixar de lembrar a expressão *representações do espaço* (*représentations de l'espace*), empregada por Henri Lefebvre para designar "[...] l'espace *conçu*, celui des savants, des planificateurs, des urbanistes, des technocrates 'découpeurs' e 'agenceurs', de certains artistes proches de la scientificité, identifiant le vécu et le perçu au conçu (ce que perpétuent les savantes spéculations sur les Nombres: le nombre d'or, les modules et les 'canons'). C'est l'espace dominant dans une société (un mode de production). Les conceptions de l'espace tendraient (avec quelques réserves sur lesquelles il faudra revenir) ver un système de signes verbaux donc élaborés intellectuellement" (Lefebvre, 1981, p. 48-49). Não obstante, como se pode notar por este trecho, não é somente o invólucro terminológico que restringe o alcance das "representações do espaço" em comparação com a ideia de "representações sócio-espaciais" (uma vez que, naquela expressão, o "social" se apresenta subsumido, implicitamente, na palavra "espaço" - algo como uma inversão do reducionismo representado pela expressão "representações sociais"); igualmente o conteúdo é definido pelo filósofo francês como privilegiando as representações *dominantes* - em detrimento de uma adequada valorização das *(contra-)representações dos dominados*.

11 Entre as limitações típicas do senso comum se encontram a *não reflexividade sistemática* e o seu *horizonte geográfico restrito* (muitas vezes basicamente mesolocal ou mesmo microlocal, com pouca ou nenhuma informação refinada e qualificada sobre processos em escalas supralocais). Entretanto, isso não quer dizer que a ciência também não possua as suas limitações, ou que ela seja um saber absolutamente "superior" ao senso comum, ao "saber local", como se fosse válida uma hierarquia estrutural entre esses dois tipos de conhecimento. A ciência, para começar, nada tem de infalível... Além disso, a forte permeabilidade do senso comum em face das ideologias dominantes não lhe é exclusiva: muito embora a ciência tenha por princípio submeter "tudo" a escrutínio e a exigência de poder a "tudo" questionar, como condição para manter-se vigilante a fim de desmontar mitos, preconceitos e estereótipos, os cientistas (em particular os cientistas sociais), como indivíduos de carne e osso e cultural e historicamente situados que também são, caem prisioneiros de preconceitos e reproduzem estereótipos elitistas e heterônomos com muito mais frequência do que amiúde estão preparados para admitir.

12 No meu entendimento, a pesquisa-ação pode ser definida aproximativamente como uma modalidade de pesquisa participante - uma modalidade real e fortemente engajada, coisa que a pesquisa participante não necessariamente é. Consulte-se, para uma introdutória à pesquisa-ação, Thiollent (2005).

13 É dever de justiça registrar que os geógrafos de formação vêm reconhecendo cada vez mais o *indivíduo* e mesmo o *corpo* como "escalas" relevantes, inclusive no que tange à "política de escalas" (*politics of scale*), conforme se pode verificar pelo exemplo de Cidell (2006). No entanto, isso não significa, necessariamente, que se tenha avançado muito no que se refere ao estudo dos *ativismos sociais*. Além do mais, muito ainda falta para que se aprofunde a consciência das históricas lacunas referentes à escassez de envolvimento com a escala "nanoterritorial" e com os ativismos sociais e para que se disseminem os métodos mais adequados para se lidar com essa escala.

Bibliografia

Arendt, Hannah. *A condição humana*. 2. ed. Rio de Janeiro: Forense Universitária, 1983 [1958].

Bedford, Tracey; Clark, Judy; Harrison, Carolyn. Limits to new public participation in local land use planning. *Town Planning Review*, Liverpool, v. 73, n. 3, 2002, p. 311-331.

Bitoun, Jan. Territórios do diálogo: palavras da cidade e desafios da gestão participativa no Recife (Brasil). *Revista de Geografia*, v. 16, 2, 2000, p. 41-54.

Castoriadis, Cornelius. *L'institution imaginaire de la société*. Paris: Seuil, 1975.

________. *Socialismo ou barbárie*: o conteúdo do socialismo. São Paulo: Brasiliense,1983 [1979]. Introdução: socialismo e sociedade autônoma.

________. *Les carrefours du labyrinthe*: *Le monde morcelé*. Paris: Seuil, 1990, v. 3. Capítulo: Pouvoir, politique, autonomie.

________. *Les carrefours du labyrinthe*: La montée de l'insignifiance. Paris: Seuil, 1996, v. 4. Capítulo: La démocratie comme procédure et comme régime.

________. *Les carrefours du labyrinthe*: Figures du pensable. Paris: Seuil, 1999, v. 6. Capítulo: Quelle démocratie?

Cidell, Julie. The place of individuals in the politics of scale. *Area*, v. 38, n. 2, 2006, p. 196-203.

Forester, John. *Planning in the face of power*. Berkeley: University of California Press, 1989.

________. *The Deliberative Practicioner*: Encouraging Participatory Planning Processes. Cambridge (MA) e Londres: The MIT Press, 1999.

FOUCAULT, Michel. *Microfísica do poder*. 4. ed. Rio de Janeiro: Graal, 1984 [1979].

________. *As palavras e as coisas*: uma arqueologia das ciências humanas. 3. ed. São Paulo: Martins Fontes, 1985 [1966].

________. *Vigiar e punir*: história da violência nas prisões. 4. ed. Petrópolis: Vozes, 1986 [1975].

________. *Segurança, território, população*. São Paulo: Martins Fontes, 2008a [1978].

________. *Nascimento da biopolítica*. São Paulo: Martins Fontes, 2008b [1979].

HABERMAS, Jürgen. *Theorie des kommunikativen Handelns*. 4. ed. Frankfurt (Meno): Suhrkamp, 1988 [1981], 2 vol.

________. *Moral Consciousness and Communicative Action*. Cambridge (MA): MIT Press, 1990. Capítulo: Discourse Ethics: Notes on Philosophical Justification.

________. *Die Einbeziehung des Anderen*. Studien zur politischen Theorie. Frankfurt (Meno): Surhkamp, 1999. Capítulo: Versöhnung durch öffentlichen Vernunftgebrauch.

________. *Zwischen Naturalismus und Religion*. Philosophische Aufsätze. Frankfurt (Meno): Suhrkamp, 2005. Capítulo: Kommunikatives Handeln und detranszendentalisierte Vernunft.

HEALEY, Patsy. Discourses of Integration: Making Frameworks for Democratic Urban Planning. In: HEALEY, Patsy et al (org.). *Managing Cities*: *The New Urban Context*. Chichester e outros lugares: John Wiley & Sons, 1995.

________. Planning Through Debate: The Communicative Turn in Planning Theory. In: CAMPBELL, Scott; FAINSTEIN, Susan (orgs.). *Readings in Planning Theory*. Cambridge (MA) e Oxford (UK): Blackwell, 1996 [1992].

________. *Collaborative Planning*. Shaping Places in Fragmented Societies. Houndmills e Londres: Macmillan, 1997.

________. Collaborative Planning in a Stakeholder Society. *Town Planning Review*, v. 69, n. 1, 1998, p. 1-21.

HORKHEIMER, Max. *Eclipse da razão*. Rio de Janeiro: Editorial Labor do Brasil, 1976 [1946].

LEFEBVRE, Henri. *La production de l'espace*. Paris: Anthropos, 1981 [1974].

MANNHEIM, Karl. *Ideology and Utopia*: An Introduction to the Sociology of Knowledge. San Diego e outros lugares: Harcourt, 1985 [1929, 1936].

MARES-GUIA, Ana Rennó dos. *O Estatuto da Cidade e o estatuto da favela*. 2002. Monografia (Conclusão de curso em Direito) – Faculdade de Direito, Universidade Federal de Minas Gerais Belo Horizonte.

MERLEAU-PONTY, Maurice. *O olho e o espírito* (seguido de *A linguagem indireta e as vozes do silêncio* e *A dúvida de Cézanne*). São Paulo: Cosac & Naify, 2004 [1961].

MOSCOVICI, Serge. *Representações sociais*: investigações em Psicologia Social. 4. ed. Petrópolis: Vozes, 2003 [2000].

RICOEUR, Paul. *Lectures on Ideology and Utopia*. Nova York: Columbia University Press, 1986 [1975].

SANDERCOCK, Leonie. Introduction: Framing Insurgent Historiographies on Planning. In: SANDERCOCK, Leonie (org.). *Making the Invisible Visible*: A Multicultural History of Planning. Berkeley e Los Angeles: University of California Press, 1998.

SANTOS, Boaventura de Sousa. *Pela mão de Alice*: o social e o político na pós-modernidade. 8. ed. São Paulo: Cortez, 2001 [1995].

________. *A crítica da razão indolente*: contra o desperdício da experiência. 4. ed. São Paulo: Cortez, 2002 [2000].

SOUZA, Marcelo Lopes de. Urban Development on the Basis of Autonomy: a Politico-Philosophical and Ethical Framework for Urban Planning and Management. *Ethics, Place and Environment*, v. 3, n. 2, 2000, p. 187-201.

________. *Mudar a cidade*: uma introdução crítica ao planejamento e à gestão urbanos. Rio de Janeiro: Bertrand Brasil, 2002. [Quinta edição, aprimorada e corrigida, publicada em 2008].

________. *A prisão e a ágora*: reflexões em torno da democratização do planejamento e da gestão das cidades. Rio de Janeiro: Bertrand Brasil, 2006a.

________. *Together with* the state, *despite* the state, *against* the state: Social movements as "critical urban planning" agents. *City*, v. 10, n. 3, 2006b, p. 327-342.

________. Da "diferenciação de áreas" à "diferenciação socioespacial": a "visão (apenas) de sobrevôo" como uma tradição epistemológica e metodológica limitante. *Cidades*, Presidente Prudente, v. 4, n. 6, 2007, p. 101-114.

SOUZA, Marcelo Lopes de; TEIXEIRA, Eduardo Tomazine. Fincando bandeiras, ressignificando o espaço: territórios e "lugares" do movimento dos sem-teto. *Cidades*, Presidente Prudente, v. 6, jan./jun. 2009, n. 9, p. 29-65.

TEIXEIRA, Eduardo Tomazine. *O "léxico espacial" do movimento dos sem-teto: um estudo do discurso e das representações sócio-espaciais da Ocupação Quilombo das Guerreiras (Rio de Janeiro)*. 2009. Dissertação (Mestrado em Geografia) – Instituto de Geociências, Universidade Federal do Rio de Janeiro, Rio de Janeiro.

THIOLLENT, Michel. *Metodologia da pesquisa-ação*. 14. ed. São Paulo: Cortez, 2005.

VASCONCELOS, Pedro de Almeida. A aplicação do conceito de segregação residencial ao contexto brasileiro na longa duração. *Cidades*, Presidente Prudente, v. 1, n. 2, jul./dez. 2004, p. 259-74.

MERCADOS PÚBLICOS: VESTÍGIOS DE UM LUGAR

Silvana Maria Pintaudi
Universidade Estadual Paulista, Rio Claro

O capital não conhece limites.
István Mészáros

Uma inovação não imitada
é como se não tivesse existência social.
Gabriel de Tarde

Na tela de Jan Vermeer, conhecida pelo nome de *O Geógrafo* e datada de 1668, vemos representado um homem semidebruçado sobre um mapa, portando em uma das mãos um compasso, mas que, no entanto, olha pela janela, sugerindo-nos assim que há um invisível no que para nós é visível no quadro. Além de chamar a atenção do observador para a importância adquirida pela cartografia naquele momento da história, o pintor, ao mesmo tempo, mostra a importância da reflexão e da observação, o olhar para fora, para o mundo, a fim de poder representá-lo. Adalberto Vallega (2006) considera que a Carta de Mercator[1], apresentada em 1569, e essa obra de Vermeer, embora distantes um século um do outro, são símbolos da passagem da pré-modernidade para a modernidade, pois indicam uma mudança do olhar, da perspectiva adotada para ver e representar o mundo, que passa do lugar para o espaço, portanto, do concreto para o abstrato, deixando de ser limitada ao que se encontra próximo de quem observa. Certamente, naquele momento, a diferença foi substancial, mas ainda era o lugar que nos dava as pistas para o entendimento do mundo, embora fosse necessário ultrapassá-lo para se obter uma leitura coletiva inteligível, para saber sobre as distâncias entre os espaços e o tempo necessário para ir de um lugar a outro.

Jan Vermeer colocou um ar de meditação na expressão do geógrafo, que olha pela vidraça como se estivesse conferindo ou refletindo sobre a precisão do que está transpondo para a carta, e aí eternizou a preocupação desse cientista. O pintor não apenas revelou a postura de reflexão e/ou dúvida que o estudioso tinha sobre a representação do mundo naquele momento histórico em que muitas mudanças tinham lugar em terras flamengas, mas também deixou registrada para sempre sua mirada, porque é preciso olhar sempre criticamente para o que apresentamos como interpretação do real que, conforme sugere o compasso do geógrafo de Vermeer, terá escalas diferentes dependendo da representação que se faz do mundo. Se o geógrafo de então, que vivia os primórdios da modernidade, parecia já não confiar no que podia ver, o que dizer para o da atualidade, que está a observar espaços hipermodernos, mais ocultadores que reveladores, onde experimentamos uma outra relação espaço-tempo.

Além da dificuldade que é o ocultamento do real, as mudanças são muito rápidas e generalizadas. Aliás, é sempre bom lembrar que foi apenas em 1883 que o Meridiano de Greenwich passou a valer, aceitando-se o tempo médio, a partir dele, para o estabelecimento das zonas horárias em todo o mundo. Daí em diante, passamos a experimentar uma maior aceleração do tempo, com todas as mudanças tecnológicas que foram ocorrendo e se disseminando, enquanto as distâncias "se fizeram menores", com os deslocamentos mecânicos e as comunicações a distância, que se tornaram cada vez mais rápidos e eficientes. Hoje, nossas vidas encontram-se sob essa pressão. Basta, para isso, nos lembrarmos do século XX, que viu as cidades crescerem em tamanho, gerando toda uma gama de problemas que vão desde aqueles de infraestrutura básica para os assentamentos, até as questões mais pessoais, como as da depressão e ansiedade que hoje afetam enormemente a população por razões que também são variadas e envolvem as relações sociais. Aliás, é importante não esquecer que foi no século passado que o lugar de trabalho deixou definitivamente de ocupar o mesmo espaço do lugar da moradia. Essa separação, muito bem comentada pelo historiador Antoine Prost (1992), traz consequências importantes, modificando toda uma forma de vida, tanto a privada quanto a pública. As mudanças mais recentes, aceleradas pela organização em rede, em todos os níveis imagináveis e nos ainda por imaginar, através de novas tecnologias massificadas estão trazendo facilidades, mas também problemas para as sociedades em geral.

Em sociedades tão complexas como as em que vivemos, com um cotidiano entulhado de normas, é que devemos fazer um esforço para ressaltar os aspectos que podem nos ajudar a compreender a urbanização engendrada pelo capital. Pierre George, em seu livro *Geografia do consumo*, já nos chamava a atenção para a abrangência dos estudos sobre o consumo quando escreveu (1965, p. 118):

> Empresa formidável, essa do estudo do consumo, pois que supõe conhecidos não apenas a economia e a estrutura social de cada país, como também seu regime político e sua política.

Neste capítulo, vamos nos remeter à produção e ao consumo de espaços comerciais no atual momento histórico, o que, em nossa perspectiva analítica, pressupõe entender o movimento de formas comerciais que se chocam com outras, não portadoras do mesmo dinamismo por pertencerem ao passado, a outro momento histórico. Para tanto, daremos destaque a alguns pontos que constituem ainda desafios a serem superados para favorecer um melhor entendimento do espaço urbano no qual (re)produzimos nossas vidas, conferindo ênfase especial para o espaço comercial e de consumo.

Sobre as coisas óbvias com as quais trabalhamos

Temos aqui um primeiro ponto: o *cotidiano* se desenvolve em tempo e espaço específicos, próprios, diferentes de outros. Ele se realiza através das múltiplas ações que empreendemos diariamente para nos reproduzirmos como sociedade. Existe, portanto, uma relação direta entre a maneira como produzimos a sociedade e o cotidiano, que é seu produto. No cotidiano, estão presentes tempos cíclicos e lineares, ambos modalidades da repetição diária e, embora se verifique uma tendência à linearidade, ela não apaga o que é cíclico, como indicou Lefebvre (1981, p. 17). O que desejamos ressaltar neste ponto é que nossa vida cotidiana está eivada do repetitivo, cuja predominância é inquestionável, e, por essa mesma razão, não lhe damos a importância devida para melhor compreendê-lo e, assim, compreender os espaços nos quais reproduzimos nossa vida. Os espaços comerciais que frequentamos são um exemplo. Geralmente analisados muito mais na perspectiva economicista, sem levar em conta os aspectos socioespaciais presentes, os resultados analíticos não revelam o que efetivamente deveria nos importar, ou seja, saber como a coletividade se reproduz no âmbito da troca de mercadorias. Aliás, se prestarmos mais atenção, a opacidade desses espaços, aliada a pouca importância que conferimos à existência dos espaços comerciais e seu consumo na perspectiva crítica, pode ser bem generosa com a reprodução do capital.

Um segundo ponto: o ato de comerciar nos remete diretamente à *troca de mercadorias*, ou seja, trocamos o nosso dinheiro por um objeto de uso. Essa afirmação parece óbvia demais, já que se trata de um ato banal, realizado no cotidiano quando vamos à padaria ou comprar o jornal, por exemplo. Certamente, por ser tão corriqueiro, o ato de comprar é praticado como que "por instinto" e, a cada vez que o praticamos, não nos damos conta de estar trocando trabalho, representado, de um lado, pelo dinheiro de que se dispõe para a compra, como resultado de nosso labor e, de outro, pelo objeto que desejamos adquirir e pelo qual podemos pagar (pão, jornal etc.). Mas a troca de mercadorias que hoje realizamos não é a mesma que nos descreveu Marx, pois vivemos num outro momento histórico. Ainda que o processo seja o mesmo – a troca da mercadoria dinheiro[2] por uma mercadoria objeto de uso –, ao mesmo tempo é diferente, porque as necessidades também são diversas. Os objetos industriais não desaparecem a não ser que sejam substituídos por outra criação que responda melhor à mesma necessidade, ou porque a necessidade foi suprimida. Tarde ([1976], p. 190) afirmou que:

> [...] todos os progressos sociais por eliminação consistem primeiro em duelos de uma afirmação e de uma negação que se afrontam. Mas é bom acrescentar que aqui a negação não se aguenta sozinha e deve apoiar-se numa tese nova, ela própria negada por seu lado pela tese combatida. A eliminação deve, portanto, ser sempre, em tempo de progresso, uma substituição; também temos misturado estas duas idéias na segunda.

Acrescente-se a isso a criação de novas necessidades e a possibilidade cada vez mais presente da imitação. Criação, invenção, só ganha existência social se imitada, repetida. Para Tarde ([1976], p. 172), "[...] aquilo que é imitado, é sempre uma ideia ou um querer, uma opinião ou um desígnio, em que se exprime uma certa dose de *crença* ou de *desejo*" (grifo do autor). E os objetos (re)produzidos, repetidos, têm sua importância porque nos fazem *acreditar na inteligibilidade deste mundo* (Lefebvre, 1973, p. 34). Além disso, o valor de uso dos objetos repetidos emite recados que nos fazem desejá-los. Segundo Costa (2004, p. 18), objetos ou mercadorias adquiridos por um "comprador" integram uma rede de sentidos emocionais, sociais e culturais muito diversa da prática aquisitiva do "consumidor".

É assim que sobrevive e continua a se reproduzir o capitalismo – através da *repetição*.

O cotidiano, a troca de mercadorias e a repetição parecem aspectos óbvios de nossa realidade, mas, como escreveu Darcy Ribeiro (1978, p. 9):

> [...] se precisa desta categoria de gente – os cientistas – para ir tirando os véus, desvendando, a fim de revelar a obviedade do óbvio. O ruim desse procedimento é que parece um jogo sem fim. De fato, só conseguimos desmascarar uma obviedade para descobrir outras, mais óbvias ainda.

E nessa perspectiva de desvendamento, é necessário lembrar Walter Benjamin, quando ele afirma que "a *flânerie* dificilmente poderia ter-se desenvolvido em toda a plenitude sem as galerias" (1989, p. 34), porque o *flâneur* encontrava poucas calçadas largas na cidade de Paris antes de Haussmann, está apontando indiscutivelmente para a condição oferecida por um espaço comercial novo, que "protegeria" aquele que o frequentasse e o faria sonhar com as mercadorias apresentadas como novidade. Para Benjamin, somente a interpretação das imagens permitia que se despertasse do sonho.

Sobre os mercados públicos, com especial destaque para a cidade de Barcelona

Buscando interpretar e compreender os espaços comerciais que levam ao sonho, selecionamos como objeto de análise os mercados públicos da cidade de Barcelona (Espanha), que continuam a funcionar plenamente. A questão que levantamos é a seguinte: se as mudanças ocorridas em todas as dimensões da vida social transformaram o comprador de objetos em consumidor, como compreender a permanência de espaços comerciais que nitidamente pertencem a outro momento histórico? Se esses espaços estão ligados ao nosso cotidiano, que é banal, no qual o estilo está ausente, no qual o utilitário e o funcional predominam, como explicar a repetição dessa forma no comércio urbano? É certo que a reprodução de mercados não se encontra em qualquer cidade, mas em Barcelona se constata até uma construção recente na malha urbana.

Se tomarmos a leitura pela perspectiva linear no tempo histórico, encontramos os mercados públicos como espaços de troca sempre presentes nos agrupamentos humanos, desde os tempos mais remotos. É conhecida a tese de Jane Jacobs (1975) sobre as cidades, quando sustenta que sua existência só pode ser compreendida com a concomitante existência da troca de produtos entre elas – a autora está se reportando às cidades descobertas na Mesopotâmia há 6 mil anos. Mas também nas Américas, muito antes da chegada de Colombo, no período chamado pré-clássico, que se estende de 2.500 a.C. a aproximadamente 200 d.C., encontramos um intenso comércio no lugar onde hoje se encontra o Estado do México. No Museo Nacional de Antropologia existente na Cidade do México (DF), encontramos um mapa demonstrando os deslocamentos realizados para as trocas naquele território, acompanhado dos seguintes dizeres:

> Una de las actividades más importantes en el desarrollo de las sociedades preclásicas, y fundamental en el surgimiento de las grandes culturas mesoamericanas fue el intercambio de materias primas y objetos, así como de ideas y conceptos manifiestos en su arte. El Altiplano Central Mexicano participó en una amplia red que abarcó regiones muy lejanas, como la Costa del Golfo, Oaxaca, Guerrero y Occidente. Estas actividades también se hacían en el mismo Altiplano y en especial en la Cuenca de México, donde diversas comunidades estaban especializadas a nivel productivo y convergían en un centro que fungía como distribuidor de bienes.
>
> Tanto a corta como a larga distancia se obtenían sal, piedras verdes, obsidiana, sílex, hematita, pigmentos, chapopote, azufre, alucinógenos, caparazones de tortuga, mantarrayas y conchas, que eran de gran valor para esos grupos, así como productos terminados, principalmente de uso suntuario, en especial cerámica.

O mesmo museu, em sua sala Mexica, exibe uma maquete do mercado de Tlatelolco, já existente quando da chegada dos espanhóis na época da Conquista, onde, segundo informam os textos de história daquele país, circulavam cerca de 30 mil pessoas diariamente, o que não é pouca coisa. Essa grande maquete é uma atração no referido museu e são inúmeros os adultos e crianças que se detêm ali a imaginar o seu funcionamento, o seu burburinho e/ou os seus gritos. E se os observadores atuais saem encantados, avalie-se a impressão que esse mercado, ao vivo, causou a Hernán Cortez que, sabendo de sua existência, solicitou que o levassem até o local para conhecê-lo. Bem, não vamos aqui recordar a história mexicana, mas nos ater, neste momento, às formas de comercializar, como o mercado público que marcou aquele espaço urbano. Em outras representações da atividade da troca, encontramos mais exemplos, na cidade do México (litografias do século XIX), que não deixam dúvidas sobre a presença dos mercados em locais definidos na vida urbana, mesmo que a céu aberto, e/ou periódicos, como os que encontramos ainda hoje.

O fato de existir na atualidade uma forma muito semelhante de realizar o mercado pode nos fazer pensar que se trata de uma simples repetição. Leva-nos até a inferir que a repetição é uma maneira de conservar os costumes (ou as tradições) de um povo. Mas isso é apenas a aparência do que ocorre. Os mercados públicos mudaram e o que vemos é apenas o invólucro do original em alguns casos; em outros, a permanência se dá apenas por falta de opção comercial no lugar que ainda não despertou o interesse do grande capital. A aparência aponta para uma forma de resistência no tempo linear e, por essa razão, a escolha desse objeto – mercados públicos – não é fortuita, não nasceu do acaso, mas da eleição de uma forma de comércio que ainda existe ou existiu em todas as culturas e que nos permite contrapô-la aos modernismos. Posto isso, passamos a outras considerações de natureza teórica.

Quanto à articulação espaço-tempo, aqui é o tempo do cotidiano que nos interessa porque é ele que se transforma num elemento de dominação, com a predominância absoluta da troca sobre o uso – o que, segundo Lefebvre, indica uma dupla exploração dos dominados, tanto como produtores como consumidores. Embora apenas enunciado, o emprego do tempo é ponto fundamental para entendermos os espaços comerciais.

Outra questão é a da concorrência que, no caso dos mercados públicos, estaria posta neste momento entre o erário e o capital privado. Simplificando: era papel do Estado, antes da entrada do grande capital na área comercial da distribuição de gêneros de primeira necessidade – caso dos gêneros alimentícios –, garantir certa estabilidade de preços e de oferta de mercadorias em meio à miríade de estabelecimentos comerciais que realizavam a circulação de toda a ordem de produtos. No caso dos gêneros alimentícios e de primeira necessidade, o Estado construía mercados públicos cujos espaços internos eram alvo de concorrência pública para a definição de quem poderia ocupá-los para realizar as vendas (atacado e varejo). Com a entrada do grande capital nesse setor de abastecimento, não só quase desaparecem da paisagem urbana os pequenos estabelecimentos varejistas de alimentos, como também os mercados públicos perdem sua função reguladora e distribuidora para pequenos comerciantes. Enfatizamos que aqui os termos se encontram resumidos, a história toda é bem mais complexa. De qualquer modo, a função primordial de abastecimento estava superada. No entanto, a forma não se extinguiu, ao contrário, e recorremos ao caso de Barcelona para tentar uma primeira aproximação com o desvendamento da questão.

A escolha de Barcelona para um estudo mais verticalizado se deve ao fato de que, nessa cidade moderna, os mercados continuam funcionando, distribuídos por toda a cidade. A projeção dos locais em que eles estariam situados foi feita por Cerdà, que elaborou o plano do Ensanche, aprovado em 1860, o qual previa a construção de mercados públicos em distâncias regulares dentro da malha urbana que propôs. A execução da proposta manteve o princípio da regularidade, embora em alguns casos eles não tenham sido instalados exatamente no lugar previsto por Cerdà. Ao todo, funcionam hoje 41 mercados públicos, e isso não é pouca coisa. Observar essa permanência, essa duração de uma forma no tempo, sua presença nos dias atuais, em pleno funcionamento, causa certa estranheza, num mundo que não resiste às modernizações constantes. Qual a razão da manutenção de uma forma que pode parecer ultrapassada diante de inovações na área comercial de abastecimento de gêneros alimentícios, principalmente a partir de meados do século XX quando se expandem os supermercados e hipermercados? É o que vamos discutir a seguir.

Um dos mais antigos mercados de Barcelona é o da Concepção. Funciona desde 1888 e sua principal característica é a estrutura de ferro modernista que vemos na fotografia a seguir (Foto 1). Durante a pesquisa, encontramos uma fotografia de seu interior, que data do início do século XX e permite a identificação pelo detalhe dos arcos de sua estrutura.

Claro, naquele momento as mercadorias a serem comercializadas não dispunham de balcões luminosos e tão bem cuidados como os de hoje, e o piso era rústico, ao contrário do atual que até brilho tem.

Foto 1 **– Barcelona. Mercado de La Concepción. Março de 2010**

Fonte: Silvana Maria Pintaudi

A pesquisa que realizamos revelou vários aspectos que não vamos poder comentar aqui, mas devemos ressaltar alguns que parecem fundamentais. O primeiro deles é que lá o Estado continua no comando dos mercados, por meio de um instituto que cuida especialmente deles, compartilhando com os comerciantes os projetos de reformas estruturais e de manutenção. Mas não só isso. Esse órgão também tem articulado os pequenos empresários dos mercados com redes de supermercados, que passaram a funcionar dentro deles. Geralmente são redes importantes que se interessam por esse espaço. A foto a seguir (FOTO 2) mostra a entrada do Supermercado Caprabo, onde se observa seu nome associado ao de outra rede, a Eroski, que o comprou recentemente. O supermercado ocupa a parte subterrânea do prédio. Há uma espécie de "divisão de tarefas" entre os diferentes empresários: o supermercado procura não vender os produtos oferecidos pelo mercado, como carnes e peixes frescos, entre outros. A tudo isso se acrescenta um estacionamento, também subterrâneo.

Não se pode esquecer, além disso, de mencionar a propaganda que se faz de toda essa rede de mercados para os turistas, através da distribuição de roteiros de visitação, em que se anunciam mercados modernistas, emblemáticos, históricos e novos. Já para a freguesia, são oferecidas aulas de culinária. Como se depreende do exposto, há todo um trabalho de marketing que envolve diferentes públicos para o consumo desse espaço.

***Foto 2* – Barcelona. Interior do Mercado de La Concepción. Março de 2010**

Fonte: Silvana Maria Pintaudi

Não há dúvida de que estamos diante de um novo conteúdo. Tomando-se apenas o exemplo desse mercado, já se verifica todo o movimento de (re)apropriação de um espaço que foi trazido para o presente. As redes de supermercados, associadas aos mercados, atualizaram esse espaço comercial especialmente lembrado por oferecer produtos mais frescos e melhores, mais bem escolhidos pelos donos dos diferentes boxes de peixes, frutas, carnes, queijos, presuntos e um sem fim de outros itens.

Fica evidente que, embora sendo o mesmo lugar e a mesma estrutura de ferro modernista neste caso específico, trata-se de outro "mercado"[3]. O que permaneceu como continuidade foi a mercadoria em forma: 1) de presuntos "pata negra", anchovas, bacalhaus (que de alimentos passaram a representar um certo "estilo de vida"); 2) de um espaço chamado mercado, que se transformou também em mercadoria, um espaço de representação. Ficaram os vestígios de um antigo mercado.

Por fim, lembro um trecho de Italo Calvino (1990, p. 18) sobre a cidade:

> O olhar percorre as ruas como se fossem páginas escritas: a cidade diz tudo o que você deve pensar, faz você repetir o discurso, e, enquanto você acredita estar visitando Tamara, não faz nada além de registrar os nomes com os quais ela define a si própria e todas as suas partes.
>
> Como é realmente a cidade sob este carregado invólucro de símbolos, o que contém e o que esconde, ao se sair de Tamara é impossível saber.

Recorrendo ao autor, quero enfatizar que o espaço do cotidiano que se está produzindo, no plano de que sua criação ou (re)criação, deixa de ser *obra* para ser *produto* repetido – uma mercadoria – que pode ser controlado e que induz o consumo. É preciso acordar do sonho, pois, e continuar a desvelar.

Este capítulo foi debatido, em sua versão preliminar, no *workshop* do Grupo de Estudos Urbanos (GEU), realizado em março de 2010, na Universidade de São Paulo.

Notas

1 Quando a Carta de Mercator foi publicada, ainda faltavam 101 anos para aparecerem os primeiros relógios com o ponteiro de minutos, que surgem dois anos depois da criação de Vermeer a que nos referimos.

2 A cada dia que passa, o dinheiro (em papel ou moeda) está mais e mais sendo substituído por cartões plásticos que o representam, facilitando a compra através do débito ou do crédito por meio de conta bancária, administrados por quatro bandeiras internacionais – Visa, Mastercard, American Express e Diners.

3 As aspas aqui são necessárias porque não é o mesmo mercado e é preciso discutir isso para demonstrar a tese sobre o tempo cotidiano e a dominação (não é possível entregar essa discussão nesse momento).

Bibliografia

BENJAMIN, Walter. *Charles Baudelaire, um lírico no auge do capitalismo.* Obras Escolhidas III. São Paulo: Brasiliense, 1989.

CALVINO, Italo. *As cidades invisíveis.* São Paulo: Companhia das Letras, 1990.

COSTA, Jurandir Freire. *O vestígio e a aura*: corpo e consumismo na moral do espetáculo. Rio de Janeiro: Garamond, 2004.

GEORGE, Pierre. *Geografia do consumo.* São Paulo: Difusão Europeia do Livro, 1965.

JACOBS, Jane. *La economía de las ciudades*. 2. ed. Barcelona: Ediciones Península, 1975.

LEFEBVRE, Henri. *La survie du capitalisme*: la re-production des rapports de production. Paris: Anthropos, 1973. Tradução portuguesa: *A reprodução das relações de produção*. Porto: Escorpião, 1974.

_______. *Critique de la vie quotidienne*: de la modernité au modernisme (pour une métaphilosophie du quotidien). Paris: L'Arche, 1981.

PROST, Antoine. Fronteiras e espaços do privado. In: PROST, Antoine; VINCENT, Gérard (orgs.). *História da vida privada*: da Primeira Guerra aos nossos dias. São Paulo: Cia das Letras, 1992, p. 13-153, v. 5.

RIBEIRO, Darcy. Sobre o óbvio. *Encontros com a Civilização Brasileira*, Rio de Janeiro, v. 1, 1978, p. 9-22.

TARDE, Gabriel de. *As leis da imitação*. Porto: Rés, [1976].

VALLEGA, Adalberto. *La geografia del tempo*: saggio di geografia culturale. Torino: UTET, 2006.

PARA COMPREENDER O "LEVIATÃ URBANO" – A CIDADANIA COMO NEXO POLÍTICO-TERRITORIAL

Márcio Piñon de Oliveira
Universidade Federal Fluminense

A cidade não é mais que a associação de
seres iguais, que aspiram em comum obter
uma existência compartilhada e feliz.
Por conseguinte, consideramos como um ponto
perfeitamente aceito que a felicidade
existe sempre em proporção à virtude,
à prudência e à submissão às leis.
Aristóteles

Como tratar a cidadania numa investigação geográfica, no campo das ciências sociais, tema tão complexo e, ao mesmo tempo, excessivamente banalizado pela mídia e pelos governantes em geral? Como operar, por exemplo, com esse conceito no nível da escala territorial de uma cidade e de suas políticas urbanas?

Ao longo da história do conceito, por mais que sua noção tenha se ampliado e ganhado um sentido abstrato e múltiplo, afastando-se da escala territorial da cidade (*polis*), é neste espaço, delimitado politicamente, e na rede de lugares que o compõem, que a cidadania deixa de ser um *em si* e assume a sua dimensão mais concreta e cotidiana como uma práxis possível.

É nas cidades e nos seus lugares, mais especificamente, que os direitos, sob a forma de leis, aparecem de forma palpável e contraditória, decodificando-se em normas e posturas que regem a vida urbana.

Outro aspecto da geograficidade do conceito, importante a ressaltar, é o de sua escalaridade. A depender do país, da província ou região, da cidade ou mesmo do bairro em que se mora, a cidadania assume, entre as classes ou grupos sociais, graus diferenciados de existência e aspectos múltiplos. Assim, não é absurdo afirmar que somos mais ou menos cidadãos de acordo com o espaço em que estejamos inseridos. Os direitos civis, políticos e sociais passam necessariamente por uma mediação da geograficidade, isto é, dos atributos do espaço (instalações, infraestruturas, redes etc.) ou dos seus "fixos sociais" (Santos, 1987, p. 43), numa relação na qual as determinações de diferentes escalas geográficas podem se superpor.

O conceito de cidadania guarda uma concretude que possui, na sua origem, íntima relação com a cidade, na condição de realidade histórica. Por isso, do ponto de vista de nossa análise, a cidadania só poderia ser entendida como uma prática historicamente construída, delimitada por um poder de Estado que busca estabelecer os contornos de suas possibilidades de realização. Desse modo, procuramos orientar o trabalho com o intuito de apontar para esse *nexo político da cidadania*, entre a população da cidade e o seu *território*.

O território se impõe como uma condição continente ao conteúdo político da cidadania e no nível de organização social, cultural e econômica existente. De modo que, fora dele (território), a cidadania torna-se uma abstração contida nos artigos da lei, sem formato definido por práticas específicas. Para Milton Santos (1987), a vida social requer um componente cívico que "supõe a definição prévia de uma civilização que se quer, o modo de vida que se deseja para todos, uma visão comum do mundo e da sociedade, do indivíduo enquanto ser social e das suas regras de convivência" (p. 5).

Pretendemos, aqui, situar a "entrada" do conceito de cidadania na Geografia como disciplina, percorrer sua diversidade histórica, buscando assinalar sua relação com a cidade como fato geográfico, e atualizar seu nexo político-territorial em face das transformações que se operam na sociedade contemporânea, de forma a apontar para o que denominamos de diferentes dimensões da cidadania a serem analisadas em cada lugar e nos contextos social, político, econômico e espacial, de maneira diferenciada.

A "entrada" do conceito na Geografia

Num tempo não muito distante, o tema da cidadania não fazia parte de nossas preocupações acadêmicas, e muito menos figurava em nossas agendas de pesquisa como uma questão pertinente ao campo da Geografia, pelo menos de forma explícita ou direta.

As transformações que ocorreram na ordem mundial na segunda metade do século XX, em particular nas décadas de 1970, 1980 e 1990, como, entre outras, o fim da Guerra Fria, a desagregação da União Soviética, a globalização dos mercados e a luta de minorias por territórios dentro de fronteiras nacionais, não apenas proporcionariam uma renovação do debate temático e teórico da Geografia Política (Castro, 2005, p. 21), como também trariam à tona, na crise da modernidade reinante, o debate sobre sua modelagem política e a atualização do seu paradigma, calcado no ideal de cidadania.

Mormente, o problema da cidadania foi tratado como parte integrante ou acessória da Geografia Política na escala do Estado-nação, junto, por exemplo, com os problemas de nacionalidade e emancipação nacional, espaço e poder, política e território.

Nos anos 1970, duas foram as obras de geógrafos que tiveram papel importante na renovação crítica da Geografia e funcionaram, em nossa opinião, como "aproximações" ao tema da cidadania: David Harvey (1980 [1973]), em *A justiça social e a cidade*, e Yves Lacoste (1988 [1976]), em sua *A Geografia – isso serve, em primeiro lugar, para fazer a guerra*. A primeira delas toca indiretamente no tema da cidadania quando, em sua análise, estabelece relação entre *espaço, justiça social e urbanismo*, aproximando, pela forma espacial que a cidade assume, "as complexidades dos processos espaciais e os elementos da forma espacial" (p. 17), isto é, a estrutura conceitual da Sociologia e da Economia Política na análise da Geografia da cidade e do urbanismo, sob a ótica da justiça social. A segunda, ao questionar a *natureza epistêmica da Geografia* e a sua finalidade como disciplina, coloca em cena o debate sobre o papel do espaço, as relações de poder implicadas, a ideologia e a geopolítica dos Estados-nações, ou seja, põe a nu o real significado da Geografia como um conhecimento estratégico que serve para a guerra e a dominação. Outra contribuição importante de Lacoste nessa obra, a nosso ver, é a que coloca o *problema das escalas e os níveis de análise*, possibilitando o estudo da relação entre espaço e poder e as estratégias políticas e geopolíticas em diferentes escalas, não apenas aquela estrita ao nível do Estado-nação, uma perspectiva essa, muito útil a um novo enfoque da cidadania, em particular na análise do espaço urbano.

Outro trabalho desse mesmo período, não publicado no Brasil e muito pouco conhecido entre nós, que em nossa opinião contém importantes contribuições à temática da cidadania, é a obra *Société, espace et justice: inégalités régionales et justice socio-spatiale*, do geógrafo Alain Reynaud (1981). Na sua primeira parte, o autor desenvolve o conceito de *classe socioespacial* e, a partir dele, a ideia de *justiça socioespacial*, na qual aprofunda o papel do poder público nos seus diferentes aspectos. Na segunda parte da obra, são analisados alguns estudos de caso, nos quais busca aplicar tais conceitos, em diferentes níveis de escala espacial, como entre o espaço urbano e o espaço rural, no interior do espaço urbano, entre dois espaços urbanos distintos e no interior de um mesmo espaço rural; analisa ainda a questão entre duas regiões diferentes, no interior de uma única região e nas escalas do Estado-nação, daquilo que denomina "grande espaço", como o Mercado Comum,[1] e no "Mundo", que considera o último nível de escala espacial.

Levando-se em conta que um dos elementos constitutivos da cidadania moderna é a "ideia de justiça", a contribuição de Reynaud é buscar trazer à luz esse entendimento e aplicá-lo ao espaço, demonstrando que a justiça se encontra fracionada/diferenciada não apenas socialmente, mas também espacialmente. Assim, o autor desloca a análise da mera descrição das diferenças socioespaciais ou das desigualdades socioeconômicas existentes para o âmbito das estruturas espaciais, as formas de organização do espaço, as classes sociais nesse contexto e o papel do poder público, nos seus diferentes níveis, procurando conferir uma dimensão concreta da justiça no espaço, seus limites e contradições.[2]

No curso da renovação da Geografia brasileira, no limiar dos anos 1970 e 1980, várias foram as obras que também contribuíram para aproximar a Geografia do enfoque da cidadania,[3] mas nenhuma que a tenha tratado diretamente como uma questão ou objeto de pesquisa.

O primeiro trabalho a abordar diretamente a temática da cidadania relacionada ao espaço no Brasil, no âmbito da Geografia, foi o livro *O espaço do cidadão*, de Milton Santos (1987). De motivação mais política e conjuntural que acadêmica – no clima da redemocratização do Brasil e como contribuição ao debate da nova Constituição de 1988 – o autor apresenta alguns pontos importantes para a reflexão do problema da cidadania e suas dimensões socioeconômico-político-espaciais, entre eles: o papel da cultura e do território na conformação de um modelo cívico; a importância do componente territorial para assegurar a distribuição geral dos bens e serviços públicos; o atrofiamento da cidadania na sociedade de consumo de massas, reduzindo o cidadão a consumidor e usuário; a mutilação do cidadão pelo agravamento das desigualdades sociais em tempos de políticas neoliberais; e o direito ao entorno, à vida urbana e aos espaços públicos (praias, montanhas, calçadas etc.), que já vinham impunemente, segundo ele, sendo privatizados. Milton destaca, ainda, na análise da cidadania sob a ótica do espaço, o papel das classes sociais, do indivíduo, impregnando valor aos lugares, da renda, da informação, da localização, bem como dos pactos territoriais, entendidos como arranjos político-territoriais que se atualizam a cada período histórico.

Fora do âmbito da Geografia, contribuíram sobremaneira para a temática da cidadania relacionada à Geografia, as obras do filósofo e sociólogo Henri Lefebvre, em especial nos livros *O direito à cidade* (1991 [1968]) e *Espaço e Política* (2008 [1973]). Nessas duas obras, Lefebvre articula diretamente a *cidade* e o *urbano* ao *direito à cidade* – "formulado como o direito à vida urbana, transformada e renovada" (1991, p. 117) e "tomado em toda a sua amplitude" (2008, p. 34) – e à *política* – compreendida como parte constitutiva do próprio espaço, no seu dizer "o espaço é político e ideológico [...], modelado a partir de elementos históricos e naturais, mas politicamente" (2008, p. 62). Esses trabalhos foram diretamente influenciados pela conjuntura mundial de maio de 1968, principalmente o primeiro, e preparariam a reflexão para sua obra de referência maior *La production de l'espace* (2000 [1974]), na qual muitos dos conceitos anteriormente levantados seriam amarrados num único corpo de teoria.

Cerca de vinte anos mais tarde, numa outra conjuntura político-social, Lefebvre (1991) retornaria mais diretamente ao tema da cidadania, num trabalho coletivo realizado com o "Groupe de Navarrenx", denominado *Du contrat de citoyenneté*, com o propósito de lançar um olhar renovador para o problema da cidadania, para além da esfera do político, do nacional e do Estado-nação, consagrados na ideia de pacto social, e contribuir para a construção de uma nova cidadania. No texto de abertura – *Do pacto social ao contrato de cidadania* – Lefebvre (1991, p. 15-37) assinala que *os novos direitos do cidadão* dependem, de nossa parte, muito mais de uma "descoberta criativa", do nosso debruçar sobre as exigências da vida cotidiana no mundo moderno e estão longe de ser o resultado direto de uma "declaração detalhada" de direitos do cidadão.

Além do *direito à cidade*, segundo ele, ainda muito mal assimilado como nova cidadania, Lefebvre destaca seis outros direitos a serem reforçados nessa construção: (1) *o direito à informação* – que enfrenta o obstáculo das informações secretas e, se sua supressão total seria impossível, elas devem, no entanto, ser reduzidas ao máximo, o que exige o enfrentamento de um conjunto de questões em torno dos bancos de dados da atualidade; (2) *o direito à expressão* – no sentido de que todos possam se expressar sobre tudo (a reflexão, a palavra e a escrita), mesmo naquilo que não lhes diz respeito diretamente; (3) o *direito à cultura* – que deve ser pensado como um horizonte a ser alcançado por todos, começando na escolarização e projetando-se como acesso à mais elaborada criação artística; (4) *o direito à identidade na diferença (e na igualdade)* – que deve assegurar as diferenças num quadro de preservação da identidade étnica, etária, sexual, cultural etc., por meio da consciência de que elas existem, permitindo a convivência e a igualdade nos direitos de cidadania; (5) *o direito à autogestão* – como um direito coletivo, que se exerce quando determinados grupos reivindicam o exercício de sua capacidade de organização das próprias condições de existência, com base na prática de um controle democrático; (6) *o direito aos serviços* – entendido como o direito de dispor de serviços essenciais, principalmente os públicos, relacionados à locomoção, à higiene, ao conforto etc., importantes na garantia da convivência cotidiana, implícitos em acordos tácitos que integram a prática social, mesmo não sendo juridicamente estabelecidos.

A geógrafa britânica, Susan Smith (1989), também nos daria, no final dos anos 1980, uma contribuição direta para o tema da cidadania, com a publicação de artigo no periódico *Transactions*, sob o título *Society, space and citizenship: a human geography for the "new times"?*. Nele, a autora analisa a cidadania na sua relação com o espaço e a sociedade como possibilidade de um caminho de construção teórico-metodológica para a Geografia Humana. A questão da cidadania seria tratada sob a ameaça de políticas neoliberais, a crise do *Welfare State*, e o contexto de transformação pós-fordista da economia mundial capitalista, com as deslocações fabris e a chamada acumulação flexível.

Sobre esse último aspecto, tivemos, nesse mesmo ano, a importante contribuição de David Harvey (1992 [1989]), em seu livro *Condição pós-moderna*. Embora não enfoque nessa obra o tema da cidadania de modo direto, o autor nos situa muito bem diante daquilo que ele mesmo denominou em sua tese "uma mudança abissal nas práticas culturais, bem como político-econômicas, desde mais ou menos 1972" (p. 7). Para ele, essa mudança não indica o surgimento de uma "sociedade pós-capitalista ou mesmo pós-industrial inteiramente nova", mas "está vinculada à emergência de novas maneiras dominantes pelas quais experimentamos o tempo e o espaço". Nesse sentido, Harvey converge o seu trabalho para a análise das experiências do espaço e do tempo, da compressão do tempo-espaço e da condição pós-moderna.

Os aspectos levantados por Harvey nos instigaram ainda mais a repensar a mudança do nexo político da cidadania com o espaço em suas diferentes *escalas espaço-temporais*[4] (Haesbaert, 2002) e seu caráter multiforme assinalado por outros autores, dentre eles, Gomes (1997, p. 43-61), em artigo no qual destaca *a dimensão ontológica do território no debate da cidadania* e nos propõe um mergulho no conceito a fim de atualizá-lo diante da atual realidade do mundo contemporâneo.

Além do caráter multiforme da cidadania, Gomes (1997) nos chama a atenção para os papéis do espaço e do território na questão. Para ele, "na raiz do próprio conceito de cidadania" está gravada "uma matriz espacial". "Cidadão é aquele indivíduo que têm direitos e deveres dentro de uma sociedade, mas cidadão é também necessariamente aquele que pertence a uma certa rede de relações espaciais" (p. 49). Acrescenta, ainda, que:

> A cidadania não é, portanto, simplesmente uma representação dos indivíduos dentro do Estado Nacional, é, sem dúvida, um fenômeno muito mais complexo que incide no quadro da dinâmica territorial cotidiana da sociedade. [...] As discussões sobre cidadania e democracia não podem portanto ignorar mais que estas noções possuem uma dimensão espacial ontológica e fundadora.
>
> Tendo em vista esta dimensão fundadora entre estes dois termos, a idéia de cidadania pode nos ser útil para compreender a dinâmica de fenômenos e disputas sócio-territoriais que ocorrem no mundo atual, valorizando o aspecto de disputa por espaço que é simultaneamente condição e meio de exercício desta cidadania (Gomes, 1997, p. 50).

Em outra obra, *A condição urbana: ensaios de geopolítica da cidade*, Gomes (2002) procurou desenvolver e aprofundar o enfoque da cidadania, trazendo-a para a análise do espaço público contemporâneo e evidenciando manifestações de seu recuo na dimensão concreta do espaço urbano.

Em importante trabalho sobre a "problemática sócio-espacial nas metrópoles brasileiras", Souza (2000a, p. 171-172) nos chama a atenção também para a ideia multifacetada de cidadania, bem como para a *vaguidão* de sua retórica que "acaba por retirar tanto a sua força (como abre-alas reivindicatório) quanto a sua fraqueza (a inespecificação de seu horizonte político-filosófico)". Nesse sentido, irá nos propor, apoiado em Castoriadis, o conceito de *autonomia* como "apto a ajudar na tarefa de construção de um horizonte teórico-analítico crítico que não se detenha na integração dos indivíduos à sociedade capitalista". Aliás, esse debate sobre a "perspectiva autonomista" é recorrente para Souza em vários outros trabalhos,[5] não apenas no que tange à sua relação com a ideia de cidadania, como também no que diz respeito ao desenvolvimento socioespacial em geral, ao planejamento e à gestão das cidades, aos processos participativos, ativismos e movimentos sociais e políticas urbanas.

Por fim, cabe destacar ainda, nesse trajeto de "entrada" e algumas aproximações do tema da cidadania na Geografia no Brasil, a contribuição da geógrafa Ana Fani A. Carlos, em especial nas questões que concernem diretamente ao urbano e os seus diferentes significados e sentidos nas sociedades contemporâneas a partir, sobretudo, das obras de Marx e Henri Lefebvre.

No livro *A cidade*, Carlos (1992) nos propõe, mais estritamente nos dois últimos capítulos, "o repensar da noção de cidade", para além da sua forma urbana de aglomeração, colocando-a como uma realização humana e histórica, lugar do capital e de suas contradições e, com efeito, espaço de reprodução da vida e "campo de lutas", que constroem a cidadania. No trabalho *A (re)produção do espaço urbano* (Carlos, 1994), a autora nos conduz, basicamente, pelo mesmo percurso da obra anterior, aprofundando os diferentes aspectos e matizes da reprodução do urbano, e converge, no último capítulo, para o debate do *direito à vida*, como parte da construção do humano no urbano, fortemente ameaçado pela 'coisificação das relações sociais'. No contexto apresentado pela autora, a cidadania ganha um sentido para além da emancipação política do homem como cidadão, ou mesmo como nacionalidade, e adquire um sentido de "totalidade espacial", envolvendo a vida e, portanto, a relação homem-natureza, a consciência desta e dos seus limites, e a universalização do homem, numa "sociedade que se torna mundial". É no trabalho *Espaço urbano: novos escritos sobre a cidade* (Carlos, 2004), também no seu último capítulo, e no artigo na revista *Cidades* (Carlos, 2005, p. 221-247), que a autora vai abordar diretamente a questão da cidadania relacionada ao "direito à cidade e a construção da metageografia". Em sua perspectiva, o "direito à cidade" aparece:

> [...] como negação daquilo que funda a sociedade capitalista propondo a sua própria superação [...]. O direito à cidade revela, portanto, a iniciativa, a passagem para a ação, colocando em cheque a totalidade social submetida à economia e, por isso mesmo, às regras do crescimento econômico. Assim, a luta em torno do direito à cidade é um produto da história da produção da cidade (Carlos, 2005, p. 242).

E a "metageografia" se coloca como outra "possibilidade de apropriação da cidade pelo cidadão", que supera na prática a contradição uso-troca em torno da propriedade privada.

Além daqueles já mencionados, muitos foram os autores e trabalhos que contribuíram para o debate da questão da cidadania e sua incorporação à Geografia através da análise crítica da realidade social em seus diferentes campos, transformando o tema num importante componente de suas agendas de pesquisa e produção do conhecimento[6].

Traçamos aqui uma breve recuperação desse trajeto, apoiados em parte da produção bibliográfica disponível a que tivemos acesso, com o objetivo de situarmos a nossa inserção nesse campo temático que nos desafia e nos impele a trabalhar a relação da política com o espaço dentro de outras perspectivas e escalas de análises e representações. O autor deste ensaio tem também se debruçado, desde o início dos anos 1990, sobre a temática da cidadania buscando enfrentar esse desafio teórico-metodológico para a nossa disciplina, diante da realidade social em transformação (Oliveira, 1993, 1998, 1999a, 1999b, 2000, 2002, 2007, 2008). Lacunas e falhas, esquecimentos e apagamentos de obras e autores nesse trajeto estão aí para serem complementados e enriquecidos como parte também desse desafio.

Reconstruindo o percurso de um nexo político-territorial – cidade/cidadania

Não basta mais reconhecer a importância da temática da cidadania para a Geografia e o papel que o espaço e o território jogam nesse nexo político, ou mesmo a insuficiência do conceito de cidadania como potencial transformador da sociedade, é necessário, mais do que caminhos teórico-conceituais para a questão, que busquemos possibilidades metodológicas de compreensão/análise da realidade e construção do conhecimento em nossa disciplina para, a partir daí, contribuir para a elaboração individual e coletiva de projetos futuros.

Conduziremos nossa análise a seguir com o intuito de recompor o nexo político-territorial da cidadania na sua relação com a cidade em diferentes momentos históricos e sociedades, buscando assinalar os seus elementos fundantes e modeladores nessa relação, suas transformações e historicidade/geograficidade ainda presentes e/ou norteadoras da noção de cidadania[7].

Cidadania na polis *grega*

A expressão *polis*, que daria origem à palavra política (*politikos*: adjetivo cujo significado é "relativo à *polis*"– Bobbio, 1990, p. 954), designava ao mesmo tempo a cidade, seu território, e o seu poder político, o Estado, de tal modo que um não era concebido sem o outro. Assim, na língua grega, *polis* é ao mesmo tempo uma expressão geográfica e uma expressão política: é a cidade-Estado[8]. Embora os fenômenos geográfico e político caminhem lado a lado, o Estado, como poder político, era muito mais vasto do que a cidade.

> Além do território ocupado pelos citadinos, compreende o território agrícola, o campo ao redor, a Ática cheia de fazendas e de aldeias [...]. Na política, porém, a *polis* (*cité*) corresponde com mais exatidão à noção que hoje é a do Estado do que à ideia de "cidade" (*ville*) (Defourny, 1932, p. 466, tradução nossa).

A cidadania, na Grécia antiga, surge de um encontro político entre a cidade e o seu território na *polis*, ou Estado, e era seletiva e restrita. Assim, somente era considerado *cidadão* aquele que detinha poderes públicos, ou seja, podia escolher representantes nas assembleias, julgar e exercer funções ou cargos públicos. Em suma, ter uma participação direta e ativa no Estado. Dessa condição encontravam-se excluídos as crianças, as mulheres, os escravos e os *metecos*, como o foi o próprio Aristóteles (pessoa sem direitos públicos, meramente tolerado por ser estrangeiro ou exilado e que pagava uma dada quantia anual para não ser vendido como escravo), um cidadão imperfeito, como ele mesmo se definia. Portanto, o fato de ter nascido ou de habitar numa dada cidade (*polis*) não conferia necessariamente a uma pessoa a condição de cidadão, o que quer dizer que nem todo *citadino* era cidadão. Por outro lado, o cidadão de uma certa cidade somente poderia exercer os seus poderes no território circunscrito àquela *polis*[9].

Segundo Clarke (1994, p. 6-7), Sócrates teria preferido a morte a viver como *não cidadão* no exílio, condenado ao ostracismo. Para um cidadão de uma *polis* grega, sobretudo a de Atenas –, primeira a expressar completamente o conceito –, a pior humilhação pela qual poderia passar era ser destituído dessa sua condição, visto que o *não cidadão* era considerado não inteiramente humano. Em outras palavras, ser humano era ser, antes de tudo, um ser político.

Como podemos notar, a ideia de cidadão, esse "animal cívico", no dizer de Aristóteles (1991, p. 3), estava fortemente associada à noção de pertencimento a uma comunidade e a uma certa condição humana que eram geograficamente demarcadas pelos contornos da *polis*. Essa situação é completamente distinta do que observamos hoje, quando "o simples nascer investe o indivíduo de uma soma de direitos, apenas pelo simples fato de ingressar na sociedade humana" (Santos, 1987, p. 7).

No seu livro, *A Política*, Aristóteles (1991) exemplificaria, assim, as virtudes que fazem o cidadão e o homem de bem:

> Podemos comparar os cidadãos aos marinheiros: ambos são membros de uma comunidade. Ora, embora os marinheiros tenham funções muito diferentes, um empurrando o remo, outro segurando o leme, um terceiro vigiando a proa ou desempenhando alguma outra função que também tem seu nome, é claro que as tarefas de cada um têm sua virtude própria, mas sempre há uma que é comum a todos, dado que todos têm por objetivo a segurança da navegação, à qual aspiram e concorrem, cada um à sua maneira. De igual modo, embora as funções dos cidadãos sejam dessemelhantes, todos trabalham para a conservação de sua comunidade, ou seja, para a salvação do Estado. Por conseguinte, é a este interesse comum que deve relacionar-se a virtude do cidadão (p. 41).

A cidadania, portanto, não implicava a homogeneidade de funções e a igualdade de virtudes, mas não podia existir sem a *noção de pertencimento* a uma comunidade, o *espírito de bem viver juntos*, em cooperação e acordo, e tampouco sem a *segurança do Estado*. Para Aristóteles (1991, p. 1), o Estado representa a esperança de um bem que contém o princípio da sociedade e de toda associação, como regente e regulador da ação humana que tem por fim último *a felicidade*, a qual só alcançaria sua plenitude no seio da cidade.[10]

A cidade seria, assim, o local inevitável do "desenvolvimento natural do homem", como também se projetaria sobre ela a realização de um ideal de *bem viver juntos* e de *pertencimento*. Passado e futuro se encontrariam na cidade, e a cidadania como um ideal de *felicidade* se confundiria com a própria vida no interior da *polis*, onde política e território encontravam-se indissoluvelmente ligados.

A cidadania para além dos limites da urbis

Durante o Império Romano, a noção de cidadania foi gradativamente adquirindo uma dimensão mais abstrata e autônoma em relação ao território da cidade (*urbis*)[11]. Ela assume um valor simbólico que passa a ser incorporado pelo indivíduo, qualificado como cidadão. Assim, o cidadão de Roma era considerado e respeitado como tal em todo o Império, para além do território da *urbis*. Perseguido por difundir os ideais cristãos, Paulo utilizou-se da condição de cidadão romano para escapar algumas vezes da prisão e da morte em seu trabalho de peregrinação (Clarke, 1994, p. 8).

A cidadania, assim como as cidades, assumiria uma forma múltipla e extensiva, tendo como referência central a cidade de Roma, capital do Império.

> O Império Romano, produto de um único centro urbano de poder em extensão, foi em si mesmo uma vasta empresa construtora de cidades: deixou a marca de Roma em todas as partes da Europa, da África do Norte e da Ásia Menor, alterando o modo de vida em cidades antigas e estabelecendo seu tipo especial de ordem, a partir do chão, em centenas de novos alicerces, cidades "coloniais", cidades 'livres', cidades sob a lei municipal romana, cidades "tributárias": cada qual com uma condição diferente, senão uma forma diferente (Mumford, 1965, p. 269).

Roma, portanto, universaliza o modo urbano, transformando outras culturas, em toda a sua variedade de forma e conteúdo. Ao contrário da Grécia, onde cada cidade correspondia a uma forma autônoma de poder político e cultural, corporificada na *polis*, Roma encobre a diversidade com uma espécie de uniformidade político-cultural. Por outro lado, enquanto o conceito de cidadania na Grécia se expressa de maneira rígida no par cidadão/não cidadão, no Império Romano ele se desdobra em mais de um tipo.

Havia os cidadãos de primeira linha, os *patrícios*, portadores de uma cidadania ativa, que participavam diretamente do poder político e da administração do Estado, e os *plebeus*, não proprietários, que detinham a cidadania de maneira passiva, incorporando-a apenas como um *status* (Clarke, 1994, p. 8). Desse modo, a cidadania era, para a vasta maioria da população, uma condição que implicava alguns direitos e deveres, mas que a excluía do direito ou dever de participar da vida política do Estado, aquele que era *o direito dos direitos*. Cabia aos *plebeus* habitar, frequentar e participar da vida comunitária e cultural da *urbis*, estando vetada a eles, porém, a presença em alguns rituais religiosos do alto ofício.

Em suma, a cidadania, embora seletiva e restrita como na Grécia, tornou-se diferenciada e mais complexa no Império Romano, inclusive territorialmente, assumindo níveis distintos entre as classes sociais e incorporando um valor simbólico que estende a sua dimensão geográfica para além do território da cidade-referência, no caso Roma. Com efeito, se, por um lado, ampliou-se sua escala de ação e influência, por outro, seu sentido se tornou mais abstrato.

"La cité de Dieu": *a dissolução do nexo político da cidadania*

No século V, na crise do Império Romano, a noção de cidadania assumiria uma dimensão metafísica ou, por assim dizer, sucumbiria, diante da formulação filosófica proposta por Santo Agostinho, que tanta força teria durante a Idade Média. Na abertura do Livro I, da obra *La cité de Dieu*, esse pensador exemplificaria muito bem a ideia:

> A gloriosa cidade de Deus, seja aqui embaixo no curso do tempo em que ela persegue sua peregrinação, vivendo da fé em meio à impiedade; seja na estabilidade do descanso eterno que ela espera agora com paciência, até o dia em que "a justiça será transformada em julgamento" e em que ela obterá uma vitória última e uma paz perfeita (Augustin, 1994, p. 34, tradução nossa).

A *Cité de Dieu* (ou a Cidade de Deus) desloca para o plano divino a propriedade de eleger seus representantes aqui na Terra e de julgar todos aqueles que estão abaixo de Deus e suas leis. Assim, em oposição à *Cité des hommes*, mítica, pagã e politeísta, constituída de cidadãos e não cidadãos, aparecerá a *Cité de Dieu*, de um Deus único e verdadeiro, composta por servos do Senhor.

A decadência do Império Romano e o colapso da cidade de Roma forneceram a evidência histórica em que tais ideias ganharam alimento para se desenvolver. É diante da morte, da ruína, da pilhagem, do incêndio, da desolação e do horror que se abateram sobre os homens, que se construirá o edifício da fé cristã voltada para a conquista da felicidade fundada numa busca interior e na justiça divina.

As ideias de vida após a morte e do juízo final, do qual nenhum mortal seria excluído, fazem emergir uma visão linear de tempo e uma concepção ambígua de história. A ética e a moral tornam-se assuntos de ordem religiosa e a vida na terra passa a ser encarada como uma etapa para se alcançar o reino dos céus, isto é, para aqueles que, segundo o julgamento divino, dele fossem merecedores.

Desse modo, a cidadania como ideal de *bem viver juntos* e *felicidade*, nos termos aristotélicos, ganha aqui uma dimensão metafísica, bem como a sua Geografia (a "cidade") e o homem, que, de "animal cívico", passa agora a ser valorizado por sua religiosidade e submissão à vontade de Deus. A ideia de pessoa irá se sobrepor, então, à de cidadão e, ao contrário da vida na Grécia e no Império Romano, onde a noção de homem de bem se baseava no reconhecimento público de suas virtudes cívicas, passa a dominar a crença de que o reconhecimento divino é o verdadeiramente importante e ele independe da condição ou posição do homem na sociedade (Clarke, 1994, p. 9-12).

Por essa via, o que vale é que cada pessoa, independentemente da cidade onde tenha nascido, de sua origem social ou de seu nível de participação política, compartilharia de uma mesma visão de "cidade divina", rompendo-se, assim, o nexo político entre o território e seus habitantes que caracterizava a cidadania. Esse se tornaria verdadeira abstração. A noção de pertencimento a uma comunidade era considerada útil, até onde as regras de urbanidade não se chocassem com os preceitos da fé. Para Sennett (1997, p. 128), ao distinguir as "duas cidades", Santo Agostinho ajustou-se "à regra de ouro da doutrina cristã, segundo a qual a Cidade de Deus não é um lugar".

O retorno às cidades e a reconstituição do nexo político da cidadania

Após ter observado uma flagrante involução no seu desenvolvimento histórico, do século v ao século xii, as cidades europeias retornariam à cena na Baixa Idade Média, e o nexo político da cidadania entre a população, o Estado e o seu território, que fora deslocado para o plano divino, seria gradativamente reconstituído, agora sob novas bases. O Humanismo (séc. xiv) e o Renascimento (séc. xv) reforçariam ainda mais essa tendência. Se na antiga Grécia e em Roma dava-se ênfase à vida pública, agora é a noção de vida privada, centrada na ideia de *indivíduo*, que se desenvolverá. É da normatização desse *indivíduo* e seus *direitos*, tomados como naturais ou inerentes à sua própria natureza e condição, que paulatinamente emergirá o novo modelo de cidadania juntamente com o Estado Moderno. Nas cidades, os homens passam a ser vistos como indivíduos portadores de iniciativa e conhecimentos que, para serem exercitados, precisavam de *liberdade* para ir e vir, para expressar suas ideias e para se associar. Nessa época, muitas cidades (burgos) se transformam, portanto, em signo de liberdade.

Max Weber (1947) já apontava a distinção entre a cidade medieval e a cidade antiga no Ocidente, na sua característica de coletividade de produtores individuais. Enquanto a cidade antiga reunira mais atributos de consumidora e tivera seu papel definido por fins políticos e militares, a cidade medieval inaugura uma sociedade fundada na associação livre de produtores. Esses homens criaram uma nova concepção e uma nova prática de legitimidade política baseada na associação de interesses econômicos da burguesia. A cidade tornou-se autônoma, possuindo seus próprios direitos e tendo governo, justiça, finanças e defesa organizados por ela mesma.

Nela, o cidadão é concebido em termos estritamente individuais ou a partir do *indivíduo*. Segundo Le Goff (1990, p. 19), a cidade modifica o homem medieval. Ela restringe o seu círculo familiar e amplia a rede de comunidades nas quais ele atua. Surgem novas preocupações materiais, em cujo centro coloca-se o dinheiro e, à sua frente, a burguesia emergente. "As cidades são centros de irradiação na circulação dos homens, tão plenas de ideias como de mercadorias, lugares de trocas, mercados e encruzilhadas do comércio intelectual" (Le Goff, 1990, p. 25).

Ocorre, nesse período, um deslocamento de parte do corpo da Igreja para as cidades. A catedral é a igreja do bispo e para cada bispo há uma cidade. Para Duby (1990, p. 29), a arte das catedrais significa "o despertar das cidades", a exemplo de Paris que, nesse momento, se encontra no centro de todas essas transformações. A cidade, desde então, vai se constituindo como um espaço de contrastes sociais, e a catedral se apresentará como a possibilidade de salvação, tanto para a população miserável, quanto para os homens enriquecidos que, temendo a justiça de Deus, queiram investir na sua construção em troca da salvação da própria alma.

As representações do espaço vão, durante esse período, dessacralizando-se. De uma representação monástica e ascética, passa-se a uma representação aberta e ligada ao mundo, cujo foco está sobre o indivíduo. Se os bens e a riqueza em geral não podem ser repartidos com equidade, num mundo socialmente injusto e desigual, o fim do monopólio da Igreja sobre as representações do mundo, assim como dos seus conteúdos, gerou, no indivíduo, a ilusão do igual ou da sua possibilidade, à medida que ele passava a ter contato e/ou acesso a um mundo de representações simbólicas antes a ele vedado. Segundo Max Weber, "o cidadão medieval estava prestes a converter-se em um homem econômico", já bastante distanciado do "cidadão antigo, que era um homem político" (apud SENNETT, 1997, p. 136).

Chegamos ao século XV em plena Renascença, em que todo esse processo de dessacralização e laicização tem a sua primeira culminância, chegando finalmente a ser apreendido pelo indivíduo. Nesse momento, as condições históricas para o surgimento do Estado Moderno já estão postas.

Dentro desse contexto, a cidade é privilegiada por concentrar boa parte de todas essas transformações, desempenhando um papel importante como espaço de aglutinação. No entanto, não devemos entendê-la como uma oposição ao mundo feudal, uma vez que ela não representa em si mesma uma ruptura, mas uma continuidade contraditória desse mundo. Nesse sentido, a cidade não foi uma negação, mas parte integrante desse mundo, completando-o e completando-se até que os próprios limites do feudalismo colocassem barreiras, de outra ordem e escala, ao funcionamento do mercado e às ambições da burguesia.

Paradoxalmente, a valorização do indivíduo, numa escala social mais ampla, nasce junto com o Estado Moderno, com o absolutismo e com o despotismo. "Em toda parte, o que vemos são agentes individuais e seus atos, e o que se descreve são suas fraquezas e talentos pessoais", menciona Elias (1993, p. 16) ao fazer alusão aos reis e príncipes que se notabilizaram nessa época. Se era atributo da burguesia comandar a economia, cabia ao príncipe ou ao rei, por seu lado, ditar e reger o padrão das relações sociais e suas hierarquias, através da centralização do poder.

Se o prisma está sobre o indivíduo, o comportamento pessoal ganha importância, sobretudo quando esse indivíduo está exposto à observação em "ambientes públicos". O *espaço público* ou *os espaços de exposição à observação pública* passam a ser lugares de controle – dos movimentos, gestos, fala e emoções – e onde as relações familiares, parentais e de vínculos aristocráticos se imbricavam com o desempenho social público do indivíduo. Esse "jogo de representações" tende a levar o indivíduo, sob o peso das pressões exercidas sobre ele na sociedade, a uma racionalidade distintiva, uma tutela dos afetos, uma autodisciplina e um autocontrole. Segundo Elias (1993, p. 197), o modelo de autocontrole é:

> [...] o gabarito pelo qual são moldadas as paixões e varia de acordo com a função e a posição que o indivíduo ocupa no sistema de relações sociais. A estabilidade do "aparato de autocontrole mental" que emerge como traço decisivo, embutido nos hábitos de todo o ser humano "civilizado", mantém a relação mais estreita possível com a monopolização da força física e a crescente estabilidade dos órgãos centrais da sociedade. Só com a formação desse tipo relativamente estável de monopólios é que as sociedades adquirem realmente estas características, em decorrência das quais os indivíduos que as compõem sintonizam-se, desde a infância, com um padrão altamente regulado e diferenciado de autocontrole; só em combinação com tais monopólios é que esse tipo de autolimitação requer um grau mais elevado de automatismo, e se forma, por assim dizer, uma "segunda natureza".

Nesse sentido, é somente por meio do autocontrole que o indivíduo pode trasladar-se da natureza mais instintiva e primitiva para o estado de homem "civilizado". Assim, "civilizar" significa, de um lado, centralizar o poder, exercendo o monopólio da força física e, de outro, submeter-se ao padrão social de conduta com base no autocontrole. Esse padrão de relações "suavizado", "polido" e "civilizado" que chamou a atenção de Elias (1987) na sociedade de corte, contém, guardadas as devidas proporções, o gérmen do modelo de autocontrole, no que tange aos seus mecanismos sociais e psicológicos, que regula a conduta do indivíduo contemporâneo. O cidadão de hoje, no nosso entender, nada mais é do que a "civilização" do indivíduo ou sua normatização político-social, que se apresenta geograficamente diferenciada, aqui e ali, como uma possibilidade histórica.

Refletindo sobre a noção de modernidade, Alain Touraine (1995, p. 21) enfatiza que a imagem de um mundo guiado pela razão em que tradições, crenças e privilégios dão lugar aos valores universalistas da ciência e do direito é aquela que se impõe como dominante. A nova forma da cidade deveria expressar o moderno, o Estado de Direito e a sua tradução em convívio cotidiano através de um *savoir-vivre*, de uma civilidade que os franceses chamam de *citadinité*, para distinguir da cidadania vinculada à nacionalidade, por eles denominada *citoyenneté*. A cidade será o polo central para onde convergirá o chamado *Estado de Direito* devendo, portanto, espelhar a modernidade.

A cidadania como nacionalidade

O novo modelo de cidadania gestado teve por base a construção do Estado Moderno e por cimento a noção de indivíduo que emergiria como realidade histórica a partir do século XII, com o renascimento das cidades e a entrada em cena do *homo economicus*. Contudo, esse novo modelo só se efetivaria cerca de cinco séculos depois, quando esse *homo economicus*, em associação com os demais indivíduos autônomos, se rebelaria contra o poder do Estado Absoluto e contra a tutela da Igreja, hegemonizando seu projeto de sociedade e de Estado. Coube às Revoluções Liberal Inglesa (séc. XVII) e Francesa (séc. XVIII) firmarem na sociedade as estacas do *contratualismo* como uma nova forma de regulação da vida política e social dos homens.

A função reguladora da nova cidadania, chamada de moderna, compreenderá, sobre a sociedade, em um sentido mais amplo, um "acordo de regras de convivência", um "pacto de classes" ou um "contrato social", como ficou mais conhecido modernamente.

O primeiro filósofo a enfocar essa discussão foi Hobbes, contemporâneo da Revolução Democrática Inglesa de 1648. Para Gruppi (1980, p. 13), "a noção do Estado como contrato revela o caráter mercantil, comercial das relações sociais burguesas".

> Desta lei fundamental de natureza, mediante a qual se ordena a todos os homens que procurem a paz, deriva esta segunda lei: Que um homem concorde, quando outros também o façam, e na medida em que tal considere necessário para a paz e para a defesa de si mesmo, em renunciar a seu direito a todas as coisas, contentando-se, em relação aos outros homens, com a mesma liberdade que aos outros homens permite em relação a si mesmo. Porque enquanto cada homem detiver seu direito de fazer tudo quanto queira, todos os homens se encontrarão numa condição de guerra [...]. Quando alguém transfere seu direito, ou a ele renuncia, fá-lo em consideração a outro direito que reciprocamente lhe foi transferido, ou a qualquer outro bem que daí espera. Pois é um ato voluntário, e o objetivo de todos os atos voluntários dos homens é algum bem para si mesmos [...]. A transferência mútua de direitos é aquilo a que se chama *contrato*. (HOBBES, 1974, p. 83-84, grifo nosso)

Hobbes, no entanto, faria uma diferenciação entre o *contrato* e o *pacto*, reconhecendo neste uma situação particular do primeiro.[12]

No clássico, *Do Contrato Social*, Rousseau não faria nenhuma distinção entre *pacto* e *contrato*, ao contrário, iria usá-los eventualmente como expressões sinônimas. No seu entender, para viver em sociedade, cada um de nós "dá-se completamente", ou seja, submete aos padrões coletivos todos os impulsos naturais da criatura individual, sendo tal submissão, porém, uma "condição igual para todos".

> Encontrar uma forma de associação que defenda e proteja a pessoa e os bens de cada associado com toda a força comum, e pela qual cada um, unindo-se a todos, só obedece contudo a si mesmo, permanecendo assim tão livre quanto antes. Esse, o problema fundamental cuja solução o contrato social oferece. [...] Essa pessoa pública, que se forma, desse modo, pela união de todas as outras, tomava antigamente o nome de *cidade* e, hoje, o de *república* ou de *corpo político*, o qual é chamado por seus membros de *Estado* quando passivo, *soberano* quando

> ativo, e *potência* quando comparado a seus semelhantes. Quanto aos associados, recebem eles, coletivamente, o nome de *povo* e se chamam, em particular, *cidadãos*, enquanto partícipes da autoridade soberana, e *súditos* enquanto submetidos às leis do Estado (Rousseau, 1973, p. 38-39, grifos nossos).

Em suma, cidadão seria aquele que confere a autoridade soberana ao Estado e se submete a suas leis e sua normatização, em nome de um *bem comum* e uma promessa de *felicidade*. Estabelece-se, assim, uma barganha na qual as noções de *bem comum* e o sentido de *felicidade* ganham uma conotação genérica e abstrata. Para Rousseau, a natureza humana é livre e propensa à associação e é dessa capacidade de livre associação que brota o sujeito na sua ação individual ou coletiva. Rousseau enfatiza o polo da liberdade e da autonomia em relação ao futuro, ao passo que Hobbes (1992) o considera um risco à subversão, concedendo maior ênfase à ordem no presente.

O debate acerca da liberdade e dos seus limites para o indivíduo estariam na base da formulação liberal do Estado contratual e do seu cidadão.

Locke, fundador do empirismo filosófico moderno e teórico da Revolução Liberal Inglesa (1689), observa que:

> [...] o homem no estado natural está plenamente livre, mas sente a necessidade de colocar limites à sua própria liberdade [...] a fim de garantir a propriedade. [...] A relação entre propriedade e liberdade é extremamente evidente: o poder supremo não pode tirar do homem uma parte de suas propriedades sem o seu consentimento. Pois a finalidade de um governo e de todos os que entram em sociedade é a conservação da propriedade (apud Gruppi, 1980, p. 13-15).

A relação indissociável entre propriedade e liberdade seria uma das essências do liberalismo, trazendo à tona, novamente, a exemplo do que ocorrera na Roma antiga, a distinção entre cidadãos proprietários e cidadãos não proprietários. A polêmica entre esses dois tipos de cidadãos, o *ativo* e o *passivo*, fez-se presente, de maneira crucial, na primeira fase da Revolução Francesa.

A Revolução Francesa, e o cidadão que dela brotou, consagraria uma forma de encarar a vida, o indivíduo, a política e a cidade, que vai além de um simples estatuto de direitos e deveres ou código de posturas. Emerge, então, uma concepção gestada ao longo do processo das lutas que levaram à subordinação de liberdades, imunidades e privilégios feudais de senhores e corporações. No processo histórico e de embates políticos, ganha hegemonia uma definição de *cidadania abstrata e formal*, cujo núcleo é a ideia de um atributo geral, extensivo a todo membro pertencente à sociedade (Stewart, 1995, p. 65).

Após a Revolução, a palavra *cidadão* adquiriu dois significados. O primeiro deles identifica o indivíduo que nasceu ou que porta a nacionalidade de um determinado país. O segundo refere-se ao portador de direitos cívicos, tais como o direito ao voto, à elegibilidade, a funções públicas como a de tutor, curador, testemunha, ao porte de arma etc. (Lochak, 1992, p. 11-12). Logicamente, essas duas acepções aparecem associadas, ao mesmo tempo em que são atravessadas pelos pressupostos da liberdade e da igualdade.

Apesar de suas origens longínquas, as noções de cidadão e de nação adquiriram, sob a Revolução Francesa, um valor que se impôs não só para a ideologia republicana francesa, mas como parte de um ideário assimilado pelos países ocidentais, inclusive as jovens nações do continente americano, assumindo, entretanto, feições que se moldaram à especificidade das diversas realidades histórico-geográficas em que se inseriram.

Nota-se que a aproximação dessas duas noções, de modo a se consolidarem num conceito que une o cidadão e o nacional, decorre de um processo que se desdobra ao longo do século XIX. No caso francês, durante a primeira metade do século XIX predomina o pensamento que *o cidadão é definido por uma adesão ao contrato social*, sem a exigência da nacionalidade. Para Withol de Wenden (1992, p. 39), somente no final do século XIX a cidadania francesa se cristalizou em torno do "mito da homogeneidade nacional e da comunidade cultural, celebrada e ensinada tanto por filósofos (Taine, Renan) quanto pelos fundadores do Estado-nação da III República" (tradução nossa). Consolida-se, então, o par *cidadania-nacionalidade*.

Stewart (1995, p. 66), por outro lado, chama a atenção para as nuances que o par *cidadania-nacionalidade* assumiu em diferentes regiões europeias. O panorama diversificado dessa relação ajuda-nos a distinguir características próprias da cidadania, também na história brasileira.[13] De outro lado, deixa entrever a complexidade dessa relação que se liga a uma das contradições mais importantes relativas à concepção moderna de cidadania. Ao mesmo tempo em que esse conceito se ampliou, adquirindo uma dimensão universal – para a qual a contribuição da Revolução Francesa foi fundamental – sua construção histórica ocorreu associada ao nacionalismo e atravessada pelas divisões/amalgamentos político-territoriais que a sociedade burguesa fazia reproduzir por meio dos novos Estados-nações.

A *Declaração dos Direitos do Homem e dos Cidadãos*, de 1789, conferia aos direitos do homem e dos cidadãos um *status* sagrado e único, de tal modo que os *direitos dos cidadãos* não poderiam ser tomados separadamente dos *direitos humanos*. O homem passaria a ser um cidadão a partir do momento em que nascesse. Assim, cidadania e pertencimento ao corpo político estariam garantidos a todos, independentemente da condição social. Esse ideal de cidadania ativa e participativa, tendo por princípio a relação indissolúvel entre homem e cidadão, logo sofreria um golpe, desdobrando-se numa cidadania seletiva, segundo o poder econômico de cada indivíduo e eminentemente representativa.

Um novo sistema de votação, com base no sufrágio universal, só seria alcançado no século XIX, como conquista dos movimentos sociais e lutas dos trabalhadores por emancipação política. Marx, em 1844, abordaria esse tema complexo em seu texto, *A questão judaica*, analisando criticamente o caso dos judeus perante o Estado cristão na

Alemanha. Para ele, os judeus não poderiam emancipar-se politicamente como cidadãos sem se emanciparem como homens, abrindo mão dos próprios preceitos do judaísmo.

Ao colar a emancipação política à humana, Marx (1982, p. 28) o faz para distingui-las e mostrar a contradição que reside "na essência e na categoria da emancipação política", ao conceber um cidadão abstrato, separado do homem real, o indivíduo egoísta.

Assim, ao separar o indivíduo do cidadão, a sociedade burguesa separou também o seu corpo político (o Estado) da sociedade civil. Desse modo, a verdadeira ideia de cidadão em Marx é abstrata e falece no encontro com as necessidades humanas[14].

Ao se tornar um dispositivo abstrato, a cidadania se inclinou para qualidades jurídicas formais, presas à lei. O nexo político da cidadania entre a população (sociedade civil), o Estado (sociedade política) e o seu território será reconstituído, nessa época, porém sob novas condições. Se, no passado, ele teve como referência a cidade (*polis*) ou cidade-Estado, na democracia moderna (contratual), ele se deslocou para o Estado-nação. Sua qualidade passou a ser dada pela nacionalidade e os seus limites territoriais, pelos contornos geográficos das fronteiras nacionais.

A grande cidade – capital política dos novos países – será, então, o palco central da competição e (re)ordenamento simbólico dos valores e da ideologia revolucionários, nos termos de então. Na versão moderna de cidadania como nacionalidade, política, território e cultura fundem-se numa mesma matriz, tendo como referência o Estado-nação, e por espaço privilegiado, a cidade, sobretudo as grandes cidades, a exemplo de Londres e Paris da época, lócus de poder econômico e civil, que são tomadas como símbolos ou modelos dessa nova territorialidade ou nexo político-territorial da nova cidadania.

O cidadão, como indivíduo politicamente emancipado, em escala nacional, representou, paradoxalmente, a vitória de um projeto da burguesia em alianças com outras classes, que se fez hegemônico, e, ao mesmo tempo, um passo importante na conquista de direitos políticos anteriormente negados à classe trabalhadora, porém insuficiente, uma vez que não supera contradições de classe fundamentais e impele os homens a um modelo de vida em comum egoísta porque calcado no individualismo, como culto à ideologia do indivíduo.

A cidadania como um direito social

Os marcos estabelecidos à cidadania, na sociedade burguesa, alargaram o fosso entre o cidadão, o ser político genérico, juridicamente formal, e o homem real, o "indivíduo voltado para si mesmo, para seu interesse particular, em sua arbitrariedade privada e dissociada da comunidade" (Marx, 1982, p. 33). Nesses termos, *homo economicus* e *homo politicus* são ideologicamente separados e a ambos, por meio de suas leis e regras, deve submeter o *homo sociales* na reprodução de seus poderes.

Esse homem egoísta, ao qual alude Marx, será alimentado pelo individualismo, que historicamente se vincularia ao nacionalismo. Segundo Dumont (1993, p. 35), "a nação é precisamente o tipo de sociedade global correspondente ao reino do individualismo como valor" e que se expressa por meio do nacionalismo. Desse modo, o nacionalismo é o correspondente do individualismo na escala geográfica da nação.

Para Leca (1991, p. 189-190), o individualismo corrompe a cidadania, destruindo a vida em comum e os laços comunitários. "O individualismo atomiza, fragmenta e corrói todo grupo social, e transforma o indivíduo em juiz soberano de tudo", conjugando-se na economia capitalista com os interesses privados da exploração e do mercado.

Por outro caminho, T. H. Marshall (1996 [1950]), preocupado com a tensão permanente existente entre a cidadania, que contém em si a ideia de igualdade, e a sociedade de classes no capitalismo, que é inerentemente desigual, elaborou, após a Segunda Grande Guerra, uma teoria da cidadania centrada fundamentalmente na noção de equidade. Em *Citizenship and Social Class*, procurou demonstrar que o conteúdo da cidadania mudou com o desenvolvimento do capitalismo como um sistema social e estrutura de classes. A cidadania moderna, apesar de ter surgido e se ancorado inicialmente nas relações de mercado, tornou-se antagônica a essas relações e à sociedade de classes (Barbalet, 1993, p. 37).

Marshall distinguiu, na cidadania, três partes ou elementos constitutivos: civil, político e social.

> O *elemento civil* é composto dos direitos necessários para a liberdade individual – liberdade da pessoa, liberdade de expressão, pensamento e credo, o direito à própria propriedade e de realizar contratos válidos, e o direito à justiça [...]. Pelo *elemento político* eu quero dizer o direito de participar no exercício do poder político, como membro de um corpo investido de autoridade política ou como eleitor dos membros de tal corpo. As instituições que lhe correspondem são o parlamento e conselhos de governo local. Pelo *elemento social* eu me refiro a todo o âmbito que vai do direito a um módico bem-estar econômico e segurança até o direito de partilhar do todo da herança social e viver a vida de um ser civilizado de acordo com os padrões prevalecentes na sociedade. As instituições mais proximamente conectadas a este elemento são o sistema educacional e os serviços sociais (Marshall, 1996, p. 8, tradução e grifos nossos).

O novo na teoria de Marshall é que ele incorpora, além dos direitos civis e políticos, os direitos sociais como parte constitutiva da cidadania, dando a esta uma dimensão mais concreta e atualizada, em cuja constituição o Estado teria papel destacado. O direito à educação, aos serviços médico-hospitalares, ao lazer etc., como partes do elemento social e sua herança, tornam a cidadania mais palpável no dia a dia. Dentre esses serviços, a educação assumiria papel central, pois proporcionaria igualdade de oportunidades no processo de seleção e mobilidade social, considerada direito dos cidadãos.

Tal formulação teórica tem como pressupostos uma série de julgamentos de valor, ou seja, de escolhas por princípios éticos e teóricos. O primeiro deles é o de que a desigualdade tem uma origem de ordem material e não natural. Daí decorre que ela possa ser sistemicamente estruturada, em lugar de ser determinada pela sorte. Por último, na distribuição de recursos, as necessidades coletivas podem sobrepor-se às demandas individuais (Smith, 1989, p. 148).

Para Marshall, não há um princípio universal que determine quais direitos e deveres serão delegados aos cidadãos, já que a cidadania é uma instituição de desenvolvimento desigual de país para país. Cada sociedade cria uma imagem de cidadania ideal que serve como referência e medida das realizações sociais. A cidadania requer, em sua opinião,

> [...] um senso direto de membro da comunidade baseado na lealdade a uma civilização que é possessão comum. É uma lealdade de homens livres outorgada com direitos e protegida por uma lei comum. Seu crescimento é estimulado tanto pela luta para ganhar aqueles direitos quanto pelo seu desfrute quando ganhos (apud Stewart, 1995, p. 68, tradução nossa).

Tal modelo de cidadania, difundido a partir dos países capitalistas centrais, traduziu-se, mais especificamente, no chamado Estado do Bem-Estar Social (*Welfare State*). Desse modo, o nexo político da cidadania com o território passou a se dar, na perspectiva do Estado, fundamentalmente através das políticas públicas que visavam corrigir desigualdades do sistema econômico e dar vazão a reivindicações sociais específicas. Essas aspirações animaram boa parte dos movimentos sociais urbanos de cunho reformista nos anos 1960 e 1970 e foram expressas no debate da chamada questão urbana.[15] O colapso do Estado do Bem-Estar Social a partir da década de 1970, extinguindo ou abalando fortemente direitos sociais já adquiridos, é um dos componentes da crise da cidadania no mundo desde então.[16]

Outro componente importante dessa crise é o desenfreado consumismo dos dias atuais, demiurgo do individualismo em larga escala, já assinalado por nós. Este último se refaz e se nutre vorazmente do primeiro, a cada instante. Santos (1987, p. 35), em *O espaço do cidadão*, declara:

> A glorificação do consumo se acompanha da diminuição gradativa de outras sensibilidades, como a noção de individualidade que, aliás, constitui um dos alicerces da cidadania, enquanto constrói e alimenta um individualismo feroz e sem fronteiras, o consumo contribui ao aniquilamento da personalidade, sem a qual o homem não se reconhece como distinto, a partir da desigualdade entre todos.

No seu entender, o consumo exercerá sobre o indivíduo um papel alienador, funcionando como um "verdadeiro ópio, cujos templos modernos são os shopping centers e os supermercados [...], construídos à feição das catedrais". Assim, em lugar do *cidadão*, coloca-se "um *consumidor*, que aceita ser chamado de *usuário*" (Santos, 1987, p. 34 e 13).

Alasdair MacIntyre seria igualmente enfático em suas críticas ao consumo como elemento deformador do projeto de cidadania.

> O cidadão como consumidor é um cidadão divorciado de um concerto para o bem-estar geral, tendo atenção somente para os seus direitos e atividades de consumo e não para os deveres apropriados para o cidadão (apud CLARKE, 1994, p. 24, tradução nossa).

Para ele, numa visão um tanto pessimista, a força centrífuga do individualismo, exacerbada pelo consumo, fragmenta a sociedade, quebrando com os seus padrões cívicos e comunitários, podendo levá-la a uma nova barbárie.[17]

Um terceiro componente é aquele que nos remete para as identidades culturais e o jogo político das diferenças, colocando em relevo o desafio da convivência do universalismo com os particularismos. Tal fato ocorre tanto no nível da escala territorial dos Estados-nações, envolvendo movimentos nacionalistas e separatistas, quanto no de identidades territoriais em comunidades locais, ou mesmo outros tipos de movimentos sociais multiterritoriais e multiescalares (urbanos, rurais, ambientais, de gênero etc.), que operam em redes na luta pelo reconhecimento das diferenças.[18]

Para Clarke (1994, p. 21), ao contrário do que se pensa, o grande desafio da cidadania moderna não é a produção das condições de igualdade, mas a convivência com identidades parciais exclusivas que se multiplicaram enormemente com a crise da modernidade ou pós-modernidade após os anos 1980 e que configuram, nos dias atuais, um quadro de multiculturalismo e multiterritorialidade.[19]

Objetivando a teoria – à guisa de conclusão

Como a cidadania é, sobretudo, uma questão de poder, os contornos de sua efetivação se delineiam sob a pressão de empenhos diversos que procuram encontrar espaço de expressão e negociação política pelos diferentes grupos de interesses e movimentos da sociedade. Após percorrer todo esse trajeto, buscando reconstituir o nexo político-territorial da cidadania e visando recuperar sua dimensão concreta vinculada à reprodução da vida social, em especial na construção histórica das cidades, propomos, à guisa de conclusão, os seguintes pontos:

1) Consideramos a cidadania não como um *em si*, ou um conjunto de direitos que devam ser apenas assegurados pelo Estado e conquistados e praticados pela sociedade civil em geral, mas como algo concreto, vinculado a um conjunto de dimensões que são partes constitutivas da própria condição humana e da *vita activa* (ARENDT, 1983). Nessa perspectiva, o cidadão – aquele ser político genérico, juridicamente formal, voltado para si mesmo e seu interesse particular, dissociado da comunidade, ao qual aludiu Marx (1982, p. 33) – pode ser identificado na realidade concreta do mundo e analisado com base num conjunto de dimensões que incluem a dos direitos (civis, políticos e sociais) e vão além deles.

2) O conceito de cidadania guarda, assim, uma concretude que possui íntima relação com a cidade como uma realidade histórica. Por isso, do ponto de vista de

nossa análise, a cidadania só pode ser entendida como uma prática historicamente construída, delimitada por um poder de Estado que, como agente central dessa trama, ao lado da sociedade civil, busca estabelecer os contornos de suas possibilidades de realização.

3) A cidadania como nexo político-territorial parte do princípio de que a política é instância que surge no entre-os-homens e no intraespaço, e se estabelece como relação, portanto, na pluralidade e na coexistência dos diferentes (Arendt, 2002). Assim, como a cidadania, fora da pluralidade dos homens, de suas práticas e da sua realização concreta no intraespaço, é uma abstração, o dito cidadão, um ser de papel.

4) É no território que será possível visualizarmos concretamente as conexões existentes entre o domínio local, o nacional e o global neste campo, ou entre as tendências ou perspectivas mundiais, as políticas nacionais e o desenvolvimento urbano, por exemplo. O território, a nosso ver, impõe-se como uma condição continente ao conteúdo político da cidadania e no nível da organização social, cultural e econômica existente em cada espaço-temporalidade, não apenas a escala nacional, mas também e necessariamente a escala local. Faz-se necessário, portanto, demarcar/precisar o nexo político-territorial da cidadania nas diferentes escalas.

5) Em suma, entendemos cidadania como uma dada condição humana – de consciência política e social – que traz em si um ideal de *bem viver coletivo* e *felicidade* que tem variado historicamente, de acordo com a diversidade das culturas e os lugares geográficos que ocupa. Como elementos dessa condição temos: a participação e o nível de consciência política; o nível de garantia de um conjunto de direitos e justiça social; o grau de igualdade e equidade; o grau de liberdade, de acessibilidade a bens, serviços e equipamentos sociais, bem como ao patrimônio histórico cultural.

6) O cidadão é, então, o indivíduo normatizado, ou seja, vivendo sob normas conformadas pelo desenvolvimento material e cultural da sociedade a que pertence, acordadas por um contrato social (estatuto de direitos e deveres) e ajuizadas e reguladas pelo Estado. Portanto, a cidadania depende da *condição material e cultural* que possui um indivíduo, concebida como herança histórica – o que inclui a sua *condição de classe* – da *posição social* que ele ocupa na sociedade em questão e do *nível de mobilização, organização e participação* efetiva das classes sociais, num sentido lato, nas decisões que definem os seus rumos nas escalas social e geográfica, da comunidade local e da cidade, em relação ao poder do Estado nacional e questões de alcance global.

7) O acompanhamento do debate recente que retoma, ao mesmo tempo em que propõe, sua revisão, os autores clássicos da Filosofia Política e da Sociologia, levou-nos a sistematizar em *sete* níveis as diversas *dimensões da cidadania*.

a) A primeira delas é a *dimensão civil* ou dos *direitos civis*, na qual a cidadania é considerada como um direito natural inalienável que deseja a igualdade de todos os homens, justificada pelo pertencimento à espécie. Resulta, portanto, da própria natureza humana, sendo superior a toda convenção ou legislação positiva (Hobbes, 1974). Ela sintetiza o universalismo iluminista contido na *Declaração Universal dos Direitos do Homem e do Cidadão* e abrange os direitos fundamentais à vida, à liberdade, à propriedade e à igualdade perante a lei. Estes se desdobram no direito de ir e vir, como liberdade de viajar e mudar de domicílio, de escolha de trabalho, de expressão e livre pensamento e opinião, de organização e associação, inviolabilidade da moradia e da correspondência e de segurança. "São eles que constituem a sociedade civil. Sua pedra de toque é a liberdade individual" (Carvalho, 1995, p. 10).

b) A segunda é a *dimensão política*, presente historicamente, desde a *polis* grega, mas ampliada na modernidade pela construção do Estado burguês. Como o próprio nome indica, diz respeito aos *direitos políticos*, que implicam participação direta ou representatividade nas instâncias de decisão. São eles balizadores da sociedade política em nosso tempo. Encontram-se neste âmbito o direito de votar e de ser votado, de se manifestar e se organizar politicamente e de participar da discussão e do encaminhamento de questões políticas na sociedade civil e perante o Estado ou o poder público politicamente constituído nas diferentes instâncias e escalas. Contudo, para que os direitos políticos sejam plenamente realizados, é necessário que os direitos civis sejam assegurados, com ênfase à liberdade de opinião e organização (Carvalho, 1995).

c) A terceira dimensão é a *socioeconômica*, ou os chamados *direitos sociais*, que garantem a participação na riqueza coletiva. Incluem-se aí os direitos à educação, ao trabalho, à justa remuneração, à saúde e à aposentadoria. Visam fornecer as condições que permitem, em última instância, a própria manutenção da vida e a capacidade de pensar, decidir e influir nos destinos da coletividade. Essa foi a dimensão incorporada por Marshall, ao propor a ideia de direitos sociais, que "vai do direito a um módico bem-estar econômico e segurança até o direito de partilhar do todo da herança social e viver a vida de um ser civilizado de acordo com os padrões prevalecentes na sociedade" (Marshall, 1992, p. 8). Contemporaneamente, podemos incluir nesse campo também o que alguns autores vêm designando como direito ambiental.

d) A quarta dimensão, como as demais que se seguem, foge ao campo estritamente do direito. É a *dimensão cívica* ou da *civilidade*, que pressupõe o estabelecimento de regras de convivência enquadradas nos padrões culturais de cada contexto histórico e lugar. Embora ligada aos direitos civis e, ao mesmo tempo, à cultura, refere-se, sobretudo, a posturas ou comportamentos que, na origem, seriam a expressão dos limites impostos pela existência e pelo respeito ao "outro" (Elias, 1993). É aquilo que poderíamos denominar *savoir-vivre*, marcado pelo consentimento mútuo e pela "boa convivência" entre os pares. Nessa dimensão, partilham-se formas de civilidade, normas e convenções interpessoais que, embora não sejam leis, fundamentam no cotidiano os laços de convivência civil, com extensão ao campo da política (Pharo, 1991).

e) A quinta dimensão a considerar é a *do mercado*, ou simplesmente *do consumo*, aquela que exercerá sobre o indivíduo um papel redutor de sua condição geral de cidadão transformando-o num simples usuário ou cliente. Infelizmente esta dimensão tem sido cada vez mais valorizada num mundo em que a exacerbação do individualismo, associada ao marketing, à mídia e à informática aumentam o isolamento e esgarçam os laços de sociabilidade. O fato é que as mudanças na maneira de consumir têm alterado substancialmente as formas de exercer a cidadania no mundo contemporâneo, e isto não se pode deixar de assinalar (Canclini, 1999).

f) A sexta dimensão é a *do pertencimento*. Referimo-nos à *noção de pertencimento* ou *pertença* a um determinado grupo, sociedade, ideal, projeto etc., sem a qual cessam quaisquer motivações do indivíduo para a participação ou preservação da cidadania. Essa dimensão possui uma natureza ontológica. Incluem-se aí as diferentes formas de identidades políticas, culturais e territoriais e suas lutas pelo reconhecimento dos direitos à diferença e à alteridade.

g) A sétima dimensão é a *geográfica ou espacial*, que associa o território, a política e a cultura e se apresenta, em última análise, como o próprio campo de possibilidades de realização da cidadania. Nesta dimensão, é possível cruzar e aferir/avaliar todas as outras dimensões como um dado, como algo concreto, um jogo de cartas, e estabelecer efetivamente o seu recorte e nível de exercício e abrangência na realidade. Através dela, podemos deslocar a análise da cidadania de um patamar abstrato, no qual aparece, em geral, como um *em si*, para um entendimento mais próximo do real em sua realização, com a análise de sua espacialidade. Ela permite que o caráter universal da cidadania – ressaltado nas três primeiras dimensões – e suas contradições se particularizem e ganhem singularidade conferida pelas demais dimensões e peculiaridades do espaço em questão. Nesta dimensão, podemos ainda visualizar a cartografação das diferentes estratégias políticas em jogo e suas escalas. Nela, portanto, revelam-se e sobrepõem-se os elementos econômicos, sociais, culturais e ambientais desse jogo político territorialmente.

As encruzilhadas com que se depara a teoria da cidadania, assim como os dilemas postos pela conjuntura atual às alternativas de se efetivar uma cidadania referenciada pelos marcos da democracia em geral e, em particular, no Brasil, geram, a nosso ver, a necessidade de que se multipliquem estudos voltados para a questão, sobretudo nas cidades, onde os seus nexos político-territoriais se tornam mais evidentes, complexos e desafiadores. É preciso, por um lado, acompanhar como se formulam e se implementam as políticas que afetam, direta ou indiretamente, a realização da cidadania e o desenvolvimento do espaço urbano. Por outro lado, cabe observar como tais políticas, orientadas por diretrizes do momento, dominantemente neoliberais, se combinam com aspectos tradicionais e históricos, específicos do processo de construção de patamares de cidadania em cada lugar propriamente dito, e se territorializam. Em síntese, estamos propondo trabalhar com uma noção de cidadania multifacetada e complexa, que se estabelece na relação entre-os-homens em sua pluralidade e coexistência, considerando as distintas formações econômico-sociais e escalas geográficas, cujos verdadeiros teor e recorte possam ser aferidos concretamente na análise das práticas sociais e dos seus sujeitos, no espaço, orientada pelos níveis ou dimensões em que ela se realiza, propostos neste capítulo.

Este capítulo foi debatido, em sua versão preliminar, no *workshop* do Grupo de Estudos Urbanos (GEU) realizado em março de 2010, na Universidade de São Paulo.

Notas

1 Mercado Comum Europeu, atual União Europeia.

2 Outro trabalho importante, sob outro enfoque, que buscaria relacionar, não a dimensão da justiça, mas a dimensão da função política com o espaço, num sentido amplo, é a obra *L'espace legitime: sur la dimension géographique de la fonction politique*, do também geógrafo Jacques Lévy (1994). Nela, o autor faz um longo percurso da teoria dos processos políticos e seus nexos com o espaço – 'a produção do espaço legítimo' – exemplificando a escala da 'cidade' e da 'democracia urbana' o que ele chamou de 'aportes da cidadania citadina'.

3 Dentre as obras e autores da renovação da Geografia no Brasil na passagem dos anos 1970-1980, destacamos: *Por uma geografia nova: da crítica da geografia a uma geografia crítica*, de Milton Santos (1978); *Novos rumos da geografia brasileira*, coletânea organizada por Milton Santos (1982); *Geografia: teoria e crítica*, coletânea de artigos organizada por Ruy Moreira (1982). Tais obras não apenas centraram sua análise na reflexão epistemológica da Geografia, na revisão de sua teoria e no significado desempenhado por ela no mundo contemporâneo, como trouxeram importante contribuição, aproximando a Geografia da teoria social crítica e do marxismo, com ênfase para o caráter ideológico da disciplina e para o papel dos sujeitos e agentes produtores do espaço.

4 Expressão proposta por Rogério Haesbaert em oportuno e interessante artigo, no qual estabelece diálogo entre Yves Lacoste e Fernand Braudel, tendo como mediação a noção de escala espacial na Geografia, proposta pelo primeiro, e a noção de escala temporal na geo-história, utilizada pelo segundo. No dizer de Haesbaert (2002, p. 102), "falar em 'escalas espaço-temporais' implica, então, reconhecer a análise conjunta e indissociável entre as dimensões espacial/geográfica e temporal/histórica da realidade". Esse artigo foi inicialmente publicado no *Boletim Fluminense de Geografia* n. 1, ano1, AGB, Seção Local Niterói – RJ, 1993.

5 Dentre alguns trabalhos de Souza, além do premiado *O desafio metropolitano* (2000a), nos quais o autor buscará desenvolver a "perspectiva autonomista", num esforço de diálogo com a realidade em transformação e de construção de um 'projeto de autonomia', em particular no que tange à realidade urbana e às questões implicadas no seu "desenvolvimento sócio-espacial", destacamos: a) os artigos publicados na revista *Território*, números 1, 3, 5 e 8 (1996, 1997a, 1998 e 2000b); b) os capítulos de livros (1995 e 1997b); e c) os livros (2002 e 2006), respectivamente: *Mudar a cidade: uma introdução crítica ao planejamento e à gestão urbanos*, mais detidamente no seu capítulo 10; e *A prisão e a Ágora: reflexões em torno da democratização do planejamento e da gestão das cidades*, com ênfase ao tema em sua Parte I, em especial nos Capítulos 1 e 2. Ressaltamos que a 'perspectiva autonomista' é o próprio propósito e o fio condutor dessa última obra, permeando o trabalho do início ao fim.

6 Dentre outros autores que têm trabalhado com a temática da cidadania em diferentes campos da Geografia e contribuído direta ou indiretamente para a sua incorporação em nossas agendas de pesquisas e debates, podemos destacar: Arlete Moysés Rodrigues: política habitacional, movimentos sociais e direito à cidade; Carlos Walter Porto Gonçalves: questão ambiental, ecologia política e movimentos sociais; Ariovaldo Umbelino de Oliveira: questão agrária, política agrícola e movimentos sociais no campo; Bernardo Mançano Fernandes: questão agrária e movimentos sociais no campo; Rogério Haesbaert: crise da modernidade, território e identidades territoriais;

Angelo Serpa: espaço público, cultura e direito à cidade; Maria Encarnação Beltrão Sposito: segregação socioespacial e cidades médias; Amélia Luisa Damiani: questão habitacional, metrópole e direito à cidade; Silvana Maria Pintaudi: política urbana, comercialização e direito à cidade; Antonio Thomaz Júnior: questão agrária, trabalho e movimentos sociais; Sergio Martins: metrópole, rentismo e cidadania; Lana de Souza Cavalcanti: cidade, educação e cidadania; Claudio Luiz Zanotelli: direitos humanos e violência urbana; Joseli Maria Silva: cultura e gênero.

7 Nosso objetivo aqui não é analisar com profundidade todos os elementos diferenciadores dos períodos históricos que iremos percorrer, mas sim demarcar/destacar aqueles elementos fundadores do nexo político da cidadania com o território, tomando a cidade como foco, entendendo, assim, o território como a própria expressão espacial desse nexo, definido por normas, regras, pactos e/ou contratos estabelecidos por cada sociedade em seu tempo.

8 Segundo Glotz (1988 [1928]), em sua obra *La cité grecque*, as condições geográficas da Grécia contribuíram muito para lhe dar o seu aspecto histórico, ao facilitar a delimitação territorial entre as cidades-Estado. Como ele mesmo descreve: "Recortada pelo contínuo encontro do mar com a montanha, apresenta por toda parte estreitas depressões emolduradas por elevações, que só têm entrada fácil pelo mar. Forma, assim, numerosos cantões, cada um dos quais é receptáculo natural de uma pequena sociedade. A fragmentação física determina, ou pelo menos facilita, a fragmentação política. Tantos compartimentos, tantas nacionalidades distintas" (p. 2, tradução nossa). Existe uma edição brasileira dessa mesma obra publicada em 1988.

9 Sobre o tema da cidadania/democracia na Grécia antiga, num diálogo com a dimensão espacial e as transformações no seu substrato no processo de construção da *polis*, ver a obra *A prisão e a ágora*, de Marcelo Lopes de Souza (2006, p. 36-38, 319-325, 525-530).

10 Embora Aristóteles (1991) tivesse apoiado sua obra *A política* numa vasta base documental, dossiê ou coletânea de Constituições dos Estados então existentes, cerca de 158, segundo Marcel Prélot no seu prefácio, é importante assinalar que Aristóteles está se referindo a uma Grécia do seu tempo, século IV a.C., mais precisamente de 384 a 322 a.C., já após o período de Péricles, ou o denominado Século de Ouro, época de apogeu e radicalidade da democracia grega, que contraditoriamente foi marcada por inúmeras guerras e expansão econômica.

11 Embora o termo *urbis* ou *urbe* seja utilizado como sinônimo de *cidade*, Fustel de Coulanges (1998) nos chama a atenção em sua obra, "*A cidade antiga*", que essas duas palavras não foram exatamente sinônimas no mundo antigo. "A *cidade* era a associação religiosa e política das famílias e das tribos; a *urbe* o lugar de reunião, o domicílio e, sobretudo, o santuário desta sociedade" (p. 142). Nesse caso, a cidade como lugar da vida cívica, política e religiosa, era mais bem expressa pela palavra *civitas* – condição de cidadão. "Nos primeiros tempos, quando só os habitantes de Roma eram cidadãos, *civitas* e *urbis* coincidiam, o mesmo sendo a Roma *urbis* que a Roma *civitas*. Depois, ao estender-se o direito de cidadania, Roma continuou sendo a *urbis*, mas já não foi toda a *civitas*, mas unicamente sua capital". (p. 555)

12 No dizer de Hobbes (1974, p. 84), "há uma diferença entre a transferência do direito a uma coisa e [...] a entrega da própria coisa. Porque a coisa pode ser entregue juntamente com a translação do direito, como na compra e venda com dinheiro à vista, ou na troca de bens e terras; ou pode ser entregue algum tempo depois. Por outro lado, um dos contratantes pode entregar a coisa contratada por seu lado, permitindo que o outro cumpra a sua parte num momento posterior determinado, confiando nele até lá. Nesse caso, da sua parte o contrato se chama *pacto* ou *convenção*" (grifos nossos).

13 Segundo José Murilo de Carvalho (2005), esse processo no Brasil foi particularizado pela imposição do par *cidadania-nacionalidade*, pelo Estado brasileiro antes mesmo que os direitos civis e políticos estivessem de fato consolidados, ao que o autor denominou 'cidadania a porrete' ou 'estadania'. Para ele: "O cidadão brasileiro é o indivíduo que [...] tem o gênio quebrado a paulada, é o indivíduo dobrado, amansado, moldado, enquadrado, ajustado a seu lugar. O bom cidadão não é o que se sente livre e igual, é o que se encaixa na hierarquia que lhe foi prescrita" (p. 307).

14 Este homem, membro da sociedade burguesa, é agora a base, a premissa do Estado político. E, como tal, é reconhecido nos direitos humanos. A liberdade do egoísta e o reconhecimento desta liberdade são a expressão do reconhecimento do movimento desenfreado dos elementos espirituais e materiais que formam seu conteúdo de vida. Por conseguinte, o homem não se libertou da religião; obteve, isto sim, liberdade religiosa. Não se libertou da propriedade, obteve a liberdade de propriedade. Não se libertou do egoísmo da indústria, obteve a liberdade industrial. A constituição do Estado político e a dissolução da sociedade burguesa nos indivíduos independentes – cuja relação se baseia no *direito*, ao passo que a relação entre os homens dos estamentos e dos grêmios se fundava no *privilégio* – se processa num só e mesmo ato. Assim sendo, o homem enquanto membro da sociedade civil, isto é, o homem não político, surge como homem natural. Os *droits de l'homme* aparecem como *droits naturels*, pois a atividade consciente de si mesma se concentra no ato político [...]. A revolução política dissolve a vida burguesa em suas partes integrantes sem revolucionar estas partes nem submetê-las à crítica. Conduz-se, em relação à sociedade burguesa, ao mundo das necessidades, do trabalho, dos interesses particulares, do direito privado,

como se estivesse perante a base de sua existência, diante de uma premissa que já não é possível fundamentar e, portanto, como perante sua base natural. Finalmente, o homem enquanto membro da sociedade burguesa, é considerado como o verdadeiro homem, como *homme*, distinto do *citoyen* por se tratar do homem em sua existência sensível e individual imediata, ao passo que o homem político é apenas o homem abstrato, artificial, alegórico, moral. O homem real só é reconhecido sob a forma do *citoyen* abstrato (Marx, 1982, p. 36-37, grifos nossos).

15 Sobre esse tema, ver o clássico de Manuel Castells (2000 [1972]), *A questão urbana*; e sobre a crítica a essa questão e às posições do referido autor, ver as obras de Souza (2000a e 2002) já mencionadas.

16 Assiste-se, nesse momento, a uma dupla reação em relação ao pensamento de Marshall. De um lado, ele é revalorizado como referência para repensar novos patamares de cidadania sobre uma base de princípios que se contraponham à aceleração da desigualdade, ratificada pela ideologia neoliberal – ou neoconservadora, como demonstram os teóricos social-democratas. De outro lado, os pensadores que voltam às formulações de Marshall, procuram compreender mais profundamente seus limites, fazendo a crítica necessária para sua superação a partir da teoria social crítica. A esse respeito, ver principalmente: Bottomore (1992); Giddens (1982); King e Waldron (1988); Mann (1987); Oldfield (1990a e 1990b); Roche (1992); e Turner (1986 e 1990). Destacam-se, ainda, na crítica marxista ao tema: Macpherson (1993) e Elster (1993).

17 Em um ensaio pioneiro, Harold Laski, em 1928, abordaria os efeitos do consumo sobre a cidadania de maneira muito lúcida e precisa. Para ele "[...] o consumo é uma aceitação de alternativas impostas. O efeito disto é uma vida na qual não há contexto cívico. E também uma vida em que os "cidadãos" são tratados como objetos de utilidade, não estando engajados na autorrealização. Se os homens não estão engajados na autorrealização, se eles são um meio para um fim, mais do que finalidades em si mesmos, então eles são escravos, não verdadeiros cidadãos [...]. Um mundo que olha o proveito e a competição como fonte de bem-estar é um mundo inimigo do projeto de cidadania" (apud Clarke, 1994, p. 23-24).

18 A esse respeito, ver Castells (1999) e Wieviorka (2005).

19 Como contribuições a esse tema, ver Hall (2003), Dower e Williams (2002) e Haesbaert (2004).

Bibliografia

Arendt, Hannah. *A condição humana.* Rio de Janeiro: Forense-Universitária, 1983.

________. *O que é política.* 3. ed. Rio de Janeiro: Bertrand Brasil, 2002.

Aristóteles. *A Política.* São Paulo: Martins Fontes, 1991.

Augustin d'Hippone (Saint-Augustin). *La Cité de Dieu.* Paris: Seuil, 1994, v. 1.

Barbalet, Jack. M. Citizenship, class inequality and resentment. In: Turner, Bryan S. (org.). *Citizenship and social theory.* Londres/Thousand Oaks/New Delhi: Sage, 1993, p. 36-56.

Bobbio, Norberto. *Dicionário de Política.* Rio de Janeiro: Nova Fronteira, 1990.

Bottomore, Tom. *Citizenship and social class.* Londres: Pluto Press, 1992.

Canclini, Néstor García. *Consumidores e cidadãos*: conflitos multiculturais da globalização. 4. ed. Rio de Janeiro: EdUFRJ, 1999.

Carlos, Ana Fani Alessandri. *A cidade.* São Paulo: Contexto, 1992.

________. *A (re)produção do espaço urbano.* São Paulo: Edusp, 1994.

________. *Espaço urbano*: novos escritos sobre a cidade. São Paulo: Contexto, 2004.

________. O direito à cidade e a construção da metageografia. *Cidades*, Presidente Prudente, v. 2, n. 4, jul./dez. 2005, p. 221-247.

Carvalho, José Murilo de. *Desenvolvimiento de la ciudadanía en Brasil.* México: Fondo de Cultura Económica, 1995.

________. *Pontos e bordados*: escritos de História e Política. Belo Horizonte: EdUFMG, 2005.

Castells, Manuel. *A era da informação*: *economia, sociedade e cultura* – O poder da identidade. São Paulo: Paz e Terra, v. 2, 1999.

________. *A questão urbana.* São Paulo: Paz e Terra, 2000 [1972].

Castro, Iná Elias de. *Geografia e Política*: território, escalas de ação e instituições. Rio de Janeiro: Bertrand Brasil, 2005.

Clarke, Paul Barry. *Citizenship.* Londres/Boulder: Pluto Press, 1994.

Coulanges, Fustel de. *A cidade antiga.* São Paulo: Martins Fontes, 1998.

DEFOURNY, Marcel. *Aristote*: étude sur la politique. Paris: Beauchesne, 1932.

DOWER, Nigel; WILLIAMS, John. *Global citizenship*: a critical reader. Edinburgh: Edinburgh University Press, 2002.

DUBY, Georges. *O Tempo das Catedrais*. Lisboa, Editorial Presença, 1990.

DUMONT, Louis. *O individualismo*: uma perspectiva antropológica da ideologia moderna. Rio de Janeiro: Rocco, 1993.

ELIAS, Norbert. *A sociedade de corte*. Lisboa: Editorial Estampa, 1987.

________. *O processo civilizador*. Rio de Janeiro: Jorge Zahar, 1993, 2 v.

ELSTER, John. Exploração, liberdade e justiça. In: KRISCHKE, Paulo J. (org.). *O contrato social*: ontem e hoje. São Paulo: Cortez, 1993, p. 194-225.

GIDDENS, Anthony. Class division, class conflict and citizenship rights. In: ________. *Profiles and critiques in social theory*. London: Macmillan, 1982, p. 164-180.

GLOTZ, Gustave. *La cité grecque*. Paris: Albin Michel, 1928.

________. *A cidade grega*. Rio de Janeiro: Bertrand Brasil, 1988.

GOMES, Paulo César da Costa. A dimensão ontológica do território no debate da cidadania: o exemplo canadense. *Território*, Rio de Janeiro, n. 2, 1997, p. 43-62.

________. *A condição urbana*: ensaios de geopolítica da cidade. Rio de Janeiro: Bertrand Brasil, 2002.

GRUPPI, Luciano. *Tudo começou com Maquiavel*. Porto Alegre: L&PM, 1980.

HAESBAERT, Rogério. Escalas espaço-temporais. *Boletim Fluminense de Geografia*, Niterói, n. 1, ano 1, 1993, p. 3-18.

________. *Territórios alternativos*. Niterói/São Paulo: EdUFF/Contexto, 2002.

________. *O mito da desterritorialização*: do "fim dos territórios" à multiterritorialidade. Rio de Janeiro: Bertrand Brasil, 2004.

HALL, Stuart. *A identidade cultural na pós-modernidade*. 7. ed. Rio de Janeiro: DP&A, 2003.

HARVEY, David. *A justiça social e a cidade*. São Paulo: Hucitec, 1980 [1973].

________. *Condição pós-moderna*. São Paulo: Loyola, 1992 [1989].

HOBBES, Thomas. *Do cidadão*. São Paulo: Martins Fontes, 1992.

________. *Leviatã*. São Paulo: Abril Cultural, 1974. (Col. Os Pensadores).

KING, Desmond S.; WALDRON, Jereny. Citizenship, social citizenship and the defense of welfare provision. *British Journal of Political Science*, Cambridge, n. 18, 1988, p. 415-43.

LACOSTE, Yves. *A Geografia* – Isso serve, em primeiro lugar, para fazer a guerra. Campinas: Papirus, 1988 [1976].

LECA, Jean. Individualisme et citoyenneté. In: BIRNBAUM, Pierre; LECA, Jean (dir.). *Sur L'Individualisme*. 2. ed. Paris: Presses de la Fondation Nationale des Sciences Politiques, 1991, p. 159-209.

LEFEBVRE, Henri. *El derecho a la ciudad*. 4. ed. Barcelona: Península, 1978.

________. *Espacio y Política*: el derecho a la ciudad, II. Barcelona: Península, 1976.

________. *Le droit à la ville*. Paris: Anthropos, 1968.

________. *O direito à cidade*. São Paulo: Moraes, 1991.

________. *Espaço e Política*. Belo Horizonte: EdUFMG, 2008.

________. *La production de l'espace*. 4. ed. Paris: Anthropos, 2000 [1974].

LEFEBVRE, Henri (em colaboração com o Groupe de Navarrenx). *Du contrat de citoyenneté*. Paris: Syllepse/Périscope, 1991.

LE GOFF, Jacques. *O homem medieval*. Lisboa: Presença, 1990.

LÉVY, Jacques. *L'espace légitime*: sur la dimension géographique de la fonction politique. Paris: Presses de la Fondation Nationale des Sciences Politiques, 1994.

LOCHAK, Danièle. Qu'est-ce qu'un citoyen? *Raison Présente*: Le citoyen, l'Europe, le monde, Paris, n. 103, 1992, p. 11-26.

MACPHERSON, Crawford Brousli. Ascensão e queda da justiça econômica. In: KRISCHKE, Paulo J. (org.). *O contrato social*: ontem e hoje. São Paulo: Cortez, 1993, p. 175-193.

MANN, Michael. Ruling class strategies and citizenship, *Sociology*, Durham, n. 21, 1987, p. 339-54.

MARSHALL, Thomas Humphrey. *Citizenship and social class*. 2. ed. Londres: Pluto Press, 1996 [1950].

Marx, Karl. *A questão judaica*. Rio de Janeiro: Achiamé, 1982.

Moreira, Ruy (org.). *Geografia*: teoria e crítica. Petrópolis: Vozes, 1982.

Mumford, Lewis. *A Cidade na história*. Belo Horizonte: Itatiaia, 1965, 2 vol.

Oldfield, Adrian. Citizenship: an unnatural practice? *The Political Quarterly*, v. 61, n. 2, abr. 1990a, p. 177-87.

________. Citizenship and community, Londres: Routledge, 1990b.

Oliveira, Márcio Piñon de. Rio de Janeiro: espaço fragmentado, cidadania mutilada. *Boletim Fluminense de Geografia*, Niterói, v. 1, 1993, p. 17-30.

________. Cidade e cidadania: breve histórico de um nexo político-territorial. *Revista Fluminense de Geografia*, Niterói, v. 2, 1998, p. 5-18.

________. *Rio de Janeiro*: cidade e cidadania em questão. 1999a, 313 f. (Tese de Doutorado em Geografia Humana) – Faculdade de Filosofia, Letras e Ciências Humanas, Universidade de São Paulo, São Paulo.

________. Um conceito de cidadania para se trabalhar a cidade. *GEOgraphia*, Niterói, v. 1, n. 1, 1999b, p. 93-120.

________. Geografia, globalização e cidadania. *Terra Livre*, São Paulo, n. 15, jan./dez. 2000, p. 155-166.

________. Cidadania no Brasil: elementos para uma análise geográfica. *GEOgraphia*, Niterói, v. 3, n. 6, 2002, p. 45-54.

________. A favela e a utopia do direito à cidade no Rio de Janeiro. *Scripta Nova*, Barcelona, v. 11, n. 245(34), ago. 2007. Disponível em: <http://www.ub.es/geocrit/sn/sn-24534.htm>. Acesso em: 14 out. 2010.

________. Projeto Rio Cidade: intervenção urbanística, planejamento urbano e restrição à cidadania na cidade do Rio de Janeiro. *Scripta Nova*, Barcelona, v. 12, n. 270(117), ago. 2008. Disponível em: <http://www.ub.es/geocrit/sn/sn-270/sn-270-117.htm>. Acesso em: 14 out. 2010.

Pharo, Patrick. *Politique et savoir-vivre*: enquête sur les fondements du lien civil. Paris: L'Harmattan, 1991.

Reynaud, Alain. *Societé, espace et justice*: inégalites regionais et justice socio-spatiale. Paris: Presses Universitaires de France, 1981.

Roche, Maurice. *Rethinking citizenship*: welfare, ideology and change in modern society, Oxford: Polity Press, 1992.

Rousseau, Jean-Jacques. *Do contrato social*. São Paulo: Abril Cultural, 1973.

Santos, Milton. *Por uma Geografia nova*: da crítica da Geografia a uma Geografia crítica. São Paulo: Hucitec/ Edusp, 1978.

________ (org.). *Novos rumos da Geografia brasileira*. São Paulo: Hucitec, 1982.

________. *O espaço do cidadão*. São Paulo: Nobel, 1987.

Sennett, Richard. *Carne e pedra:* o corpo e a cidade na civilização ocidental. Rio de Janeiro: Record, 1997.

Smith, Susan. Society, space and citizenship: a human geography for the 'new times'? *Transactions of the Institute of British Geographers*, Londres, v. 14, n. 2, 1989, p. 144-156.

Souza, Marcelo Lopes de. O território: sobre espaço e poder, autonomia e desenvolvimento. In: Castro, Iná Elias de; Gomes, Paulo Cesar da Costa; Corrêa, Roberto Lobato (orgs.). *Geografia*: conceitos e temas. Rio de Janeiro: Bertrand Brasil, 1995, p. 77-116.

________. A teorização sobre o desenvolvimento em uma época de fadiga teórica, ou sobre a necessidade de uma "teoria aberta" do desenvolvimento sócio-espacial. *Território*, Rio de Janeiro, n. 1, 1996, p. 5-22.

________. Algumas notas sobre a importância do espaço para o desenvolvimento social. *Território*, Rio de Janeiro, n. 3, 1997a, p. 13-35.

________. A expulsão do paraíso: o 'paradigma da complexidade' e o desenvolvimento sócio-espacial. In: Castro, Iná Elias de; Gomes, Paulo Cesar da Costa; Corrêa, Roberto Lobato (orgs.). *Explorações geográficas*. Rio de Janeiro: Bertrand Brasil, 1997b, p. 43-87.

________. Desenvolvimento urbano: a problemática renovação de um "conceito"-problema. *Território*, Rio de Janeiro, n. 5, 1998, p. 5-29.

________. *O desafio metropolitano:* um estudo sobre a problemática sócio-espacial nas metrópoles brasileiras. Rio de Janeiro: Bertrand Brasil, 2000a.

________. O planejamento e a gestão das cidades em uma perspectiva autonomista. *Território*, Rio de Janeiro, n. 8, 2000b, p. 67-99.

________. *Mudar a cidade*: uma introdução crítica ao planejamento e à gestão urbanas. Rio de Janeiro: Bertrand Brasil, 2002.

________. *A prisão e a ágora*: reflexões em torno da democratização do planejamento e da gestão das cidades. Rio de Janeiro: Bertrand Brasil, 2006.

STEWART, Angus. Two conceptions of citizenship. *British Journal of Sociology*, Londres, v. 46, n. 1, mar. 1995, p. 63-78.

TOURAINE, Alain. La formation du sujet. In: ________ (org.). *Penser le sujet.* Paris: Fayard, 1995, p. 33-74.

TURNER, Bryan S. *Citizenship and capitalism*: the debate over reformism. Londres: Allen and Unwin, 1986.

________. Outline of a theory of citizenship. *Sociology*, Durham, v. 24, n. 2, maio 1990, p. 189-217.

WEBER, Max. *La ville.* 3. ed. Paris: Aubier Montaigne, 1947.

WIEVIORKA, Michel. *La différence – Identités culturelles*: enjeux, débats et politiques. Paris: Éditions de l'Aube, 2005.

WITHOL DE WENDEN, Catherine. Question de citoyenneté. *Espaces et societés*: urbanité et citoyenneté, Paris, n. 68, 1992, p. 37-45.

A MATRIZ DISCURSIVA SOBRE O "MEIO AMBIENTE": PRODUÇÃO DO ESPAÇO URBANO – AGENTES, ESCALAS, CONFLITOS

Arlete Moysés Rodrigues
Universidade Estadual de Campinas

A saúde do mundo está um asco. Somos todos responsáveis, clamam as vozes de alarme universal, e esta generalização absolve: se todos nós somos responsáveis, ninguém o é.
Eduardo Galeano

Este capítulo objetiva apontar questões relacionadas a aspectos teórico-metodológicos sobre o tema "meio ambiente"[1], que aparece em agendas governamentais, programas e projetos de pesquisas, cursos de graduação, de pós-graduação e disciplinas, bem como nos noticiários, seja no rádio, na televisão ou em jornais. Nos trabalhos de Geografia Urbana[2] que analisamos, não encontramos um novo arcabouço teórico sobre o assunto que possibilite compreender a produção e reprodução do espaço urbano em sua totalidade.

Os problemas de dilapidação de riquezas naturais não são novos. Autores como MacCormick (1992), Thomas (1988) e Alphandéry, Bitoun e Dupont (1992), entre outros, mostram como, ao longo de quatro séculos, os estudos e as propostas passaram por diversas fases, com ênfases variadas, inclusive com formação de grupos nacionais, internacionais e de partidos políticos (partidos verdes).

Passet (1994) aponta que, no século XX, houve um período de neutralidade, quando os problemas eram considerados locais. Movimentos ambientalistas de países do centro do sistema se manifestavam contra a presença de indústrias poluidoras em seus territórios, em consequência, várias delas foram implantadas nos chamados países periféricos (p. ex.: Projeto Jari, na Amazônia Brasileira, para produzir celulose).

Iniciou-se, posteriormente, o que o autor chama de fase do *Environment* (Ambiente), quando se verificou que os problemas eram globais. O terceiro momento se refere à descoberta de que a produção destrói suas próprias condições de produção em escala planetária e a definição, por parte das classes e setores dominantes, que a Organização das Nações Unidas (ONU) deveria assumir o debate, promovendo conferências internacionais.

A Conferência da ONU sobre Meio Ambiente, em 1972 (Estocolmo), enfocava a proteção de riquezas, com base no "Relatório Zero", elaborado pelo Clube de Roma (Meadows et al., 1973). Os países deveriam parar de crescer para manter o "meio ambiente", o que implicava a permanência, com algumas alterações, da divisão territorial do trabalho. Os embates acirrados ocorreram pelo posicionamento contrário dos países ditos subdesenvolvidos. Nesse período, vigorava a chamada Guerra Fria entre blocos de países socialistas e capitalistas, em um mundo aparentemente bipolar.

A ONU criou, em 1983, a Comissão Mundial Sobre Meio Ambiente e Desenvolvimento (CMMAD), com a finalidade de realizar um diagnóstico sobre o tema e de elaborar pactos a serem assinados na Conferência sobre Meio Ambiente e Desenvolvimento (CNUMAD). O relatório *Nosso Futuro Comum* (CMMAD, 1991), após o diagnóstico, propõe o "desenvolvimento sustentável"[3] como ideário para a CNUMAD (1992), no Rio de Janeiro[4], num mundo, agora, unipolar.

Os países participantes fizeram diagnósticos (Brasil, 1991) para subsidiar os acordos. A Comissão de Desenvolvimento e Meio Ambiente da América Latina e do Caribe elaborou propostas, *Nuestra Propia Agenda*, que divergiam daquela do relatório *Nosso Futuro Comum* (Comisión de Desarrollo y Medio Ambiente de América Latina y el Caribe, 1991) e que não foram incorporadas à Agenda 21, documento assinado pelos chefes de Estado presentes na CNUMAD.

Movimentos sociais e organizações não governamentais (ONGs), com vários enfoques e provenientes de diversos países, constituíram o Fórum dos Movimentos Sociais e ONGs (Fórum Rio-92), paralela e concomitantemente à CNUMAD, porém, em locais distintos e distantes[5]. Os movimentos populares urbanos tinham a meta de mostrar os conflitos entre movimentos ambientalistas[6] e ocupantes de terras urbanas para moradia[7]. No Fórum, foram assinados 39 Tratados (Tratados das ONGs e Movimentos Sociais, 1992) dos quais a CNUMAD não tomou conhecimento. A sociedade, que foi informada pela imprensa, conheceu o Fórum Rio-92 como espetáculo.

A Agenda 21 se transformou na panaceia para todos os males. Grande número de estudos, em várias disciplinas, refere-se ao "meio ambiente", ao "desenvolvimento sustentável", às "sustentabilidades"[8], sem explicitar a existência de um novo arcabouço teórico-metodológico e instrumentais analíticos que permitam compreender os agentes, as contradições, os conflitos, as desigualdades e a segregação socioespacial em diferentes escalas geográficas.

Matrizes discursivas – deslocamentos de análises: aspectos teóricos e metodológicos

Os temas "meio ambiente", "desenvolvimento sustentável", Agenda 21, "cidades sustentáveis" (Programa do Habitat), "cidades saudáveis", Programa da Organização Mundial de Saúde, "Agenda 21 local" foram também incluídos em estudos de Geografia, que tradicionalmente se ocupam das relações entre a sociedade e a natureza, implicando a análise da produção e a reprodução do espaço em sua complexidade[9].

Afirma-se que incorporar o "meio ambiente" permitiria a interdisciplinaridade, a pluridisciplinariedade e a transdisciplinaridade, o que corresponderia a um novo arcabouço teórico e metodológico. Incorporar uma nova temática, porém, não elimina a fragmentação da ciência nem garante a interdisciplinaridade. As disciplinas têm objetos próprios e a ilusão de que "as fronteiras artificiais entre as disciplinas correspondem à realidade". Entretanto, "frag", como diz Boris Cynulnick, origina-se da palavra fragmentação, o que significa a existência de objetos parciais e de fronteiras entre as disciplinas científicas, fronteiras que separam a parte do todo e que implicam "saber-se muito sobre nada", enquanto os generalistas sabem "nada sobre tudo" (Morin e Cyrulnick, 2004)[10].

A abordagem ambiental pode favorecer a interlocução entre disciplinas científicas sem integrá-las, aumentando, assim, a espessa cortina de fumaça sobre a questão teórica e metodológica que permite entender a totalidade. Rubem Alves afirma que: "interdisciplinaridade, transdisciplinaridade são palavras de muito uso e respeitabilidade acadêmica. [...] estas palavras pressupõem que o conhecimento começa com disciplinas isoladas como as letras e os símbolos, os sons e os acordes e depois por meio de um processo de 'costura' o sentido vai surgir" (Alves, 2010, p. 64). Para haver interdisciplinaridade são necessárias rupturas teóricas com o paradigma dominante[11].

Os que se envolvem diretamente com o tema "meio ambiente" asseveram que foi criado um novo paradigma. Khun (2007, p. 30) afirma que:

> Um paradigma se constitui quando novas "descobertas" não tinham precedentes e assim atraem um grupo duradouro de partidários, afastando-os de outras atividades científicas. Simultaneamente suas realizações foram suficientemente abertas para deixar toda espécie de problemas para serem resolvidos pelo grupo redefinido pelos praticantes da ciência.

Para o autor, o paradigma se refere aos cientistas. Há que se salientar, porém, que ele se difunde para a sociedade pela ideologia. Morin (2001, p. 114) define paradigma como a instituição de "conceitos soberanos e sua lógica (disjunção, conjunção, explicação), que governam ocultamente as concepções e as teorias científicas, realizadas sob seu império", e que se expandem para o imaginário coletivo.

Mudança paradigmática ocorre com rupturas, com alteração de arcabouço teórico e metodológico e não apenas quando se inclui um novo tema. Mudar um paradigma implica uma revolução científica que propiciaria entender a dinâmica da natureza, a produção e reprodução do espaço, as normas societárias, em sua totalidade, com suas contradições e conflitos, e deixaria evidente a importância do espaço e do território (Rodrigues, 2009).

Uma mudança paradigmática permitiria entender que a crise ambiental decorre do sucesso do modo de produção que provoca, contraditoriamente, problemas sociais e ambientais. Auxiliaria a compreender o processo de produção de mercadorias e desvendar causas e agentes da poluição do ar, do solo, das águas, bem como dos desmatamentos e da perda da bio e da sociodiversidades. Instrumentais analíticos adequados contribuiriam para a compreensão de que a crise não é do modo de produção, mas sim, provocada por ele. A manutenção do paradigma implica atribuir a origem dos problemas ao consumo e aos consumidores, sem apontar o sucesso do modo de produção, que continua a produzir mais e mais mercadorias e a obsolescência programada.

Enquanto se responsabilizam o consumidor, os pobres e os países pobres pela destruição de riquezas naturais, a indústria bélica[12] produz cada vez mais artefatos de destruição de vidas humanas e de territórios, utilizando grande volume de riquezas naturais para fabricar bombas, artefatos de guerra, aviões, computadores etc. Operações militares liberam materiais altamente tóxicos e radioativos no ar, na água e no solo, armas de urânio descarregam micropartículas de dejetos radioativos no Oriente Próximo, na Ásia Central e nos Bálcãs, e as minas terrestres e bombas de racimo são as maiores causas de explosões retardadas, que provocam mutilação e incapacitação de muitos seres humanos.

A guerra de 1991, no Iraque[13], *transformou a região de celeiro do Oriente Próximo em catástrofe ecológica.* A terra arável e fértil se converteu em um pântano desértico e, em vez de exportador de alimentos, o país agora importa 80% do que consome (Flounders, 2009, grifos nossos).

A destruição sistemática da natureza e a acumulação ampliada do poder de destruição, para os quais se destina uma quantidade superior a um trilhão de dólares/ano, indicam o lado amedrontador da lógica absurda do capital.

Será que o lema "pensar globalmente e agir localmente" se aplica quando a civilização ocidental, para continuar a dominar globalmente, atua em locais específicos, com guerras? Cabe ainda indagar se esse lema define escalas de análise, agentes, conflitos, espaço, território e classes sociais.

Afirma-se que há um novo paradigma porque o "meio ambiente" passou a ser visto como "bem comum" da humanidade, que deve ser preservado para as gerações futuras. Como se pode dizer que um novo paradigma considera as riquezas naturais como um "bem comum", se predominam a propriedade privada da terra e dos meios de produção, a concentração de riquezas e a exploração do homem pelo homem? Afirmar que há alteração do paradigma pelo fato de se atribuir à natureza a condição de "bem comum" é uma falácia que impede a compreensão da realidade.

Chesnais e Serfati (2003, p. 42) afirmam que a crise ambiental corresponde "a uma crise para a humanidade, uma crise da civilização humana; mas no que tange ao capitalismo as coisas não podem ser analisadas tão simplesmente. A ou as crise(s) ecológica(s) planetária(s), cujos efeitos se repartem de forma desigual, são produtos do capitalismo, mas nem por isso são fatores centrais de crise para o capitalismo". Trata-se, portanto, de uma crise decorrente do modo de produção capitalista que, para continuar com seu sucesso, necessita manter suas condições de reprodução e funcionamento. Dessa forma, "meio ambiente" passa a ser o tema que obscurece a realidade da crise. O saber competente está sendo guiado pelos organismos internacionais de financiamento[14] e a colonização do inconsciente atinge a academia e não apenas os não letrados.

Na Agenda 21 e em documentos posteriores, agentes, escalas e conflitos não estão explícitos. A natureza aparece retoricamente nas matrizes discursivas sobre o "meio ambiente", que[15], segundo Galeano (2010), "[f]abricam a brumosa linguagem de sacrifício de todos [...], nos solenes acordos internacionais que ninguém cumpre. Essa catarata de palavras – não se desencadeia gratuitamente".

Os discursos sobre o meio ambiente têm a finalidade de permitir a continuidade da produção de mercadorias e garantir a apropriação privada das riquezas, reafirmando a ideologia dominante[16]. Zizek aponta que, para a lógica da legitimação ser eficaz, a relação de dominação tem que permanecer oculta. Exemplifica com o relato do sofrimento dos sem-teto, sem que as causas apareçam, pois "a essência do desabrigo é o desabrigo da essência, reside no fato de que, em nosso mundo desarticulado pela busca frenética de prazeres vazios não há lar, não há morada apropriada para o essencial" (Zizek, 1996, p. 21). Entendemos que a ideologia do "desenvolvimento sustentável" se impõe sem que a essência da crise seja explicitada.

É comum falar-se em catástrofes provenientes do "consumo" – aquecimento global e/ou mudança climática, buraco na camada de ozônio, desastres naturais, como maremotos, terremotos, vulcanismo, furações e tornados, entre outros –, mas o que está em questão é a própria essência humana que sequer é enunciada (Zizek, 1996). O esforço para prevenir catástrofes tem também criado novos problemas. Castoriadis (1987) mostra que o uso de filtros para diminuir o CO_2 fez crescer, em mil vezes, a acidez da atmosfera nos últimos 20 anos. O enxofre contido na fumaça, que era fixado pelo carbono, agora se desprende e se combina com o oxigênio e o hidrogênio, aumentando as chuvas ácidas.

As novas matrizes discursivas, ao mesmo tempo em que ocultam os verdadeiros responsáveis pelos problemas – aqueles que se apropriam e são proprietários dos meios de produção, da terra, das riquezas – e atribuem a responsabilidade aos "consumidores" e aos pobres que ocupam as piores áreas, que não interessam ao setor imobiliário, obscurecendo a essência da desigualdade e da segregação socioespacial, ocultando a importância do território, do espaço e da sociedade.

O deslocamento discursivo da produção para o consumo oculta as classes sociais, que passam a ser distinguidas como "classes de rendas" e "classes de consumidores". Enquanto a produção é concretizada no espaço geográfico, o "consumo" é remetido ao indivíduo. Não há referências ao comércio, ao lugar de troca, mas ao consumidor. Como pode ser ele o responsável pela dilapidação ambiental, se não é quem escolhe o que produzir? Como compreender a totalidade, quando se excluem o espaço geográfico, a produção, a circulação, o comércio, as classes sociais, o mundo do trabalho, as relações societárias e, principalmente, os *agentes formuladores e promotores* dos deslocamentos discursivos?

A sociedade do consumo torna-se predominante. Como diz Bauman (2008, p. 64-76):

> [...] profundamente distinta da sociedade de produtores, a sociedade dos consumidores concentra seu treinamento assim como pressões coercitivas sobre seus membros desde a sua infância e ao longo das vidas, na administração do espírito. [...] *Os membros da sociedade de consumidores são eles próprios mercadorias de consumo que os tornam membros dessa sociedade* (grifos nossos).

A criação e a difusão do termo "desenvolvimento sustentável", como já mencionado, deslocam a análise da produção para o consumo e obscurecem a existência de trabalhadores, de classes e de extratos de classes sociais, promovendo uma matriz ideológica combinada com a precarização das relações de trabalho. O "macacão", expressão referente ao trabalhador, é hoje um símbolo para "divulgação de atividades econômicas" sem vínculo com o mundo do trabalho, como mostra Fontes (2005, p. 68).

Os termos correntes se referem às classes alta, média e baixa, utilizando como base o "salário mínimo", sem referências ao trabalho e ao trabalhador. Esses estratos de renda definem camada de classe ou parcela de classe, trabalhadores assalariados, autônomos, informais? Um exemplo da passagem do "trabalhador para classes de renda": as carteiras hipotecárias dos IAPS estavam centradas no trabalhador com registro em carteira profissional (alugar ou comprar casa ou apartamento, nos conjuntos dos IAPS, implicava ter carteira de trabalho assinada e estar vinculado a uma categoria profissional). Com a criação do Banco Nacional de Habitação (BNH) em 1964 e do Fundo de Garantia por Tempo de Serviço (FGTS) em 1967 – este objetivando a captação de recursos –, o trabalhador passou a ser definido por classes de renda para adquirir casa própria no mercado controlado pelo Estado, mas também incluído no mercado imobiliário[17]. A *estabilidade* do trabalhador foi trocada pela *instabilidade* nas relações de trabalho, contando com a distante possibilidade de comprar um imóvel, financiável em 25 anos (uma vida de trabalho). A finalidade precípua foi permitir a continuidade de acumulação do capital, fragilizar as relações de trabalho e as lutas de trabalhadores, impondo a ideologia da casa própria.

Há um aparente paradoxo no mito de que restringir o consumo possibilitaria atingir o "desenvolvimento sustentável". O paradoxo é apenas aparente porque, ao mesmo tempo, aumenta a obsolescência programada decorrente da acumulação flexível e ampliada do capital. Enquanto novos produtos são lançados no mercado para atrair consumidores, estes são considerados responsáveis pela dilapidação. Na verdade, não é o consumo, mas a produção que deve ser transformada, assim como é necessário também alterar as relações de exploração e espoliação.

Nas matrizes discursivas estabelecidas a partir da CNUMAD, o mundo do trabalho, as contradições e as lutas de classes foram deslocadas para os conflitos entre gerações (Rodrigues, 2006), enquanto a produção e reprodução do espaço, na reprodução ampliada do capital, são tidas como os "agentes" do "desenvolvimento sustentável". Os trabalhadores foram transformados em "recursos humanos", as riquezas naturais em "recursos naturais", ou seja, mercadorias do mundo globalizado no mundo da inovação tecnológica e de fluxos financeiros.

Como analisar a desigualdade e a segregação socioespacial, quando a essência está oculta e se tem, como meta, resolver "conflitos ambientais"?

Agentes, escalas, conflitos

Apresentamos, a seguir, alguns dos agentes, das escalas de análises e dos conflitos, utilizados ou não, na abordagem sobre "meio ambiente".

Agentes

A natureza aparece nos discursos como *agente*, quando se fala em "conflitos ambientais", gestão do "meio ambiente"[18], "gestão de recursos hídricos", entre outros assuntos, mas é um agente que não se manifesta para impor seus interesses. Os conflitos são sociais, estão relacionados com a apropriação e a propriedade das riquezas naturais e dos bens produzidos, e chamá-los de conflitos ambientais é aceitar, sem contestar, as matrizes discursivas impostas pelos agentes definidores e determinantes.

O *agente definidor* da incorporação da temática foi a ONU, por intermédio da CMMAD (1991) e da CNUMAD (Agenda 21), como instrumentos de países poderosos da ONU e das agências financeiras internacionais.

Os *agentes determinantes* foram, e ainda são, o Banco Mundial (composto pelo Banco Internacional para Reconstrução e Desenvolvimento [BIRD] e Associação Internacional de Desenvolvimento [AID]) e o Fundo Monetário Internacional (FMI). São eles que concretizam a hegemonia do pensamento neoliberal, definindo políticas territoriais e espaciais, financiando e apoiando Estados, ONGs e movimentos sociais com financiamento direto ou indireto. O consenso sobre o neoliberalismo foi forjado (Fonseca, 2005) e, após a CNUMAD, forja-se o consenso do "desenvolvimento sustentável".

Os *agentes determinantes* impõem o ideário de "desenvolvimento sustentável", que deve atender "às necessidades do presente sem comprometer a capacidade de as gerações futuras atenderem também as suas" (CMMAD, 1991, p. 9), sem explicitar seu significado[19]. Concordamos com Souza (2005), quando argumenta que a obsessiva necessidade de formar consenso é parte da ideologia dominante.

Como ser contrário a que se preserve o mundo para gerações futuras? Como contestar que todos precisam de água, ar, alimentos, roupas etc. e que os elementos da natureza precisam ser protegidos? Cria-se o "desenvolvimento sustentável" como um mito, que deve ser compreendido a fim de se perceber como a ideologia dominante é imposta para que todos cuidem do "meio ambiente". Forja-se, assim, o consenso.

Os *agentes executores* correspondem aos países que assinaram a Agenda 21. Para tornar o "desenvolvimento sustentável", devem promover a cooperação internacional; elaborar programas de combate à pobreza; provocar mudança nos padrões de consumo; interagir na dinâmica demográfica; integrar o meio ambiente em todos os programas e projetos; propiciar a conservação e o gerenciamento de recursos naturais da atmosfera; preservar os recursos terrestres; combater o desmatamento; promover a conservação da biodiversidade; proteger os oceanos; ter manejo ecologicamente saudável das substâncias tóxicas contidas nos resíduos perigosos e radioativos; conseguir recursos para financiar pesquisas que interessem para a conservação e/ou preservação do meio ambiente, ou seja, implementar o conteúdo da Agenda 21[20].

A produção da cidade é coletiva, realizada por múltiplos agentes. Destacamos os *agentes produtores e promotores* tipicamente capitalistas (promotores imobiliários, Estado, proprietários de terra e loteadores, aos quais deve ser acrescido o capital financeiro) e os agentes *definidores e determinantes* (Banco Mundial, FMI), todos eles aparentemente preocupados em atingir o "desenvolvimento sustentável". Há também agentes relacionados de forma indireta ao capitalismo (autoconstrução) e aqueles que não seguem as normas jurídicas e urbanísticas, produzindo o espaço ilegal, como o das favelas e de ocupação coletiva de terra.

O Estado capitalista atua de forma diferente, dependendo dos agentes e dos interesses em jogo. Os setores imobiliários, mesmo quando não cumprem a legislação urbana e ambiental, são considerados alavancadores de desenvolvimento "sustentável" e do progresso. Um dos aspectos de ilegalidade atual é murar loteamentos (chamados de condomínios e/ou loteamentos fechados)[21], inconstitucionais, segundo o Ministério da Justiça[22]. A geração futura não é preocupação desses setores, pois, como diz Castoriadis (1987, p. 150), "não apenas o futuro é incerto, mas o presente é desconhecido com muitas coisas acontecendo em toda parte".

Os ocupantes de terra para moradia estão nas "piores" áreas, aquelas que não interessaram ao capital, e são tidos como dilapidadores do "meio ambiente". Quando as áreas ocupadas passam a ter interesse para o capital, no entanto, a população é removida, criando conflitos mediados pelo Estado.

Qual é a possibilidade de uma abordagem "ambiental" crítica na Geografia, sem considerar os *agentes definidores* da produção e reprodução do espaço como sustentáculos da hegemonia neoliberal? O ideário do "bem comum" e o que se espera para o "desenvolvimento sustentável" é que seja o alicerce do poder da ideologia que oculta a essência e toma a aparência como realidade.

Escalas – indicadores

Para analisar as escalas nos estudos sobre "meio ambiente", é necessário também falar, ao mesmo tempo, de indicadores e parâmetros usados em várias escalas para viabilizar o "desenvolvimento sustentável" e entender os motivos pelos quais vários ambientalistas utilizam como "marca" o "pense globalmente e aja localmente" que, em geral, está delimitado em projetos e programas pilotos em diferentes escalas.

Uma das escalas é a laboratorial, com experimentos que aceleram o tempo sem se apropriarem da escala geográfica. As pesquisas laboratoriais são fundamentais para o avanço técnico e científico, mas não dão conta de escalas geográficas, de fluxos naturais, econômicos e sociais, do imprevisível, das leis da natureza, do tempo histórico, em sua complexidade e concretude.

Uma forma de atuação, com escalas e objetos variáveis, corresponde aos projetos elaborados em gabinetes, definidos pelo saber técnico, em geral atendendo a interesses políticos. Citamos como referência a retificação do Rio Tietê[23], os planos estratégicos e planos diretores municipais, estaduais, regionais e nacionais.

Os *agentes executores*, países que assinaram a Agenda 21, deveriam atuar nos limites de seus territórios, ou seja, em escala nacional. Empréstimos de agências internacionais, patentes intelectuais, acordos internacionais e bilaterais, porém, revelam que o domínio não é absoluto ou independente. A maioria dos países sucumbiu à hegemonia do pensamento neoliberal que propugna um Estado mínimo, mas o capitalismo não pode existir sem territórios organizados sob a forma de Estado (Harvey, 2004), que é quem assina os acordos internacionais[24].

A passagem da economia fordista para a acumulação flexível do capital fragilizou as relações de trabalho, aumentou o desemprego e a concentração de riqueza em determinados setores da economia, em especial com as privatizações. No neoliberalismo, aumentam as tarefas de Estado para atender às necessidades que se aceleram com a privatização (Rodrigues, 2008). Os Estados são *agentes executores*, reféns das normas internacionais, sem domínio do seu território.

A escala preferencial para ações nos Estados é a de âmbito local[25] (Agenda 21 local) para correção de "problemas", com "educação ambiental", coleta seletiva de resíduos sólidos, implantação de programas pilotos (não exequíveis em outra escala e em outro lugar). Em geral, recebem financiamentos externos e internos. É a escala que corresponde, via de regra, ao "pensar globalmente e agir localmente".

Nas escalas local e regional, há pesquisas sobre bacias hidrográficas que, no âmbito institucional, constituem os Comitês de Bacias Hidrográficas, reféns do ideário do "desenvolvimento sustentável". Haverá, hoje, uma nova metodologia que permita analisar a produção do espaço urbano, tendo por base bacias hidrográficas, considerando a canalização de rios, ocupação de várzeas, limites administrativos de municípios, estados e países?

A escala regional e a escala mundo apresentam também várias nuances. Considerando que a agenda dos países latino-americanos e os tratados do Fórum Rio-92 não foram incorporados na Agenda 21, haveria possibilidade de se atuar regionalmente em biomas como o Amazônico ou o da Bacia Hidrográfica do Paraná?

Temas específicos ultrapassam a escala local e a nacional: buraco na camada de ozônio, mudanças climáticas, biomassas, biodiversidade, mapeamento de riquezas minerais e suas potencialidades, deslocamentos de placas tectônicas, erupções vulcânicas, massas de ar, entre outros. São análises realizadas em laboratórios, complementadas com pesquisas empíricas.

Na escala urbana, independentemente do tamanho da cidade, além de aspectos específicos (enchentes, desbarrancamentos etc.), utiliza-se a "pegada ecológica" para definir o "déficit ecológico"[26]. A pegada ecológica se baseia na capacidade de suporte, que corresponde ao número máximo de indivíduos de uma espécie que o habitat tem capacidade de suportar e inclui vários fatores: quantidade de alimentos, espaço, grau de competição entre as espécies (Odum, 1972). Dias (2002) informa que a pegada ecológica de um cidadão norte-americano é de 4-5 ha. e representa cerca de três vezes a área que lhe cabe na divisão global. Mello (1998) argumenta que são conceitos nômades e que correspondem às inovações discursivas sobre desenvolvimento e políticas ambientais.

Para empreendimentos de grande porte, a legislação brasileira exige Estudos e Relatórios de Impactos Ambientais (EIA-RIMA). A escala, em geral, é restrita a um circuito fechado, relacionando interferências diretas e pressupondo algumas indiretas, difíceis de ser equacionadas.

Entre os assuntos mais abordados nas cidades, em escala local, estão a reciclagem de resíduos sólidos e a "educação ambiental". A definição de embalagens e de produtos descartáveis ocorre na esfera da produção, mas a responsabilidade é atribuída ao consumidor. Se mesmo na escala local fossem incluídos os *agentes produtores*, haveria maior possibilidade de compreender a geração de resíduos sólidos. Os "consumidores" separam as embalagens descartáveis, coletadas em geral por catadores e destinadas como matéria-prima às indústrias de reciclagem. Entre os debates atuais, enfatiza-se que as sacolas de plástico, fornecidas "gratuitamente" como embalagem nos supermercados, devem ser substituídas por outras que não sejam descartáveis. Mas as sacolas de plástico são utilizadas nos domicílios para acondicionar os resíduos e, se essa proposta avançar sem se deter na sua produção, os "consumidores" vão comprar suas sacolas permanentes e também os sacos plásticos para embalar o lixo[27].

O descarte de produtos e de embalagens descartáveis após o consumo aponta a opulência e a riqueza, resultado da obsolescência programada e da separação da embalagem em relação ao conteúdo da mercadoria, e não de um "desenvolvimento sustentável". Exemplo: as embalagens de bebidas mudam de rótulo para acompanhar grandes eventos como se a mudança alterasse o conteúdo e não apenas o invólucro. Outro aspecto, pouco abordado em relação às embalagens, diz respeito à "moda" de adicionar cubos de gelo, principalmente em refrigerantes servidos em bares e restaurantes. O principal motivo está relacionado ao fato de que as embalagens utilizadas não conservam a "temperatura" considerada "ideal". Isso implica usar mais energia para produzir "gelo", o que aponta também para a separação entre o conteúdo e a embalagem e para a insustentabilidade que se quer camuflar com a reciclagem.

Sobreviver do que é descartado tornou-se rotina para milhares de pessoas que vivem em condições extremamente precárias. A indústria de reciclagem utiliza o que é coletado pelos catadores no espaço público, como seu chão de fábrica (Burgos, 2009), o chão (lugar) de onde retira, como matéria-prima, os resíduos recicláveis, caracterizando, talvez, a "emancipação" do privado sobre o público (Mongin, 2009, p. 68). Quando os catadores se organizam em cooperativas, com ou sem ajuda governamental, fala-se em "inclusão" de "excluídos", o que reforça o aparente desaparecimento de classes sociais e a precarização de relações de trabalho.

A nanotecnologia procura minimizar objetos para "economizar" recursos naturais, porém, é uma forma de domínio por meio da técnica (Martins, 2005). É importante citar que há também estudos sobre a quantidade de micro-organismos, de pesticidas e de minerais contidos na água, no ar e no solo, e que provocam doenças[28]. Em áreas urbanas adensadas, forma-se a ilha de calor, resultado do conjunto de edificações, impermeabilização do solo, falta de areação, uso de iluminação interna mesmo durante o dia e de ar condicionado (resfria o local e auxilia o aquecimento global).

Em várias escalas, utilizam-se indicadores e parâmetros que, segundo Daniel Piccini (2010, p. 2), são insuficientes para o debate científico. "La búsqueda de mediciones es indudablemente necesaria para la ciencia, pero es en la discusión sobre lo qué se mide donde se plantean los problemas científicos. Se no se hace eso se cae en el puro empirismo".

Na escala urbana, os promotores imobiliários capitalistas produzem, com o objetivo do valor de troca, loteamentos, parcelamentos do solo, edificações – em obediência ou não à legislação –, afirmando sempre a "sustentabilidade" dos empreendimentos. O Estado, em especial no nível municipal, define normas, aprova projetos de loteamento e de edificação e tem sido conivente com a implantação de loteamentos murados.

Conflitos

Há conflitos entre atribuições de ministérios e secretarias de meio ambiente, de obras, de energia etc. Com relação ao urbano, os conflitos estão presentes nas atribuições do Ministério do Meio Ambiente e do Ministério das Cidades.

A demarcação de Áreas de Preservação Permanente (APP) é atribuição do Conselho Nacional de Meio Ambiente (Conama). A Resolução Conama n. 369/2006

(BRASIL, 2006b), muitas vezes, pressupõe a retirada de trabalhadores de baixos salários que ocupam as áreas de APP. As normas da Resolução não se aplicam à maioria das ocupações e às favelas, embora a Resolução tenha como objetivo tratar de casos excepcionais de utilidade pública, interesse social ou baixo impacto ambiental. Na Seção IV, artigo 9º, estabelece parâmetros para a Regularização Fundiária Sustentável. Como pode a regularização fundiária ser "sustentável", se há conflitos entre o direito de morar e a legislação sobre o "meio ambiente"?

Uma Resolução do Conselho do Meio Ambiente tem mais força do que as leis que tratam do urbano, o que mostra o deslocamento discursivo para o "meio ambiente". A Lei n. 11.977, de 7 de julho de 2009 (BRASIL, 2009), que dispõe sobre o Programa Minha Casa, Minha Vida, contornou aspectos para a regularização fundiária de interesse social, mesmo em áreas de preservação, o que não quer dizer que resolveu os conflitos.

Os conflitos ocorrem em "remoções" de moradores que ocupam encostas, várzeas de rios, APPS, assim como na implantação de grandes empreendimentos públicos e/ou privados, como aeroportos, usinas hidroelétricas, rodovias, exploração de petróleo, entre outros. O exemplo atual é o projeto de construção da Usina Belo Monte, na Amazônia brasileira, que expressa o conflito entre a necessidade prevista de produção de energia e os moradores das áreas onde será realizado o empreendimento. São contradições e conflitos inerentes ao avanço do modo de produção capitalista. Ainda que o debate na mídia se concentre no impacto ambiental, os impactos são sociais.

No geral, o EIA-RIMA define "compensações ambientais" sem incluir as "demandas" sociais. Não se atenta para as perdas que ocorrem com alteração na vida cotidiana, quando as famílias são arrancadas de seu lugar. É interessante observar que não se exige, nem para grandes empreendimentos, estudos de impacto de vizinhança, como consta no Estatuto da Cidade (BRASIL, 2001a).

No Estatuto da Cidade, a relação entre os impactos ambientais e a função social da propriedade é controversa quando se trata de impactos ao "meio ambiente". Na previsão de impactos ambientais regionais ou nacionais de grandes empreendimentos, é obrigatória a elaboração, ou a revisão, do Plano Diretor dos municípios, para fazer cumprir a função social da propriedade e da cidade. Ao se amparar na legislação ambiental, o Estatuto da Cidade limita a aplicabilidade de instrumentos para a função social da propriedade e evidencia o "meio ambiente". A legislação ambiental considera impacto regional quando a área atingida abrange mais de um estado da Federação (independente da extensão da área do estado) e impactos nacionais, quando ultrapassam as fronteiras do Brasil. Se obedecida essa legislação, a maioria dos municípios que terão empreendimentos com impactos não necessitaria elaborar e/ou rever seu Plano Diretor[29]. Mais uma vez, evidencia-se o poder discursivo sobre o "meio ambiente". Ao mesmo tempo, não se exige a realização de estudos de impacto de vizinhança. São conflitos de competências, inerentes ao Estado capitalista, que mostram os deslocamentos para o "meio ambiente".

Os conflitos entre ocupantes de terras para morar não são novos e antes eram entendidos e definidos como conflitos relacionados à propriedade da terra. Agora são camuflados com o ideário do "meio ambiente como bem comum" e da responsabilidade de todos com as gerações futuras. As matrizes discursivas sobre o "meio ambiente" ocultam conflitos e contradições, e deslocam análises. Apresentamos, a seguir alguns resultados das Conferências das Nações Unidas sobre Assentamentos Humanos (Habitat I e Habitat II), *agentes definidores* de políticas internacionais, nas áreas urbanas.

Conferências das Nações Unidas sobre Assentamentos Humanos – Habitat I e Habitat II

Na Conferência da ONU sobre Assentamentos Humanos, realizada em Istambul em 1996, os países assinaram a Agenda Habitat II, com a incorporação de postulados e ideários da Agenda 21. Esse documento forjou o consenso que passou a integrar o imaginário social.

Embora a Agenda 21 não tenha como ênfase as cidades, é no urbano que os chamados "problemas ambientais" ganham relevância. Desse modo, ao tratar dos problemas ambientais nas cidades, destaca a pobreza urbana, a falta de moradia adequada, a escassez de água, a poluição atmosférica, a falta de saneamento básico, o esgotamento de "recursos naturais", as enchentes, os desbarrancamentos, as tragédias naturais, como terremotos, maremotos e furações. Considera que há possibilidades de melhoria de vida, com manejo urbano e indicadores que permitam prever catástrofes naturais. Propõe que os Estados estimulem o desenvolvimento de cidades médias, com o objetivo de diminuir as pressões nas grandes cidades.

As classes sociais, a cidade, o espaço e o território estão ausentes das análises, embora ambientalistas de vários matizes utilizem o termo "socioambiental" com o argumento de que estão tratando das questões populacionais. Entretanto, quando do debate sobre a alteração do fuso horário do Acre e de partes do estado do Amazonas, os ambientalistas não se pronunciaram[30], apesar das tentativas da Associação dos Geógrafos Brasileiros (AGB) de mostrar os problemas.

Os *conflitos* estão ausentes na maioria dos estudos "socioambientais", exceto quando se tem como meta corrigir problemas imediatos, ocasionados pelos pobres.

Como entender que se fale em "cidade sustentável" se a sociedade urbana extrapola o limite das cidades? Cidade, do ponto de vista administrativo no Brasil, significa a área demarcada como urbana nos municípios. O urbano representa um modo de vida, uma sociedade urbanizada, como afirma Lefebvre (1969).

Na Conferência Habitat II, movimentos sociais urbanos provenientes de várias partes do mundo tiveram assento para acompanhar os debates oficiais, sem direito a voz e voto[31]. O objetivo primordial era a aprovação do direito à moradia digna como um direito humano e da eliminação dos despejos forçados. Os representantes dos movimentos centraram-se nesses debates, com participação decisiva para aprovar a moradia digna como direito humano, com a ressalva imposta pelos EUA e seus aliados de que esse direito seria atendido de acordo com as possibilidades dos governos[32]. No Brasil, ele foi incluído no artigo 6º da Constituição Federal (1990).

Os despejos forçados mostram conflitos sobre apropriação, propriedade e uso da terra urbana. Foi aprovado, na Agenda Habitat II, que os despejos forçados só ocorreriam se a ocupação estivesse em desacordo com a lei. Como todos os ocupantes de terra para moradia não têm a propriedade, a decisão representou letra morta para continuar as lutas. Os embates por direitos, felizmente, não se esgotam: criou-se, no Brasil, a Relatoria de Direitos Humanos – Plataforma DHESCA –, que atua na defesa de direitos humanos[33], sem nenhum vínculo com instituições estatais. No âmbito internacional, instituiu-se, no Un-Habitat, comissão que trata da defesa dos direitos humanos, entre os quais o direito à moradia[34].

A Agenda Habitat II incorporou "desenvolvimento sustentável" e "cidades sustentáveis", independentemente das propostas do Fórum dos movimentos populares e ONGs, que estavam mais centrados no debate sobre o direito à moradia como direito humano.

O preâmbulo é praticamente uma réplica da Agenda 21, deixando evidente a imposição da matriz discursiva dos *agentes determinantes*, já citados.

> El objetivo de la Segunda Conferencia de las Naciones Unidas sobre los Asentamientos Humanos (Hábitat II) es tratar dos temas de igual importancia a escala mundial: *"Vivienda adecuada para todos" y "Desarrollo sostenible de los asentamientos humanos en un mundo en proceso de urbanización"*. [...] vivienda adecuada para todos y asentamientos humanos sostenibles, y tiene derecho a llevar una vida *saludable y productiva en armonía con la naturaleza* (AGENDA HABITAT II, 1996, preámbulo cap. I, grifos nossos).

O objetivo é fornecer moradia digna em assentamentos humanos "sustentáveis", sem definir o que isso significa. Indicam-se a "pegada ecológica" e a "capacidade de suporte" como parâmetros, mas, como já mencionado, não se permite compreender a complexidade da produção e reprodução do espaço urbano. Dessa forma, os Estados são os *agentes executores* das normas dos *agentes definidores* e *determinantes*.

> Nos comprometemos a conseguir *que los asentamientos humanos sean sostenibles* en un mundo en proceso de urbanización velando por el desarrollo de sociedades que hagan uso eficiente de los recursos dentro de los límites de la capacidad de carga de los ecosistemas y tengan en cuenta el principio de precaución y *ofreciendo a todas las personas, en particular las que pertenecen a grupos vulnerables y desfavorecidos, las mismas oportunidades de llevar una vida sana, segura y productiva en armonía con la naturaleza* y su patrimonio cultural y valores espirituales y culturales, y *que garanticen el desarrollo económico y social y la protección del medio ambiente, contribuyendo así a la consecución de los objetivos del desarrollo nacional sostenible* (AGENDA HABITAT II, 1996, cap. III, item 49, grifos nossos).

Como os assentamentos humanos podem ser "sustentáveis" sem se considerar o processo de urbanização, as contradições e conflitos inerentes ao modo de produção capitalista?

A Agenda Habitat II contrasta com o que foi assinado na I Conferência sobre Assentamentos Humanos, ocorrida em 1976, em Vancouver. Na Agenda Habitat I (1976, seção II, cap. X, p. 84), afirma-se que:

> A terra, por sua natureza única e pelo papel crucial que desempenha nos assentamentos humanos, não pode ser tratada como um patrimônio qualquer, controlado pelos indivíduos e sujeito às ineficiências e pressões do mercado. *A propriedade privada da terra é também um dos principais instrumentos de acumulação e concentração de riqueza, contribuindo, portanto para a injustiça social*; sem controle, ela pode tornar-se um obstáculo sério ao planejamento e à implementação de programas de urbanização. A justiça social, a renovação e o desenvolvimento urbanos, a habitação decente e *boas condições de saúde para o povo só podem ser conseguidos se a terra for usada segundo os interesses da sociedade como um todo* (grifos nossos).

Comparando-se esses trechos, ficam evidentes os deslocamentos discursivos da produção para o consumo e do consumo para o "meio ambiente", ou seja, mostra-se a constituição da matriz discursiva sobre o tema.

A propriedade da terra, elemento fundamental para pensar a cidade e o urbano, desaparece na Agenda Habitat II. O destaque passa a ser o "meio ambiente", ocultando os processos sociais, por imposição dos *agentes definidores e determinantes* – Banco Mundial e o FMI – em que a hegemonia neoliberal é predominante.

A Agenda Habitat I esclareceu questões importantes, obscurecidas posteriormente na Agenda Habitat II, com o consenso forjado sobre o "meio ambiente" e o "desenvolvimento sustentável". A primeira não propõe o fim da propriedade privada da terra, contudo demonstra que ela contribui para a injustiça social e indica que os Estados devem agir sobre as terras urbanas com o objetivo de minimizar desigualdades. Estabelece, mesmo sem explicitar, a ideia de função social da propriedade, que se materializou na Constituição Brasileira de 1988 (1990), nos Artigos 182 e 183, por iniciativa do Movimento pela Reforma Urbana, com a Emenda Popular sobre a questão urbana que pressupunha, de imediato, a aplicação dos instrumentos em todas as áreas urbanas.

Os deputados constituintes, porém, consideraram que o princípio da função social da propriedade seria aplicável em municípios com mais de 20 mil habitantes, obrigados a elaborar um Plano Diretor municipal. Perdeu-se, assim, a condição de autoaplicabilidade dos instrumentos que propunham controle da especulação imobiliária e regularização de ocupação de terra para moradia. Impôs-se, por meio desse artifício, dependência de conhecimento técnico e de ação política dos poderes públicos municipais para definir quais propriedades cumprem ou não sua função social, uma modificação que levou à necessidade de regulamentação só aprovada em 2001 (Brasil, 2001a, 2001b).

Em 1988, quando foi promulgada a Constituição (1990), cerca de 50% dos municípios tinham população superior a 20 mil habitantes. A Constituição de 1988 passou as atribuições de desmembramento, remembramento e criação de municípios para os estados, bem como transformou os municípios em entes federados[35]. Entre 1991 e 2000, foram criados mais de mil novos municípios, aumentando o número daqueles com população inferior a 20 mil habitantes. Em 2000, apenas 30% dos municípios tinha mais de 20 mil habitantes, o que implica que a função social da cidade e da propriedade urbana está restrita a poucas áreas urbanas do território brasileiro (cf. Rodrigues, 2007). Destaca-se que a aplicação da função social da cidade e da propriedade não se confunde com a luta pelo direito à cidade ou para se ter *a cidade como direito*. A cidade como direito implica transformações na produção da cidade e não apenas o acesso ao padrão de vida urbano.

O "desenvolvimento sustentável" e o "meio ambiente" passam a constar em todos os documentos oficiais e oficiosos. A propriedade da terra, dos meios de produção, das riquezas "naturais" ou produzidas, do mundo do trabalho, bem como a concentração de terras e de riqueza, a pobreza, a necessidade de moradia adequada, de saneamento ambiental, de limpeza e iluminação pública parecem desaparecer e deixam de ser analisadas no espaço geográfico.

Considerações finais

Ocultar classes sociais, conflitos, desigualdade socioespacial e a importância do espaço torna o "meio ambiente" palavra-chave para agendas, pesquisas e projetos, atendendo preceitos neoliberais do FMI e Banco Mundial.

A preocupação com os problemas sociais e com a dilapidação das riquezas naturais desloca-se do campo ambientalista para o campo institucional, que divulga e difunde as novas matrizes discursivas e oculta a sociedade, o espaço, a produção e a reprodução do espaço, a reprodução ampliada do capital e as classes sociais. A junção de dois termos genéricos (contraditórios entre si) é aceita pela maioria de ambientalistas e estudiosos do tema, que expressavam posições aparentemente inconciliáveis.

A acumulação flexível do capital fragiliza as relações de trabalho. O neoliberalismo impõe privatizações, transformando direitos humanos em "serviços". As alterações do mundo do trabalho, da produção e reprodução do espaço urbano passam, em grande parte, a se referenciar no ideário do "desenvolvimento sustentável" e nas "sustentabilidades".

Nos documentos oficiais e oficiosos, não há referências à escala geográfica, ao espaço, ao território, às contradições, aos agentes e aos conflitos. O tempo é categoria principal. No espaço, está contido o tempo e, na cidade (insustentável), explicitam-se contradições e conflitos, desigualdades socioespacias, disputas pelo poder e pela propriedade da terra.

Como afirma Harvey (2004), o capital não tem fronteiras e quando os capitalistas sentem que em outro lugar podem obter maiores lucros, deixam a terra arrasada e partem para o novo destino. Detroit, a capital do automóvel, por exemplo, vem, desde 1945, transformando-se em uma grande cidade onde predomina a pobreza. É considerada expressão do *apartheid* americano, embora seja o espaço da indústria automobilista, um dos motores do capitalismo[36].

Até meados da década de 1980, os estudos estavam centrados nas atividades e funções que ocorriam no espaço geográfico. Após esse período, predomina a análise de fluxos no chamado espaço cibernético. Os fluxos permitem analisar os agentes, os conflitos, as classes sociais no espaço geográfico, considerando, inclusive, os deslocamentos discursivos da produção para o consumo, do mundo do trabalho para as classes de renda, das contradições e conflitos para o "desenvolvimento sustentável"?

Concordamos com Mongin (2009, p. 43 e 144), quando afirma que: "A prevalência dos fluxos não é um critério de análise suficiente da configuração mundial. [...] A cidade dos fluxos é cidade sem limites que se desdobra ao infinito, que se desdobra e se contrai". Parafraseando o autor, afirmamos que a prevalência do ideário sobre "meio ambiente" é insuficiente para analisar a produção e reprodução do espaço, a sociedade, as desigualdades socioespaciais e o território (cf. Rodrigues, 2006).

Os conflitos da reprodução ampliada do capital não aparecem nos textos oficiais e oficiosos. Os países devem atuar para atingir o "desenvolvimento sustentável". Temos que debater as teorias do Estado capitalista[37] para compreender políticas de governo e de órgãos internacionais, que são, respectivamente, os *agentes definidores* e os *agentes executores* da Agenda 21.

O uso de termos como "meio ambiente", "ambiente", "natureza", entre outros, incluídos nos estudos de Geografia Urbana, não apresentam um novo arcabouço teórico e metodológico e, em geral, são descritivos, diagnosticam problemas, apresentam propostas, utilizando retoricamente o planejamento "ambiental" e a educação "ambiental", especialmente na escala "local" (Agenda 21 local).

Predomina a micronarrativa sem relação com a meganarrativa, com a metanarrativa e com a totalidade. Nas análises sobre o buraco da camada de ozônio (o buraco da camada de ozônio saiu de "moda", "fechou" ou a produção e o "consumo" de protetores solares tornaram-se corriqueiros o suficiente para não se tratar mais do tema?)[38], mudanças climáticas, maremotos e terremotos, apontam-se aspectos de um conhecimento específico, não geografizado.

Dilapidação, esgotamento e poluição de riquezas naturais são uma realidade, porém, a construção de uma matriz discursiva imposta pelo FMI e Banco Mundial parece impedir a constituição de um novo paradigma científico, de uma Geografia crítica radical.

Com um arcabouço teórico e metodológico geográfico radicalmente crítico, seria possível relacionar o "ambiente" a catástrofes, segregação e desigualdade socioespacial. Por ocasião do forte terremoto ocorrido no Chile, em fevereiro de 2010, a desigualdade socioespacial se revela: "Nenhum prédio dos principais bairros comerciais, turísticos e de nível alto de Santiago ruiu [...], diferentemente do que ocorreu nas partes menos privilegiadas da cidade" (Folha, 28 fev. 2010). As elevadas precipitações, no final de 2009, na Região Metropolitana de São Paulo, e, no início de 2010, no Rio de Janeiro e em vários estados do Nordeste, acarretaram mais sofrimento aos que vivem em piores condições. Faltam estudos que relacionem a sociedade com as catástrofes naturais ou produzidas.

No urbano, para atender aos preceitos do "desenvolvimento sustentável", criam-se parques, coletam-se os recicláveis separadamente, implantam-se programas de "educação ambiental" e, enquanto isso, os rios são canalizados e recobertos para construção de avenidas de fundos de vales, impermeabilizando-se o solo com edificações e asfalto em ruas, avenidas e estradas.

As mudanças climáticas, tema importante e presente quase diariamente na mídia, dão espaço ao CO_2, que entrou rapidamente no circuito da mercadoria com a proposta de créditos de carbono, que anistia os que não cumprem as metas e dá abonos aos que as superam.

Os promotores imobiliários são considerados "protetores" do "meio ambiente", em projeto de empreendimentos de edificação de condomínios e loteamentos murados, mesmo quando as normas "ambientais" e de uso do solo não são cumpridas.

Grandes projetos também pressionam e intensificam o uso de riquezas naturais. Em Dubai, por exemplo, a cidade-Estado que pretendia ser "o primeiro destino turístico do mundo" está à beira do precipício, mas, antes disso, para criar um simulacro de cidade, foram utilizadas toneladas de ferro, cimento, vidro, máquinas, combustível fóssil etc. Grandes eventos como Copa do Mundo, Olimpíadas, feiras de negócios, entre outros, aumentam a necessidade de água e energia. Proezas arquitetônicas como a de Brasília, com seus monumentos colossais, apesar da preocupação com o "meio ambiente", continuam a produzir objetos técnicos autônomos. É o caso do museu recentemente inaugurado, uma bola gigantesca de concreto armado, rodeada de asfalto por todos os lados, num lugar de clima quente e seco.

A "moda" do "desenvolvimento sustentável" está relacionada com o "esgotamento" de riquezas "necessárias" ao capitalismo? François Chesnais e Claude Serfati afirmam que: "por trás das palavras como 'ecologia' e meio ambiente, ou ainda nas 'questões ambientais' e 'questões ecológicas', encontra-se nada menos do que a perenidade das condições de reprodução social de certas classes, de certos povos e até de certos países" (Chesnais e Serfati, 2003, p. 39). As palavras mantêm o grau de neutralidade ótima para a perenização do modo de produção de mercadorias.

No urbano, os problemas são considerados desvios do modelo de um tipo ideal que não existe em lugar nenhum, que podem ser resolvidos com o planejamento urbano. Os problemas ambientais, que representam o sucesso (e o excesso) do modo de produção, aparecem como solução por meio de um planejamento ambiental. O planejamento urbano e o ambiental utilizam a mesma metodologia segmentada e fragmentada, propondo-se a resolver os problemas sem atentar que eles são inerentes ao modo de produção.

Quando menciona o que se gasta com armamentos, Mészáros (2002, p. 25) afirma que "[a]o mesmo tempo ocorre a negação completa das necessidades elementares de incontáveis milhões de famintos, o lado esquecido é que sofre as conseqüências dos trilhões desperdiçados".

Pensar a produção e reprodução do espaço urbano, as escalas geográficas, os agentes e a desigualdade socioespacial exige que se tente entender como se forja o consenso com os termos da CNUMAD. É preciso realizar (uma) análise crítica radical, sem negar as necessidades dos que sofrem a consequência da dilapidação das riquezas naturais.

Lowy (2009, p. 35) afirma que "o eco-socialismo tem como objetivo fornecer uma alternativa de civilização radical, aquilo que Marx chamava de 'o progresso destrutivo' do capitalismo". Como pensar nessa alternativa, utilizando o modelo preconizado pelo Banco Mundial? O desafio é construir uma Geografia crítica radical com teoria e método que permitam fornecer uma alternativa à moda do "desenvolvimento sustentável".

Cabe ressaltar que os debates consistentes não são divulgados e que aqueles que tentam demonstrar as contradições são tidos como contrários à preservação das riquezas naturais consideradas como bem comum da humanidade.

Este capítulo foi debatido, em sua versão preliminar, no *workshop* do Grupo de Estudos Urbanos (GEU) realizado em março de 2010, na Universidade de São Paulo.

Notas

1 Neste capítulo, os termos: "meio ambiente", "sustentabilidades", "desenvolvimento sustentável", "cidade sustentável", entre outros, estarão entre aspas, exceto quando se tratar de citação de documentos.

2 Não consultamos o universo de teses, dissertações de mestrado, textos, o que implica a possibilidade de deslizes. Nos trabalhos consultados encontramos os aspectos aqui apontados.

3 O Diagnóstico contém dados sobre população, "recursos humanos", segurança alimentar, ecossistemas, energia, produção industrial, propostas de organização institucional e reconhece que, em muitos lugares, a produção não é destrutiva, como no caso das reservas extrativistas, na Amazônia Brasileira.

4 Na Conferência de 1972, o tema era "meio ambiente" e, na de 1992, passa a ser "meio ambiente e desenvolvimento", demonstrando alterações na lógica discursiva.

5 O conjunto da CNUMAD e do Fórum dos movimentos populares e ONGs é denominado Rio-92.

6 Usaremos movimentos ambientalistas, no plural, por sua diversidade.

7 Integrando a coordenação, pela AGB, do Movimento Nacional pela Reforma Urbana, iniciamos o debate sobre o tema, participando do Fórum dos Movimentos Populares (Rodrigues, 1992).

8 Há muitos exemplos: I Congresso Brasileiro de Educação Ambiental e Gestão Territorial, Universidade Federal do Ceará, Departamento de Geografia; a Companhia de Desenvolvimento Habitacional de São Paulo (CDHU)

promove concurso de novas tipologias de habitação de interesse social "sustentável" – HIS "sustentável". Utiliza-se o "sustentável" até para falar em regularização fundiária e em conflitos fundiários.

9 Esta é uma simplificação que serve aqui apenas para demonstrar o deslocamento de pesquisas na Geografia.

10 Morin e Cyrulnick (2004) apontam que o aprofundamento de um tema limita o conhecimento da totalidade. Os estudos sobre "meio ambiente", sem teoria crítica, incluem-se, a meu ver, em "saber nada sobre tudo e tudo sobre nada", como dizem os autores.

11 A totalidade não corresponde à soma das partes, já que, em cada parte o todo está contido, como ensina Marx (1958).

12 A indústria bélica é apenas um dos exemplos da produção destrutiva.

13 A Guerra de 1991 foi seguida por 13 anos de sanções e pela invasão de 2003.

14 Marcelo Lopes de Souza faz questionamentos semelhantes ao argumentar que "[o] desenvolvimento sustentável é superficial e pouco efetivo [...] não apenas devido a um comprometimento com o substrato metateórico, mas também porque busca obsessivamente o consenso" (Souza, 2005, p. 262).

15 As matrizes discursivas devem ser entendidas como "modos de abordagem da realidade, que implicam diversas atribuições de significado. Implicam também, em decorrência, o uso de determinadas categorias de nomeação e interpretação, como na referência a determinados valores e objetivos. Mas não são simples idéias: sua produção e reprodução dependem de lugares e práticas materiais de onde são emitidas as falas" (Sader, 1988, p. 143).

16 Sobre ideologia, ver, entre outros, Mészáros (2002), Eagleton (1997 e 2008) e Zizek (1996).

17 A Habitação de Interesse Social, como é chamada, caracteriza um mercado específico coordenado pelo financiamento do Estado, mas a produção é realizada pelos agentes tipicamente capitalistas.

18 "Conflito ambiental" teria que ser analisado em função das leis da natureza e das formas de organização societária. Camuflam-se como ambientais os conflitos sociais, políticos e econômicos.

19 Há muitas definições, mas em todas elas há referências às gerações futuras.

20 Apresentamos os aspectos principais contidos na Agenda 21 sobre a atribuição dos países.

21 Chamo de "condomínios e/ou loteamentos murados", pois os chamados loteamentos fechados são inconstitucionais e os condomínios fechados são, na realidade, loteamentos fechados (não obedecem à legislação condominial). São formas de produzir o espaço urbano que aumentam a desigualdade socioespacial na busca incessante de maiores rendas e lucros (ver Freitas, 2008).

22 Relatório Parcial sobre a Análise do Projeto de Lei Substitutivo ao PL 3.057/00, feita pela Comissão de Estudos criada no âmbito do Gabinete do Procurador Geral de Justiça.

23 Sobre como ocorreu o processo de retificação do Tietê, ver Seabra (1987).

24 Em 1945, havia cerca de 60 países, enquanto, no início do século XXI, há quase 200 Estados nacionais que, em geral, são dependentes das normas do Banco Mundial e do FMI.

25 Usaremos local porque é a terminologia adotada. O correto seria tratar do lugar, como o faz Carlos (1996).

26 Pegada Ecológica ou *Ecological Footprint* (EF) é uma ferramenta de avaliação, representa o espaço ecológico necessário para sustentar um determinado sistema ou unidade. Contabilizam-se fluxos de matéria e energia que entram e saem de um sistema econômico, convertendo-os em áreas correspondentes de terra ou água existentes na natureza para sustentar esse sistema.

27 Ilustração – Em fev. 2010, realizou-se a I Conferência de Saúde Ambiental organizada pelos Ministérios do Meio Ambiente, da Saúde e das Cidades. A coleta, separação de lixo, o fim das sacolas de plástico nos supermercados foram os temas que mais apareceram. Um ongista exibiu-se, durante os dias do evento, vestido com sacos plásticos, propondo o fim de sacolas nos supermercados. Foi homenageado como se esta fosse a questão mais importante a ser debatida.

28 Em São Paulo, nos meses de janeiro a abril, a quantidade de ozônio ultrapassou o "razoável" para a saúde. O ozônio é um gás tóxico que se forma, principalmente, a partir da queima de combustíveis fósseis. Ele não sai direto dos escapamentos, mas compõe-se com nitrogênio e oxigênio lançados por motores, cuja combustão ajuda a formar o gás após reagirem com a luz solar (Folha, 24 abr. 2010).

29 Após longo debate, o Conselho das Cidades aprovou a Resolução Recomendada n. 22, de 6 de dezembro de 2006, que não resolve as diferenças de concepções entre impactos para a população e os ambientais (Brasil, 2006a). É uma recomendação. O gasoduto Coari-Manaus mostrou que a ideia de impacto regional e nacional é uma contradição no Estatuto da Cidade.

30 A AGB analisou a questão, conseguiu apoio do núcleo de saúde, enviou ofício apontando que estavam sendo ignorados os impactos no metabolismo dos moradores, por se ignorar o ritmo cicardiano (AGB, 2008). Nenhum ambientalista se manifestou, nem mesmo a senadora do Acre, Marina Silva. Infelizmente, não houve tempo entre o envio da carta e a sanção presidencial. A AGB tem-se manifestado também em relação ao Projeto de Lei que propõe um único horário no Brasil. Atendendo à exposição de motivos da AGB, um deputado federal do Acre propõe a volta do horário antigo no estado.

31 Foram credenciados alguns representantes (entre os quais a autora deste capítulo) para acompanhar os debates sobre direito à moradia e despejos forçados.

32 Os maiores opositores do direito à moradia como direito humano, que fizeram constar a expressão "de acordo com as possibilidades", foram: Estados Unidos, Japão e os países do Oriente Médio afinados com os EUA. Apesar de o governo brasileiro dizer que aceitava as propostas de fim dos despejos forçados e da moradia como direito humano, estava ausente na hora da votação do direito à moradia.

33 A Plataforma DHESCA atua para garantir os direitos humanos à terra rural, alimentação, educação, meio ambiente, moradia e terra urbana, saúde e trabalho (cf. <http://www.dhescbrasil.org.br>).

34 A organização do Un-Habitat deu-se na declaração de Vancouver (Habitat I), reafirmada na de Istambul (Habitat II) e na Declaração sobre Cidades e Outros Assentamentos Humanos no Novo Milênio, que apresenta a Un-Habitat no Brasil em relação ao direito à moradia (cf. <http://www.unhabitat.org/categories.asp?catid=1>.

35 Único país do mundo onde os municípios são entes federados.

36 É necessário inserir na escala geográfica mundial o processo de Detroit, local que, em "razão de sua especialização funcional, revelou-se muito vulnerável às variações dos ciclos econômicos e às mutações do sistema capitalista. Agora, a cidade do automóvel, à beira da falência, é também a das charretes e das cadeiras de rodas elétricas, que são vistas circulando pelos acostamentos das avenidas" (POPOLARD e VANNIER, 2010, p. 14).

37 Utilizamos a teoria marxista do Estado, considerando que o Estado capitalista é, em sua essência, classista. Ver, entre outros, Leclercq (1981), Carnoy (1990), Sartori (2002), Boito (2007).

38 Embora os trabalhadores agrícolas tenham alto índice de câncer de pele, considerando que não podem comprar os protetores solares.

Bibliografia

AGB – Associação dos Geógrafos Brasileiros. *Ofício ao Presidente da República, Senadores, Deputados Federais, Ministros da Saúde, do Meio Ambiente e das Cidades*. Alerta para os impactos no metabolismo dos moradores do Acre com relação à mudança de fuso horário. São Paulo: AGB, abr. 2008.

AGENDA 21. Conferência das Nações Unidas sobre Meio Ambiente e Desenvolvimento. Brasília: Senado Federal, 1996.

AGENDA HABITAT II. Habitat Internacional, 1996. Disponível em: <http://www.unhabitat.org>. Acesso em: mar. 2010.

________. Habitat Internacional, 1976. Disponível em: <http://www.unhabitat.org>. Acesso em: fev. 2010.

ALPHANDÉRY, Pierre; BITOUN, Pierre; DUPONT, Yves. *O equívoco ecológico*: riscos políticos. São Paulo: Brasiliense, 1992.

ALVES, Rubem. *A Pedagogia dos caracóis*. São Paulo: Versus, 2010.

BAUMAN, Zigmunt. *Vida para o consumo*: a transformação das pessoas em mercadorias. São Paulo: Zahar, 2008.

BOITO, Armando. *Estado, política e classes sociais*. São Paulo: Editora Unesp, 2007.

BRASIL. Constituição (1988). *Constituição da República Federativa do Brasil*: promulgada em 5 out. 1988. Organização do texto por Juarez de Oliveira. 4. ed. São Paulo: Saraiva, 1990.

________. Presidência da Republica. Comissão interministerial para a preparação da CNUMAD. *O Desafio do desenvolvimento sustentável*. Brasília, 1991.

________. Presidência da República. *Lei n. 10. 257/2001*. Estatuto da Cidade. Brasília: Diário Oficial da União, 10 jul. 2001a.

________. Presidência da República. *Medida Provisória n. 2220/2001*. Dispõe sobre a concessão de uso especial de que trata o § 1º do art. 183 da Constituição, cria o Conselho Nacional de Desenvolvimento Urbano (CNDU) e dá outras providências. Brasília: Diário Oficial da União, 4 set. 2001b.

________. Presidência da República. *Lei 10.267/ 2001*. Regulamenta os artigos 182 e 183 da Constituição Federal, estabelece diretrizes gerais da política urbana e dá outras providências. Brasília: Diário Oficial da União, 10 jul. 2001a.

________. Ministério das Cidades. Conselho das Cidades. Resolução Recomendada n. 22/2006. Emite orientações quanto à regulamentação dos procedimentos para aplicação dos recursos técnicos e financeiros, para a elaboração do Plano Diretor dos municípios inseridos em área de influência de empreendimentos ou atividades com significativo impacto ambiental, de âmbito regional ou nacional, com referência nas diretrizes constantes dos incisos II, IX e XIII do art. 2º e inciso V do art. 41 do Estatuto da Cidade. Brasília: Diário Oficial da União, 6 dez. 2006a.

________. Presidência da República. Conselho Nacional de Meio Ambiente (Conama). Resolução Conama n. 369/2006. Dispõe sobre os casos excepcionais, de utilidade pública, interesse social ou baixo impacto ambiental, que possibilitam a intervenção ou supressão de vegetação em Área de Preservação Permanente (APP). Brasília: Diário Oficial da União, 29 mar. 2006b.

________. Presidência da República. Lei n. 11.977/2009. Dispõe sobre o Programa "Minha Casa, Minha Vida" e regularização fundiária de assentamentos localizados em áreas urbanas. Brasília: Diário Oficial da União, 7 jul. 2009.

Burgos, Rosalina. Periferias urbanas na metrópole de São Paulo: territórios da base da indústria de reciclagem. 2009. 258 f. Tese (Doutorado em Geografia Humana) – Faculdade de Filosofia, Letras e Ciências Humanas, Universidade de São Paulo, São Paulo.

Carlos, Ana Fani Alessandri. *O lugar do/no mundo*. São Paulo: Hucitec, 1996.

Carnoy, Martin. *Estado e teoria política*. 3. ed. Campinas: Papirus, 1990.

Castoriadis, Cornelius. *As encruzilhadas do labirinto*: os domínios do homem. São Paulo, 1987, v. 2.

Chesnais, François; Serfati, Claude. Ecologia e as condições físicas da reprodução social: alguns fios condutores marxistas. *Revista Crítica Marxista*, São Paulo, n. 16, 2003, p. 40. Disponível em: <http://www.unicamp.br/cemarx/criticamarxista/16chesnais.pdf>. Acesso em: 19 out. 2010.

CMMAD – Comissão Mundial Sobre Meio Ambiente e Desenvolvimento. *Nosso Futuro Comum*. Rio de Janeiro: Fundação Getulio Vargas, 1991.

Comisión de Desarrollo y Medio Ambiente de América Latina y el Caribe. *Nuestra propia agenda*. Brasília: PNUD, 1991.

Comissão de Estudos criada no âmbito do Gabinete do Procurador Geral de Justiça. Ministério Público do Estado de São Paulo. *Análise do Projeto de Lei Substitutivo ao PL 3.057/00*. 2009. Relatório parcial distribuído no Concidades para debate.

Débord, Guy. A Sociedade do espetáculo. Rio de Janeiro: Editora Contraponto, 1997.

Dias, Genebaldo Freire. *Pegada ecológica e sustentabilidade humana*. São Paulo: Gaia, 2002.

Eagleton, Terry. *Ideologia*. São Paulo: Editora Unesp e Biotempo Editorial, 1997.

________. *Comentários sobre o livro ideologia*. 2008. Disponível em: <http://www.socialismo.org.br/portal/filosofia/157-livro/620-terry-eagleton-ideologia-conclusao>. Acesso em: jan. 2010.

Flounders, Sara. Pentagon's Role in Global Catastrophe: Add Climate Havoc to War Crimes. *Global Research*, 19 dez. 2009. Disponível em: <http://www.globalresearch.ca/index.php?context=va&aid=16609>. Acesso em: 19 out. 2010.

Folha de S. Paulo. *Em três meses, ar só ficou bom em 17 dias*. Caderno Cotidiano, p. 3, São Paulo, 24 abr. 2010. Por Eduardo Geraque.

Fonseca, Francisco. *O consenso forjado*: a grande imprensa e a formação da agenda ultraliberal no Brasil. São Paulo: Hucitec, 2005.

FONTES, Virginia. *Reflexões impertinentes*: história e capitalismo contemporâneo. Rio de Janeiro: Bom Texto, 2005.

FREITAS, Eleusina L. Holanda de. *Loteamentos fechados*. 2008. Tese (Doutorado em Arquitetura e Urbanismo) – Faculdade de Arquitetura e Urbanismo, Universidade de São Paulo, São Paulo.

GALEANO, Eduardo. *Somos todos culpáveis pela ruína do planeta*. Disponível em: <http://www.resumenlatinoamericano.org/>. Acesso em: 4 mar. 2010.

HARVEY, David. *O novo imperialismo*. São Paulo: Loyola, 2004.

KHUN, Thomas. *A estrutura das revoluções científicas*. São Paulo: Perspectiva, 2007.

KONDER, Leandro. A questão da ideologia. São Paulo: Cia. das Letras, 2002.

LECLERCQ, Yvez. *Teorias do Estado*. Lisboa: Edições 70, 1981.

LEFEBVRE, Henri. *O direito à cidade*. São Paulo: Documentos, 1969.

LOWY, Michel. Eco-socialismo e planejamento democrático. *Revista Critica Marxista*, São Paulo, n. 28, 2009.

MACCORMICK, John. *Rumo ao paraíso*: a história do movimento ambientalista. Rio de Janeiro: Relume Dumará, 1992.

MARTINS, Paulo Roberto (org.). *Nanotecnologia, sociedade e meio ambiente*. São Paulo: Associação Editorial Humanitas, 2005.

MARX, Karl. *El capital*. México: Fondo de Cultura Económica, 1958, 4 vol.

MEADOWS, Donella H.; MEADOWS, Dennis L.; RANDERS, Jørgen; BEHRENS III, William W. *Limites do crescimento*: um relatório para o projeto do Clube de Roma sobre o dilema da humanidade. São Paulo: Editora Perspectiva, 1973.

MELLO, Cecília C. A. *Capacidade de suporte do território*: o nomadismo de um conceito. Rio de Janeiro: Instituto de Pesquisa e Planejamento Urbano e Territorial, 1998.

MÉSZÁROS, István. *Para além do capital*. Rio de Janeiro: Biotempo, 2002.

________. *O poder da Ideologia*. Rio de Janeiro: Biotempo, 2004.

MONGIN, Olivier. *A condição urbana*: a cidade na era da globalização. São Paulo: Estação Liberdade, 2009.

MORIN, Edgard. *A cabeça bem-feita*: repensar a reforma, reformar o pensamento. Rio de Janeiro: Bertrand Brasil, 2001.

MORIN, Edgar; CYRULNICK, Boris. *Diálogo sobre a natureza humana*. Lisboa: Instituto Piaget, 2004.

NOBRE, Marcos; AMAZONAS, Mauricio de Carvalho. Desenvolvimento sustentável: Institucionalização de um Conceito. Brasília: Edições Ibama, 2005.

ODUM, Eugene. *Ecología*. México: Nueva Editorial Interamericana, 1972.

FLOUNDERS, Sara. Pentagon's Role in Global Catastrophe: Add Climate Havoc to War Crimes. *Global Research*, 19 dez. 2009. Disponivel em: <http://www.globalresearch.ca/index.php?context=va&aid=16609>. Acesso em: 19 out. 2010.

PASSET, René. A co-gestão do desenvolvimento econômico e da biosfera. *Cadernos de Desenvolvimento e Meio Ambiente*, Curitiba, n. 1, 1994, p. 15-31.

PICCININI, Daniel. *Ambiente*. Debate realizado no por *e-mail*. Egales: <egales@egrupos.net>. Departamento de Geografía, Universidad de Buenos Aires. Recebido em 21 mar. 2010 às 9h55.

PLATAFORMA DHESCA – Plataforma brasileira de direitos humanos econômicos, sociais, culturais e ambientais. Disponível em: <http://www.dhescbrasil.org.br>. Acesso em: 19 out. 2010.

POPOLARD, Allan; VANNIER, Paul. Detroit, Retrato do pós-crise. *Le monde diplomatique Brasil*, São Paulo: Instituto Polis, jan. 2010.

RELATÓRIO HABITAT I. Conferência das Nações Unidas sobre Assentamentos Humanos. Vancouver, 31 maio/11 jun. 1976. Disponível em: Arquivos da Biblioteca da ONU em Genebra, Suíça. Acesso em: fev. 2010.

RODRIGUES, Arlete Moysés. *Desenvolvimento sustentável*: a nova roupagem para a velha questão – direito à cidade e meio ambiente. Fase: Rio de Janeiro, 1992.

________. *A produção do e no espaço*: a problemática ambiental urbana. São Paulo: Hucitec, 1988.

________. Desenvolvimento sustentável: dos conflitos de classe para o conflito de gerações. In: SILVA, José Borzacchiello da; LIMA, Luiz Cruz; DANTAS, Eustógio Wanderlei Correia (orgs.). *Panorama da Geografia brasileira*. São Paulo: Annablume, 2006, p. 101-113, v. 2.

________. Conceito e definição de cidades. In: RIBEIRO, Luiz César de Queiros Ribeiro; SANTOS JR, Orlando Alves dos (orgs.). *As metrópoles e a questão social brasileira*. Rio de Janeiro: Revan, 2007, p. 77-100.

________. El aumento del número de Estados y su fragilidad interna. In: COLOQUIO INTERNACIONAL DE GEOCRÍTICA, 10, Barcelona, 20-30 maio 2008. Actas... Baracelona: Universidad de Barcelona, 2008. Disponível em: <http://www.ub.es/geocrit/-xcol/168.htm>. Acesso em: 19 out. 2010.

________. A abordagem ambiental na Geografia unifica as Geografias? In: MENDONÇA, Francisco; LOWEN-SAHAR, Cicilian; SILVA, Márcia (orgs.). *Espaço e tempo*: complexidade e desafios do pensar e do fazer geográfico. Curitiba: DEMANAN, 2009, p. 167-180.

SADER, Eder. *Quando novos personagens entraram em cena*. Rio de Janeiro: Paz e Terra, 1988.

SARTORI, Giovani. *Elementos de teoría política*. Madri: Alianza Editorial, 2002.

SEABRA, Odette. *Os Meandros dos rios nos meandros do poder*: o processo de valorização dos rios e das várzeas do Tietê e do Pinheiros na cidade de São Paulo, 1987, 305 f. Tese (Doutorado em Geografia Humana) – Faculdade de Filosofia, Letras e Ciências Humanas, Universidade de São Paulo, São Paulo.

SOUZA, Marcelo Lopes de. *O desafio metropolitano*: um estudo sobre a problemática sócio-espacial nas metrópoles brasileiras. São Paulo: Contexto, 2005.

THOMAS, Keith. *O Homem e o mundo natural*. São Paulo: Cia. das Letras, 1988.

TRATADO DE ONGs E DOS MOVIMENTOS SOCIAIS, aprovados no Fórum Internacional de ONGs e Movimento Sociais. Fórum Brasileiro de ONGs e Movimentos Sociais, 1992. Documento impresso. s/p.

UN-HABITAT – The United Nations Human Settlements Programme. Disponível em: <http://www.unhabitat.org/categories.asp?catid=1>. Acesso em: 25 out. 2010.

ZIZEK, Slavoj. O espectro da ideologia. In: ________ (org.). *Um mapa da ideologia*. Rio de Janeiro: Contraponto, 1996, p. 7-38.

OS AUTORES

Ana Fani Alessandri Carlos é professora titular em Geografia no Departamento de Geografia da Faculdade de Filosofia, Letras e Ciências Humanas (FFLCH) da Universidade de São Paulo (USP), onde se graduou e obteve os títulos de mestre (1980), doutora (1987) e livre-docente (2000) em Geografia Humana. Fez estágio de pós-doutorado na Université Paris Diderot – Paris 7, em 1989, e na Université Paris 1 – Panthéon-Sorbonne, em 1994, com bolsa da Fapesp. Leciona nos cursos de graduação e pós-graduação, no Departamento de Geografia da USP, além de coordenar o Grupo de Estudos sobre São Paulo (Gesp). Coordenou convênios internacionais com a Universitat de Barcelona (Capes/MECD) e com a Université Sorbonne Nouvelle – Paris 3 (Capes/CoFECUB). É membro da rede internacional *La somme et le reste*, sediada em Paris. No Brasil, integra o Grupo de Estudos Urbanos (GEU). Publicou vários artigos e livros, entre eles *Espaço-tempo na metrópole* (Prêmio Jabuti em Ciências Humanas de 2002). Fundadora e coordenadora, por dez anos, da revista *GEOUSP* do Departamento de Geografia da USP.

Angelo Serpa é professor associado do Departamento de Geografia da Universidade Federal da Bahia (UFBA), com doutorado em Planejamento na Universität für Bodenkultur, em Viena, e pós-doutorado em Geografia Urbana e Cultural na Universidade de São Paulo (1995-1996), na Université Paris-Sorbonne – Paris 4 (2002-2003) e na Humboldt Universität zu Berlin (2009). É pesquisador do CNPq e tem experiência nas áreas de Geografia e de Planejamento Urbano-Regional, trabalhando principalmente os seguintes temas de pesquisa: espaço público, periferias urbanas e metropolitanas, manifestações da cultura popular, identidade de bairro, cognição e percepção ambiental, apropriação sócio-espacial dos meios de comunicação, estratégias de regionalização institucional. É docente permanente na Pós-graduação em Arquitetura e Urbanismo e no Mestrado em Geografia da UFBA, onde também é editor responsável pela revista *GeoTextos*.

Arlete Moysés Rodrigues é professora livre-docente do Departamento de Sociologia do Instituto de Filosofia e Ciências Humanas da Universidade Estadual de Campinas (Unicamp) e orientadora no Curso de Ciências Sociais – área de Tecnologia, Ambiente e Sociedade – e no Instituto de Ciências da Terra, do Departamento de Geografia. Bacharel e licenciada em Geografia, mestre (USP), doutora (USP) e livre-docente em Geografia (Unicamp). Professora e consultora *ad hoc* do CNPq, da Fapesp, da Capes e da Fapemat. Representante da Associação dos Geógrafos Brasileiros (AGB) na Coordenação do Fórum Nacional de Reforma Urbana. Conselheira do Ministério das Cidades – representando atividades científicas e culturais – pela AGB.

Glória da Anunciação Alves é professora do Departamento de Geografia da Faculdade de Filosofia, Letras e Ciências Humanas (FFLCH) da Universidade de São Paulo (USP), onde se graduou e licenciou em Geografia. É mestre e doutora em Geografia Humana pela USP. Pesquisa a área de Geografia Urbana e orienta mestrado e doutorado nesta linha no Programa de Pós-graduação em Geografia Humana da USP. É membro da Associação dos Geógrafos Brasileiros (AGB), do Laboratório de Geografia Urbana (Labur) do Departamento de Geografia, onde também participa do Grupo de Estudos sobre São Paulo (Gesp). É coordenadora da Semana de Geografia e membro da Coordenação de Curso da Geografia e da Coordenação de curso da licenciatura em Geografia. Fez estágio pós-doutoral na Universitat de Barcelona (2005) e Université Sorbonne Nouvelle – Paris 3 (2010).

Marcelo Lopes de Souza é professor e pesquisador na Universidade Federal do Rio de Janeiro (UFRJ). Possui graduação em Geografia pela UFRJ (1985), especialização em Sociologia Urbana pela Universidade do Estado do Rio de Janeiro (UERJ, 1987), mestrado em Geografia pela UFRJ (1988) e doutorado em Geografia (área complementar: Ciência Política) pela Eberhard-Karls-Universität Tübingen, Alemanha (1993). Foi professor convidado na Technische Universität Berlin (2005), na Universidad Nacional Autónoma de México (Unam, 2008) e na Europa-Universität Viadrina em Frankfurt (ODER) (2009-2010) e pesquisador convidado na Universität Tübingen (1996 e 2000-2001) e na University of London (1999). É membro do corpo editorial das revistas *Cidades* (Brasil) e *Antipode* (EUA e Inglaterra) , além de ser editor associado da revista *City* (Inglaterra). Autor de vários livros (entre eles *O desafio metropolitano*, ganhador do Prêmio Jabuti em 2001, na categoria Ciências Humanas e Educação, e *Fobópole*, finalista do mesmo prêmio em 2009), tem dedicado sua atenção profissional ao estudo dos vínculos entre mudança social e organização espacial.

Márcio Piñon de Oliveira é professor dos cursos de graduação e pós-graduação (mestrado e doutorado) em Geografia da Universidade Federal Fluminense (UFF). Possui graduação (1982) e mestrado (1990) em Geografia pela Universidade Federal do Rio de Janeiro (UFRJ) e doutorado em Geografia Humana pela Universidade de São Paulo (USP, 1999), com estágio de pesquisa no Institut d'Études Politiques de Paris (Sciences Po) e pós-doutorado na École des Hautes Études en Sciences Sociales (EHESS, 2010-2011). Bolsista de Produtividade em Pesquisa do CNPq – Nível 2. Realiza pesquisa nas áreas de geografia urbana, políticas urbanas, gestão urbana, cidade e cidadania. É coordenador do Núcleo de Estudos e Pesquisas Urbanas (Neurb) do Departamento de Geografia da UFF. Tem vários artigos publicados em periódicos nacionais e estrangeiros, capítulos e livros organizados.

Maria Encarnação Beltrão Sposito é professora livre-docente do Departamento de Geografia da Universidade Estadual Paulista (Unifesp), campus de Presidente Prudente, unidade universitária onde se licenciou e obteve o bacharelado em Geografia (1977). Seu título de mestrado foi obtido na mesma universidade, em 1984, no campus de Rio Claro, e doutorado em Geografia (Geografia Humana) na Universidade de São Paulo (USP, 1991). Realizou estágio pós-doutoral em Geografia na Université de Paris 1 – Panthéon-Sorbonne (1995). Coordena a Rede de Pesquisadores sobre Cidades Médias (ReCiMe) e é membro do Grupo de Estudos Urbanos (GEU). É coordenadora editorial da revista científica *Cidades* e Pesquisadora do CNPq. Sua experiência na área de Geografia tem ênfase na Geografia Urbana, atuando, principalmente, com os seguintes temas: produção do espaço urbano, estruturação urbana e cidades médias.

Mauricio Abreu é professor titular do Departamento de Geografia da Universidade Federal do Rio de Janeiro (UFRJ). Obteve mestrado (M.A., 1973) e doutorado (Ph.D., 1976) na Ohio State University, EUA. Possui estágios de pós-doutoramento no Centre de Sociologie Urbaine (IRESCO, CNRS, Paris) e na Universität Tübingen, Alemanha. É pesquisador 1A do CNPq e autor, entre outras obras, de *Evolução Urbana do Rio de Janeiro* e *Geografia Histórica do Rio de Janeiro – séculos XVI e XVII*. Foi representante da área de Geografia junto ao CNPq e à Capes.

Pedro de Almeida Vasconcelos é professor do mestrado em Geografia da Universidade Federal da Bahia (UFBA) e do mestrado em Planejamento Territorial da Universidade Católica de Salvador (UCSAL). Tem graduação em Geografia pela Universidade Católica de Pernambuco (Unicap, 1969), mestrado em Urbanismo pela Université Catholique de Louvain (UCL, 1973), Ph.D. em Geografia pela University of Ottawa/Université d'Ottawa (1985), pós-doutorado na Université de Paris-Sorbonne – Paris 4 (1994), é professor titular em Geografia da Universidade Federal da Bahia (UFBA, 1985). É pesquisador do CNPq (1A). Publicou os livros *Dois Séculos de Pensamento sobre a Cidade* (Ilhéus, 1999), *Salvador: transformações e permanências [1549-1999]* (Ilhéus, 2002) e *Salvador de Bahia (Brésil): transformations* *et permanences [1549-2004]* (Paris, 2005), além de capítulos de livros e artigos em publicações nacionais e internacionais.

Roberto Lobato Corrêa é professor vinculado ao Programa de Pós-graduação em Geografia da Universidade Federal do Rio de Janeiro (UFRJ) e pesquisador do CNPq. Bacharel e licenciado em Geografia pela UFRJ (1961), especialista em Geografia Regional pela Université de Strasbourg (1965), mestre em Geografia Urbana pela University of Chicago (1974) e doutor em Geografia pela UFRJ (1999). Autor de vários livros e inúmeros artigos, além de co-organizador de diversas coletâneas. Áreas de interesse: Geografia Urbana e Geografia Cultural. É membro Associado do NEPEC da Universidade do Estado do Rio de Janeiro (UERJ).

Silvana Maria Pintaudi é professora da Universidade Estadual Paulista (Unifesp), campus de Rio Claro. Graduada, mestre e doutora em Geografia Humana pela Faculdade de Filosofia, Letras e Ciências Humanas da Universidade São Paulo (USP). É pesquisadora do CNPq, coordena o Núcleo de Estudos sobre Comércio e Consumo (Necc/Unesp), é membro do Grupo de Estudos Urbanos (GEU) e pesquisadora do Grupo de Estudos sobre São Paulo (GESP/USP). Na sua produção, destacam-se os seguintes temas: a Produção dos Espaços de Comércio e de Consumo, As Formas Comerciais, O Espaço Urbano, Políticas Públicas e Gestão Democrática da Cidade.

CLIMA URBANO

Francisco Mendonça e *Carlos Augusto de Figueiredo Monteiro (orgs.)*

A tese de livre-docência do professor Carlos Augusto de Figueiredo Monteiro, da USP, tornou-se referência para o estudo do ambiente atmosférico urbano do Brasil. Trata-se de teoria e metodologia genuinamente brasileiras, que leva em conta aspectos específicos do país para repensar os problemas que atingem os moradores das nossas grandes cidades. *Clima urbano* revisita a proposta de Figueiredo e revela seus desdobramentos a partir da aplicação do método em estudos de caso de quatro importantes centros urbanos. Além disso, descreve a evolução do estudo do tema no país, apontando tendências e desafios.

GEOGRAFIA EM PERSPECTIVA

Ariovaldo Umbelino de Oliveira e *Nídia Nacib Pontuschka (orgs.)*

A ciência que estuda o espaço geográfico está em plena mudança. As metodologias de pesquisa se ampliam e os temas tradicionais são agora revisitados pelos olhos do nosso tempo, uma exigência da modernidade. Escrito por um conjunto de especialistas, *Geografia em perspectiva* discute as pesquisas de geógrafos conceituados sobre problemas e temáticas da disciplina. Incentiva ações pedagógicas dirigidas à melhor formação dos estudantes e proporciona àqueles que ensinam Geografria a continuidade e o aprofundamento da aquisição do conhecimento geográfico.

PARA ONDE VAI O PENSAMENTO GEOGRÁFICO? Por uma epistemologia crítica

Ruy Moreira

Este livro destina-se a estimular o debate da Geografia diante da fragmentação do olhar geográfico comprometido com um tipo de mundo há tempos esgotado na história humana. Para onde, afinal, caminha a Geografia e o ofício de geógrafo? Ruy Moreira – experiente professor da Universidade Federal Fluminense – desvenda a relação Estado *x* reforma neoliberal, revolução mecânica *x* revolução bioengenheirial e crise ambiental *x* bioespaço. *Para onde vai o pensamento geográfico?* é uma obra importante para a biblioteca pessoal de estudantes e professores de Geografia.

CADASTRE-SE

EM NOSSO SITE,
FIQUE POR DENTRO DAS NOVIDADES
E APROVEITE OS MELHORES DESCONTOS

LIVROS NAS ÁREAS DE:

História | Língua Portuguesa
Educação | Geografia | Comunicação
Relações Internacionais | Ciências Sociais
Formação de professor | Interesse geral

ou
editoracontexto.com.br/newscontexto

Siga a Contexto
nas Redes Sociais:
@editoracontexto

GRÁFICA PAYM
Tel. (011) 4392-3344
paym@terra.com.br